高等职业教育生态林业专业群特色教材

食用菌生产技术

王海霞｜主　编

刘伟强　王　杨　鲍宇宏｜副主编

吕晓晶　王延锋｜主　审

中国轻工业出版社

图书在版编目（CIP）数据

食用菌生产技术 / 王海霞主编. -- 北京：中国轻工业出版社, 2025. 1. -- ISBN 978-7-5184-5137-1

Ⅰ. S646

中国国家版本馆CIP数据核字第2024XG8941号

责任编辑：贺　娜　　责任终审：许春英　　整体设计：梧桐影
策划编辑：江　娟　　责任校对：晋　洁　　责任监印：张　可

出版发行：中国轻工业出版社（北京鲁谷东街5号，邮编：100040）
印　　刷：鸿博昊天科技有限公司
经　　销：各地新华书店
版　　次：2025年1月第1版第1次印刷
开　　本：787×1092　1/16　印张：19.25
字　　数：376千字
书　　号：ISBN 978-7-5184-5137-1　　定价：58.00元
邮购电话：010-85119873
发行电话：010-85119832　　010-85119912
网　　址：http://www.chlip.com.cn
Email: club@chlip.com.cn
版权所有　侵权必究
如发现图书残缺请与我社邮购联系调换

240819J2X101ZBW

本书编写人员

主　编　王海霞（黑龙江林业职业技术学院）

副主编　刘伟强（黑龙江林业职业技术学院）
　　　　　王　杨（黑龙江林业职业技术学院）
　　　　　鲍宇宏（黑龙江林业职业技术学院）

参　编　高　哲（黑龙江林业职业技术学院）
　　　　　韩慧英（黑龙江林业职业技术学院）
　　　　　张　静（黑龙江农业经济职业学院）
　　　　　李宜涛（黑龙江省穆棱林业局有限公司）

主　审　吕晓晶（黑龙江林业职业技术学院）
　　　　　王延锋（黑龙江省农业科学院牡丹江分院食用菌研究所）

前　言

食用菌作为一种营养丰富、口感鲜美的食品，受到广大消费者的青睐。随着人们对健康饮食的追求和生态农业的快速发展，食用菌产业以其独特的优势和潜力，逐渐成为推动农村经济发展、提升农民收入的重要力量。本教材的编写力求通俗易懂，形式多样，简洁实用。本教材采用项目化教学模式，系统介绍食用菌生产的基础理论、实践技术和市场应用。通过深入学习本教材，读者能够掌握食用菌生产的基本原理和操作技能，了解食用菌产业的现状和发展趋势，为从事食用菌生产、加工、销售等工作提供有力的技术支持。

本教材具有如下特点：

（1）**内容全面且深入**　涵盖了食用菌生产领域的各个方面，从基础的理论知识到具体的实践操作，都进行了详尽的介绍。系统地梳理了食用菌的分类、生物学特性、生长环境需求等基础知识，为读者建立了一个坚实的理论基础。同时，本教材还深入探讨了食用菌的菌种制备、培养基配方、栽培管理、病虫害防治等关键技术环节，提供了丰富的实践经验和技术指导。这使得读者能够全面了解食用菌生产的整个流程，掌握核心技术。

（2）**结构清晰，逻辑性强**　结构安排清晰，各个项目和任务之间逻辑关系紧密，形成了完整的知识体系。本教材从基础知识入手，逐步深入到实践操作和技术创新，使得读者能够循序渐进地掌握食用菌生产的核心技术。同时，本教材还注重知识的连贯性和系统性，避免了内容的重复和交叉，使得读者能够更加高效地学习。

（3）**以应用能力为主线，体现职教特色**　根据行业领域和职业岗位（群）的任职要求，按照职业岗位能力架构教材体系，通过项目教学，把与技能相关的理论知识融合到技能项目中去，使学生在各个技能项目的实训中，既明确了能力目标，又掌握了为实现这一能力所必备的理论知识。

（4）**实用性强，应用价值高**　本教材不仅注重理论知识的讲解，还强调了实用性和应用价值。本教材中详细介绍了食用菌生产的各个环节和具体操作步骤，提供了实用的技术方法和经验总结。这使得读者能够将所学知识直接应用到实际生产中，解决实际问题，提高生产效益。同时，本教材还关注市场需求和产业趋势，为读者提供了有关食用菌市场分析、营销策略等方面的指导，帮助读者更好地适应市场需求，实现产业发展。

（5）**纸媒融合**　本教材充分结合了传统纸质媒体与新兴数字媒体的优势，利用文字、图片、视频等多种媒体形态展示教材内容，实现了多层次的信息传播。这种融合不仅丰富了教材内容的表现形式，还增强了学生的学习体验。

本教材编写分工如下：王海霞编写项目三和项目二（任务七），刘伟强编写项目一（任务五）和项目四，王杨编写项目五，鲍宇宏编写项目一（任务一至任务四），高哲编写项目二（任务一和任务三），韩慧英编写项目二（任务二和任务四），张静编写项目六，李宜涛编写项目二（任务五和任务六）。

本教材由黑龙江林业职业技术学院吕晓晶和黑龙江省农业科学院牡丹江分院食用菌研究所王延锋主审。在编写过程中，得到学院领导、同行的大力支持和帮助，在此表示感谢！并参阅了大量书籍和文献，在此也向相关作者表示感谢！由于编者水平有限，书中疏漏之处在所难免，敬请广大师生和专家、读者提出宝贵意见，以便完善。

编者
2024年6月

目　录

项目一　食用菌概述

任务一　认识食用菌　2
任务二　食用菌的形态结构　13
任务三　食用菌的营养价值　24
任务四　食用菌的营养类型及生活环境　32
任务五　食用菌的产业发展　44

项目二　食用菌制种技术

任务一　菌种生产设施与设备　55
任务二　母种生产　67
任务三　菌种分离　78
任务四　原种生产　86
任务五　栽培种生产　97
任务六　菌种保藏　101
任务七　液体菌种制作技术　108

项目三　食用菌栽培技术

任务一　黑木耳栽培技术　121
任务二　香菇栽培技术　138
任务三　平菇栽培技术　152
任务四　杏鲍菇栽培技术　164
任务五　猴头菇栽培技术　172
任务六　蛹虫草栽培技术　185

项目四 食用菌病虫害防治技术

任务一	食用菌病害及其防治	198
任务二	食用菌虫害及其防治	217
任务三	食用菌病虫害的综合防治	225

项目五 食用菌保鲜与加工技术

任务一	食用菌保鲜技术	236
任务二	食用菌加工技术	247
任务三	食用菌加工新技术及产品	262
任务四	食用菌综合开发技术	269

项目六 食用菌模拟创业分析

| 任务一 | 食用菌产业调研分析 | 279 |
| 任务二 | 撰写食用菌创业计划书 | 290 |

附录   298
参考文献   299

项目一　食用菌概述

● 项目导读

食用菌种类繁多,形态各异,每一种都蕴含着大自然的馈赠。从香菇的浓郁香气,到金针菇的细腻口感,再到黑木耳的滋补功效,它们不仅丰富了人们的味蕾,更为健康饮食提供了有力的支持。

在生产技术上,食用菌的培育已实现了从传统的自然生长到现代工业化生产的转变。通过科学调控生长条件,优化培养基配方,选育优良菌种,食用菌的产量和质量得到了显著提升。

展望未来,随着人们对健康饮食的追求,食用菌的市场需求不断增长,食用菌生产作为现代农业的重要组成部分,以其高效、环保的特点受到广泛关注,生产规模也将不断扩大,具有广阔的发展前景。因此,学习和掌握食用菌生产技术,不仅有助于个人的职业发展,更能为推动食用菌产业的繁荣贡献力量。

● 项目目标

知识目标	能力/技能目标	思政目标
① 了解食用菌的种类及形态结构特点。 ② 了解食用菌的营养价值和药用价值。 ③ 掌握食用菌的营养类型。 ④ 了解食用菌产业的现状和未来发展趋势。	① 能够正确区分食用菌的种类。 ② 能够识别食用菌各部分结构的名称并准确描述其形态特点。 ③ 能够明确食用菌生长所需的营养条件和环境条件。	① 培养学生科学种植、兴农富农、发展食用菌产品经济的情怀。 ② 培养学生团队合作的意识和严谨的学习态度。 ③ 激发学生学习新知识,掌握新技能的热情。

● 项目实施

本项目由认识食用菌、食用菌的形态结构、食用菌的营养价值、食用菌的营养类型及生活环境、食用菌的产业发展五个任务构成。全面介绍了食用菌的概念、种类、形态结构、生长条件、营养价值、市场前景等。使学生通过学习,全面掌握食用菌基础知识,为日后从事相关工作或研究打下坚实基础。同时,培养学生服务国家的意识和努力钻研的优秀品质。

任务一 认识食用菌

任务描述

食用菌是一类子实体硕大、可供食用的大型真菌，通称为蘑菇。中国食用菌资源极为丰富，已知种类有数百种，如香菇、草菇、木耳、银耳、猴头菇、牛肝菌等，广泛分布于各地不同的生态环境中。这些食用菌不仅美味可口，而且富含营养，包括蛋白质、菌多糖、膳食纤维、维生素及微量元素，对人体健康有诸多益处。在食用上，食用菌的烹饪方法多样，丰富了人们的餐桌，是重要的营养来源。

任务目标

知识目标	能力/技能目标	思政目标
① 掌握食用菌的概念。 ② 知道食用菌的种类。 ③ 了解食用菌的栽培历史。 ④ 理解食用菌的生理类型。 ⑤ 掌握食用菌生长的环境条件。	① 能够识别不同类型的食用菌。 ② 学会区分食用菌和毒蕈。 ③ 能够为食用菌生长提供合适的营养条件。 ④ 能够准确控制食用菌的环境条件。	① 培养学生严谨的学习态度。 ② 培养学生团队合作意识。 ③ 增强学生爱国情怀和民族自豪感。

任务相关知识

一、食用菌的概念

食用菌（edible mushrooms）是指可供人类食用的大型真菌，它们具有肉眼可见、徒手可采、形状各异的子实体，这些子实体或者生于地上的倒木树桩、粪草土壤、植物根茎上面，或者生于地下土壤中，俗称"菇""蕈""蘑""菌""耳""芝""伞"等，如平菇、香菇、白灵菇、草菇、大杯蕈、榛蘑、口蘑、松口蘑、猴头菇、羊肚菌、块菌、木耳、灵芝、黄伞等。

我国已知具有经济用途的大型真菌有2000种左右，从药食同源这个意义上讲，广义上的食用菌包括食用、药用和食药兼用的三大类用途的大型真菌，狭义上仅指作为蔬菜食用和食药兼用的种类，不包括药用种类。常见的食用种类如平菇、香菇、双孢蘑菇、木耳、金针菇、草菇等；常见的药用种类有冬虫夏草、猪苓等；常见的食药兼用种类有灵芝、茯苓等。从生理生态上食用菌分为木腐菌、草腐菌、粪生菌、土生菌、虫生菌、共生菌（菌根菌）六大类，目前人工栽培的主要是木腐菌、草腐菌以及少量的粪生菌和虫生菌。

二、毒蕈

蕈类又称蘑菇，夏秋季节我国广大地区气温较高，雨量充沛，为蘑菇等大型真菌的繁衍提供了极有利的条件。野生蕈菌是大自然赐给人类的美味佳肴，营养丰富、味道鲜美，对提高人体免疫力很有帮助，自古以来就被人们视为食用佳品。但有些野生蕈菌被人们食用后造成中毒，严重者导致死亡，人们称这类野生蕈菌为有毒野生蘑菇，即毒蘑菇（也称毒蕈）。

毒蕈的外观与可食野生蕈菌极其相似，在野外杂生情况下极难分辨，易造成人们误食中毒。近年来，我国毒蘑菇中毒的发生率呈上升趋势。据报道，因误食毒蕈引起的中毒死亡事件已居各种中毒致死事件的第2位，而且仍在不断发生。毒蕈的毒性有强有弱，有的毒蕈毒性虽小，但进食过多仍可发生严重中毒；有的毒蕈毒性非常强，误食中毒后，一旦出现临床症状已属晚期，目前尚无特效治疗措施，抢救治疗成功率较低，死亡率高。

经不完全统计，世界上已知毒蕈达1000多种，其中有明显毒性的多达400多种，我国毒蕈有200多种，分布广泛，生长环境多种多样，草原和树林中生长较为集中。各种毒蕈所含的毒素不同，引起中毒的临床表现也各异。按各种毒蕈中毒的主要表现，大致分为以下4种类型。

（1）神经致幻型　已知有毒蝇伞、小毒蝇伞、豹斑毒伞、裂丝盖伞、黄丝盖伞、花褶伞、红网牛肝菌等60余种。发病时临床表现除肠胃炎的症状外，尚有副交感神经兴奋症状，如多汗、流涎、流泪、脉搏缓慢、瞳孔缩小等。用阿托品类药物治疗效果甚佳。少数病情严重者可有谵妄、幻觉、呼吸抑制等表现。个别病例可因此而死亡。

（2）溶血型　主要有鹿花菌、马鞍菌属及毒伞属等约18种。发病时除肠胃炎症状外，并有溶血表现。可引起贫血、肝脾肿大等体征。此型中毒对中枢神经系统也常有影响，可有头痛等症状。给予肾上腺皮质激素及输血等治疗多可康复，死亡率不高。

（3）胃肠型　已知有毒红菇、毛头乳菇、虎斑蘑、臭黄菇、毒粉褐菌等70余种，食用后3h内出现症状，产生剧烈的恶心、呕吐、腹痛、腹泻等急性胃肠炎症状。

（4）肝损伤型　已知有毒伞、白毒伞、鳞柄毒伞等。其所含毒素包括毒伞毒素及鬼笔毒素两大类，共11种。鬼笔毒素作用快，主要作用于肝脏。毒伞毒素作用较迟缓，但毒性较鬼笔毒素大20倍，能直接作用于细胞核，有可能抑制RNA聚合酶，并能显著减少肝糖原而导致肝细胞迅速坏死。此型中毒病情凶险，如无积极治疗死亡率甚高。

三、食用菌栽培的历史

食用菌的栽培历史源远流长，与人类文明的演进紧密相连。作为一种营养丰富、口感独特的食材，食用菌在人类饮食文化中占有举足轻重的地位。从古至今，人们不断探索食用菌的栽培方法，积累了丰富的经验和智慧。本部分内容将详细探讨食用菌的栽培历史，以期让读者对其有更深入的了解。

早在古代，人们就已经开始认识和利用食用菌。据史书记载，在战国时期（公元前475—前221年）就有了关于食用菌的记载，如《列子》一书中提到"朽壤之上，有菌芝者"。这说明当时人们已经注意到自然界中的食用菌，并对其产生了浓厚的兴趣。随着时间的推移，人们对食用菌的认识逐渐加深，开始尝试栽培这些美味的食材。

我国是世界上最早栽培食用菌的国家之一。据史料记载，人类最早栽培的食用菌是木耳，大约公元600年起源于中国。木耳因其独特的口感和营养价值，受到了人们的喜爱。随后，金针菇、香菇等食用菌也逐渐被栽培出来。香菇栽培起源于1150—1200年的浙江龙泉、庆元和景宁一带，这些地区的香菇因其品质优良而闻名遐迩。此外，草菇的栽培也起源于我国，具有200多年的历史，最早在广东南华寺一带开始栽培。

然而，尽管我国是最早栽培食用菌的国家，但在应用科学方法栽培方面起步较晚。在很长一段时间里，人们主要依赖孢子、菌丝的自然传播来栽培食用菌，这种方式生产效率低下，产量难以保证。直到20世纪30年代，我国才从法国引进菌砖，开始采用科学方法进行食用菌栽培。这一技术的引进，极大地推动了我国食用菌产业的发展。

随着科学技术的不断进步，人们对食用菌的生长规律有了更深入的了解。人们开始研究不同食用菌的生长条件、营养需求以及病虫害防治等方面的问题，逐渐形成了完整的食用菌栽培技术体系。在这个过程中，许多新的食用菌品种被培育出来，如平菇、滑菇等，进一步丰富了人们的饮食选择。

进入现代社会，食用菌产业得到了空前的发展。我国已经成为世界食用菌生产和出口大国，年产量占世界总产量的65%以上，出口量也位居前列。食用菌产业的发展不仅为人们提供了丰富的食材，也为农民创造了大量的就业机会，成为农村经济发展的重要支柱。

总结来说，食用菌的栽培历史是一部充满智慧与探索的历程。从古代的自然栽培到现代的科学栽培，人们不断突破技术难题，推动食用菌产业的繁荣发展。如今，食用菌已经成为人们餐桌上不可或缺的美食，其独特的口感和营养价值深受人们喜爱。未来，随着科技的进步和人们对健康饮食的追求，食用菌产业将迎来更加广阔的发展空间。

食用菌栽培的方法经历了多个阶段的发展，这些阶段反映了人类对于食用菌生长规律认识的深化以及技术的不断进步。

（一）自然采集与初步认识阶段

在人类文明的早期，人们主要通过采集野生的食用菌来满足需求。这个阶段，人们对食用菌的生长环境和条件并没有深入地研究，仅仅是依靠经验和直觉去寻找和采集。同时，人们也开始注意到食用菌与某些树木或环境条件的关联，但并未形成系统的栽培方法。

（二）自然传播与简单模拟阶段

随着时间的推移，人们开始尝试在自家的庭院或农田里，利用自然孢子或菌丝的传播来栽培食用菌。他们可能通过模仿自然生长环境，如保持适当的湿度、温度等条件，来促进食用菌的生长。这个阶段，虽然栽培效率较低，产量也不稳定，但为后续的栽培技术发展奠定了基础。

（三）科学引入与技术创新阶段

20世纪初，随着科学技术的进步，人们开始引入更为科学的栽培方法和技术。例如，从国外引进菌砖、菌种等，开始采用更为精确的控制条件来栽培食用菌。同时，人们也开始研究食用菌的营养需求、生长周期等，以提高栽培效率和产量。

（四）工业化与标准化生产阶段

进入20世纪中后期，随着工业化进程的加速，食用菌栽培也逐渐实现了工业化和标准化生产。人们开始利用现代化的设备和技术，如自动化控制系统、无菌操作室等，来确保食用菌的品质和产量。这个阶段，食用菌栽培不再是简单的农业生产活动，而是成了一个高度专业化的产业。

（五）生态化与可持续发展阶段

近年来，随着人们对生态环境保护和可持续发展的重视，食用菌栽培也开始向生态化、绿色化的方向发展。人们开始注重栽培过程中的环境友好性和资源利用效率，采用循环农业、有机农业等模式来栽培食用菌。同时，人们也开始探索利用废弃物、农作物秸秆等资源来栽培食用菌，实现资源的循环利用。

综上所述，食用菌栽培经历了从自然采集到工业化生产再到生态化发展的阶段。每个阶段都反映了人类对食用菌生长规律认识的深化以及技术的进步。未来，随着科技的不断发展，食用菌栽培方法还将继续创新和完善。

四、食用菌的种类

全世界有1万多种大型真菌,中国有3000多种,但目前只有70多种人工栽培成功。有20多种被世界广泛栽培生产。我国地理位置和自然条件十分优越,蕴藏着极为丰富的食用菌资源。目前,我国已发现食用菌1000多种,隶属于166个属,54个科,14个目。

(一)食用菌的分类地位

Whittaker(1969年)提出的生物界系统包括植物界、动物界、原核生物界、原生生物界、真菌界和非细胞形态结构。食用菌分类系统是按界、门、纲、目、科、属、种依次排列的。种是基本单位(包括变种、生理小种或培养小系)。食用菌在分类上属于真菌界真菌门中的担子菌亚门和子囊菌亚门(图1-1),其中,94.4%的食用菌属于担子菌亚门,5.6%的食用菌属于子囊菌亚门。

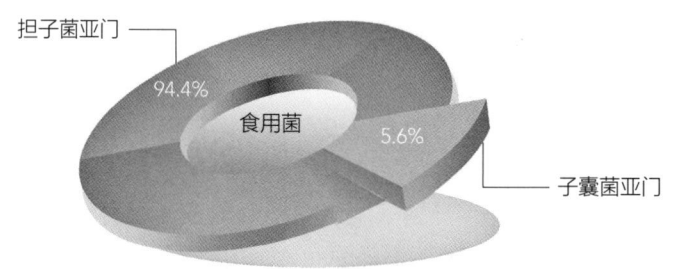

图1-1　食用菌种质资源

食用菌的名称采用林奈创立的双名法,即由两个拉丁词和命名人构成,第一个词为属名,第二个词为种加词,最后加上命名人姓名的缩写,这样即保证了每一种食用菌有且只有一个学名,如香菇 *Lentinula edodes*(Berk.)Sing.]。

食用菌指真菌界中可供人食用的肉质、胶质或膜质的大型真菌,它仅为一种命名方式,而非分类学中的分类单位。下面是食用菌品种与菌株的区别。

品种:有共同祖先,有一定经济价值,遗传性状比较一致的人工栽培的食用菌群体。

菌株:指单一菌体的后代,由共同祖先(同一种、同一品种、同一子实体)分离的纯培养物。

（二）食用菌的分类依据

食用菌的分类主要是以其形态结构、细胞、生理生化、生态学、遗传等特征为依据的。特别是以子实体的形态和孢子的显微结构为主要依据。

（三）担子菌中的食用菌

担子菌是指有性生殖能产生特殊的产孢体——担子，并在担子内产生担孢子的一类真菌，它由多细胞的菌丝体组成，且菌丝均具横隔膜。目前，常见的绝大多数食用菌及广泛生产的食用菌均属于担子菌，它们大致可分为四大类群，即耳类、非褶菌类、伞菌类和腹菌类。

1. 耳类

木耳科、银耳科、花耳科的常见种类如图1-2所示。

图1-2　耳类

（1）木耳科　主要有黑木耳、毛木耳、皱木耳以及琥珀褐木耳等。

（2）银耳科　较为常见的有银耳、金耳、茶耳、橙耳等。

（3）花耳科　如桂花耳。

2. 非褶菌类

珊瑚菌科、齿菌科、绣球菌科、多孔菌类、灵芝菌科。常见种类如图1-3所示。

图1-3 非褶菌类

（1）珊瑚菌科　该类多地生，常生于苔藓或腐殖质中，很少生于腐木上。主要有虫形珊瑚菌、杵棒、扫帚菌。

（2）锁瑚菌科　该科较为常见的有冠锁瑚菌、灰锁瑚菌。

（3）绣球菌科　如绣球菌。

（4）牛舌菌科　如牛舌菌。

（5）齿菌科　较为常见的有猴头菇、珊瑚状猴头菇、卷缘齿菌。

（6）灵芝科　灵芝、树舌属于此科。其中灵芝被誉为灵芝仙草，有神奇的药效。

（7）多孔菌科　灰树花、猪苓、茯苓、朱红硫黄菌等均属于此科。其中，猪苓、茯苓的菌核都是有名的中药材。灰树花又称栗子蘑，近年来越来越受国际市场的青睐。

3. 伞菌类

伞菌类有伞菌目、牛肝菌目、鸡油菌目、红菇目的可食用菌类，其中伞菌目的食用菌种类最多。常见的种类如图1-4所示。

（1）鸡油菌科　较为常见的有鸡油菌、小鸡油菌、灰号角、白鸡油菌等。鸡油菌近年来在国际市场上十分走俏，尤其是盐渍的鸡油菌。

图1-4　伞菌类

（2）伞菌科　如双孢蘑菇、野蘑菇、林地蘑菇、大肥蘑等。

（3）粪伞科　如田头菇、杨树菇。

（4）鬼伞科　较为常见的有毛头鬼伞、墨汁伞、粪鬼伞、白鸡腿蘑。

（5）丝膜菌科　金褐伞、黏柄丝膜菌、蓝丝膜菌、紫丝膜菌、皱皮环锈伞等均属于此科。

（6）蜡伞科　如鸡油伞蜡伞、小红蜡伞、变黑蜡伞、鹦鹉绿蜡伞。

（7）光柄菇科　如灰光柄菇、草菇、银丝草菇。

（8）粉褐菌科　如晶盖粉褐菌、斜盖褐菌。

（9）球盖菇科　如滑菇、毛柄鳞伞、白鳞环锈伞、尖鳞伞。

（10）靴耳科　如靴耳。

（11）鹅膏科　如灰托柄菇、橙盖鹅膏菌。

（12）口蘑科　该科常见的食用菌比较多，如大杯伞、雷蘑、鸡肉白香蘑、长根菇、松口蘑、金针菇、堆金钱菌、红蜡蘑、棕灰口蘑、榆生离褐伞等。其中，松口蘑是十分珍贵的食用菌，在日本享有"蘑菇之王"的美称，每千克鲜品其价格高达几百到上千元。

（13）牛肝菌科　常见的有美味牛肝菌、厚环乳牛肝菌、褐疣柄牛肝菌、黏盖牛肝菌、黑牛肝菌、松乳牛肝菌、松塔牛肝菌。

（14）铆钉菇科　如铆钉菇。

（15）桩菇科　如卷边网褶菌、毛柄网褶菌。

（16）红菇科　较为常见的有大白菇、变色红菇、黑菇、正红菇、变绿红菇、松乳菇、多汁乳菇。

（17）侧耳科　较为常见的有香菇、虎皮香菇、糙皮侧耳、金顶侧耳、桃红侧耳、凤尾菇、小平菇。

4. 腹菌类

腹菌类的食用菌主要指灰包目、鬼笔目、轴灰包目、黑腹菌目和层腹菌类。其中黑腹菌目和层腹菌目属于地下真菌，即子实体的生长发育是在地下土壤中或腐殖质层下面土表完成的真菌。常见的种类如图1-5所示。

（1）灰包科　较为常见的有网纹灰包、梨形灰包、大秃马勃、中国静灰球。

（2）鬼笔科　较为常见的有白鬼笔、长裙竹荪、短裙竹荪、黄裙竹荪。

（3）灰包菇科　如荒漠胃腹菌。

（4）黑腹菌科　如倒卵孢黑腹菌、山西光腹菌。

（5）须腹菌科　较为常见的有红须腹菌、黑络丸菌、柱孢须腹菌。

（6）层腹菌科　如梭孢层腹菌、苍岩山层腹菌。

图1-5 腹菌类

（四）子囊菌中的食用菌

通过有性繁殖，在子囊中产生子囊孢子的一类真菌称为子囊菌。少数食用菌属于子囊菌，具有种类少、经济价值高的特点，多为野生菌，在我国它们分别隶属于6个科，即麦角菌科、块菌科、羊肚菌科、地菇科、马鞍菌科、盘菌科。常见的种类如图1-6所示。

（1）麦角菌科　如冬虫夏草。

（2）块菌科　如黑孢块菌、白块菌、夏块菌。

（3）羊肚菌科　较为常见的有羊肚菌、黑脉羊肚菌、尖顶羊肚菌及皱柄羊肚菌等。

（4）地菇科　如网孢地菇、瘤孢地菇。

（5）马鞍菌科　如马鞍菌、棱柄马鞍菌。

（6）盘菌科　如林地盘菌、泡质盘菌等。

图1-6 子囊菌

● 任务实施

一、实地参观考察

参观食用菌种植基地或相关农贸市场。在种植基地，可以观察各种食用菌的生长环境和生长过程，了解它们的生长习性和栽培技术；在农贸市场，可以接触到更多种类的食用菌，观察它们的形态、颜色、大小等特征，从而加深对它们的认识。

二、汇报展示

将收集的资料进行分类整理。根据所属类别（如担子菌亚门和子囊菌亚门）、生长环境（如土生型、草腐型、粪生型等）或经济价值等因素进行分类。熟悉各种食用菌之间的关系和差异。以小组为单位汇报展示。

思政小课堂

通过认识食用菌，我们感受到了人与自然和谐共生的智慧。从最初的野生采集到如今的规模化栽培，人类在不断探索中逐渐掌握了食用菌的生长规律，实现了对自然资源的合理利用。这启示我们，在面对自然资源时，我们应该保持敬畏之心，遵循自然规律，实现可持续发展。

食用菌的生长过程从细微的菌丝体逐渐发展至成熟的子实体，这一转变经历了时间的积累和不懈的努力。在生活中，当我们面对困难与挑战时，也要像食用菌一样，保持积极向上的态度，展现耐心与坚持。

食用菌在现代社会中的应用也展示了科技与传统相结合的魅力。通过现代科技手段，我们可以更加精准地控制食用菌的生长环境，提高产量和品质。同时，食用菌也成为了健康饮食的重要组成部分，为人们提供了丰富的营养来源。这让我们认识到，传统智慧与现代科技相结合，可以创造出更多的社会价值。

在日常的学习和工作中，从自身做起，节约资源、保护环境；在面对困难时，保持乐观和坚韧；同时，也要积极学习新知识、掌握新技能，为社会的发展贡献自己的力量。

● 任务考核评价

表1-1 认识食用菌考核表

考核内容	考核指标	分值	实得分数
认识食用菌	能够准确说出几种常见食用菌的具体名称	40	
	能够准确进行分类	40	
	能够区分毒蕈和食用菌	20	
总分		100	

任务巩固与创新

1. 请简述食用菌按照生长环境进行分类的主要类型，并各举一个例子。

2. 请说明食用菌分类在实际应用中的重要性，并举例说明。

任务二　食用菌的形态结构

任务描述

在我们的世界中，蘑菇是一种非常独特的植物，既不属于蔬菜的大家庭，也不属于水果的王国，而是属于真菌这个独特的类别。它们种类繁多，形态各异，犹如大自然的艺术瑰宝。有的蘑菇呈伞形，有的呈柱形，还有一些蘑菇平展展开。

本次任务是通过观察和分析不同种类食用菌的外观形态、内部结构以及生长特性，全面了解其生物学特性和分类依据。在学习过程中，利用显微镜等实验工具，观察食用菌的细胞结构、菌丝形态以及子实体发育过程，并结合文献资料，了解各种食用菌的生长环境、生态习性以及经济价值。从而提升学生对食用菌形态结构的认识水平，增强观察和分析能力，为后续的学习和研究奠定坚实的基础。

任务目标

知识目标	能力/技能目标	思政目标
① 了解食用菌菌丝体的形态特征。 ② 熟悉食用菌子实体的形态结构名称。 ③ 了解食用菌的生活史。	① 能够描述食用菌菌丝体的形态结构特征。 ② 学会使用显微镜。 ③ 能够说出食用菌子实体的结构名称。	① 引导学生将食用菌识别技能应用到服务社会的领域，培养社会责任感。 ② 让学生了解识别食用菌形态过程中的劳动价值，培养勤奋好学的精神。

任务相关知识

在自然界中食用菌的种类繁多，千姿百态，大小不一。不同种类的食用菌以及不同的环境中生长的食用菌都有其独特的形态特征。虽然它们在外表上有很大差异，但实际上它们都是由生活于基质内部的菌丝体和生长在基质表面的子实体组成的，即食用菌是由菌丝体和子实体两部分组成的。

菌丝体是生活在基质内部的营养器官，它生长在土壤、草地、林木或其他基质内，分解有机物，吸收养分和水分进行生长繁殖，主要功能是分解基质，吸收、输送及贮藏养分。当菌丝体达到生理成熟时，它就会扭结在一起，形成子实体原基，进而形成子实体。子实体成熟后又产生孢子，孢子萌发又形成菌丝体。子实体也是人们食用的主要部分。

一、菌丝体的形态结构

（一）菌丝

菌丝是组成菌丝体的基本单位（图1-7），是无色透明的，由管状细胞组成的丝状物，是由孢子吸水后萌发芽管，芽管的管状细胞不断分枝伸长发育而形成的。

（二）菌丝体

菌丝体是由基质内无数纤细的菌丝交织而成的丝状体或网状体，一般呈白色绒毛状。每一段生活菌丝都具有潜在的分生能力，均可发育成新的菌丝体。生产应用的"菌种"，就是利用菌丝细胞的分生作用进行繁殖的。食用菌的菌丝一般是多细胞的，与大多数真菌一样，其细胞由细胞壁、细胞膜、细胞质、细胞核及细胞器组成。菌丝被隔膜隔成了多个细胞，每个细胞可以是单核、双核或多核。隔膜（septum）是由细胞壁向内作环状生长而形成的。食用菌的菌丝都是有隔菌丝。

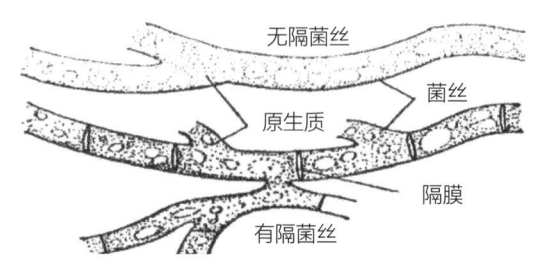

图1-7 食用菌菌丝体形态结构

（三）菌丝的形态

多细胞、管状、无色、透明、有横隔。

（四）菌丝的功能

分解、吸收、转化、积累、运输养分、贮藏、繁殖。

（五）菌丝的类型

根据菌丝发育的顺序和细胞中细胞核的数目，食用菌的菌丝可分为初生菌丝、次生菌丝、三次菌丝。

1. 初生菌丝

初生菌丝是由孢子直接萌发而形成的菌丝。开始时形成的菌丝无隔膜，细胞多核、纤细，即多核的单细胞，后产生隔膜，分成许多个单核细胞，每个细胞只有一个细胞核，又称为单核菌丝或一次菌丝。单核菌丝生长期短且不发达，不能形成子实体，只有与另外一条单核菌丝质配后形成双核菌丝，才会产生子实体。

2. 次生菌丝

次生菌丝是指由两条初生菌丝结合，经过质配而形成菌丝（图1-8）。由于在形成次生菌丝时，两个初生菌丝细胞的细胞核并没有发生融合，因此次生菌丝的每个细胞含有两个核，又称为双核菌丝或二次菌丝。

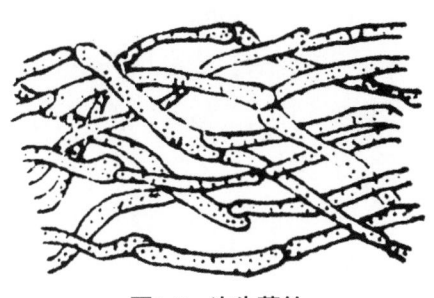

图1-8 次生菌丝

它是食用菌菌丝存在的主要形式，食用菌生产上使用的菌种都是双核菌丝，只有双核菌丝才能形成子实体。它能发出多个分枝，向多极生长，并分泌水解酶，将基质中的大分子碳水化合物水解成小分子化合物供自身生长需要，从而不断生长扩大，直至成熟集结形成子实体，同时也为子实体提供养料，两条初生菌丝制种即培养次生菌丝体，任何微小的菌丝体片段（菌种块），均能产生新的生长点，由此产生新的菌丝体。生长基质内的菌丝体，如条件适宜，可以永远生长下去，直至基质养料消耗完毕。

大部分食用菌的双核菌丝顶端细胞上常发生锁状联合，这是双核菌丝细胞分裂的一种特殊形式。担子菌中许多种类，如平菇、香菇、银耳、木耳、金针菇、灵芝等都以锁状联合方式生长，但不是所有担子菌都有锁状联合，比如双孢蘑菇、红菇、草菇等就例外。也有极少数子囊菌中的地下块菌能以锁状联合方式生长。锁状联合是双核菌丝细胞分裂的一种特殊形式，也是菌种鉴别的主要内容之一。锁状联合过程（图1-9）如下（序号与图中对应）。

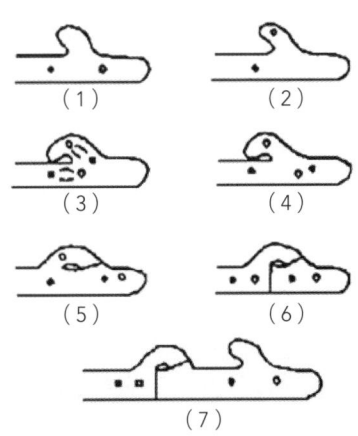

图1-9 锁状联合过程双核菌丝细胞分裂方式

（1）先在双核菌丝顶端细胞的两核之间的细胞壁上产生一个喙状突起。

（2）双核中的一个移入喙状突起，另一个仍留在细胞下部。

（3）两异质核同时进行有丝分裂，成为4个子核。

（4）分裂完成后，2个在细胞的前部；另外2个子核，1个进入喙突中，1个留在细胞后部。

（5）此时，细胞中部和喙基部均生出横隔，将原细胞分成三部分。此后，喙突尖端继续下延与细胞下部接触并融通。同时喙突中的核进入下部细胞内，使细胞下部也成为双核。

（6）经如上变化后，4个子核分成2对，一个双核细胞分裂为两个。

（7）此过程结束后，在两细胞分融处残留一个喙状结构，即锁状联合。

这一过程保证了双核菌丝在进行细胞分裂时，每节（每个细胞）都能含有两个异质（遗传型不同）的核，为进行有性生殖，通过核配形成担子打下基础。

3. 三次菌丝

三次菌丝是指在不良条件下或达到生理成熟时，由次生菌丝进一步发育而形成的组织化的双核菌丝，也称三生菌丝或结实性菌丝。如菌索、菌核、菌根中菌丝及子实体中的菌丝。

（六）菌丝的组织体

菌丝体无论在基质内伸展，还是在基质表面蔓延，一般都是很疏松的。但是有的子囊菌和担子菌在环境条件不良或在繁殖的时候，菌丝体的菌丝相互紧密地缠结在一起，就形成了菌丝体的变态。常见的菌丝组织体（图1-10）如下。

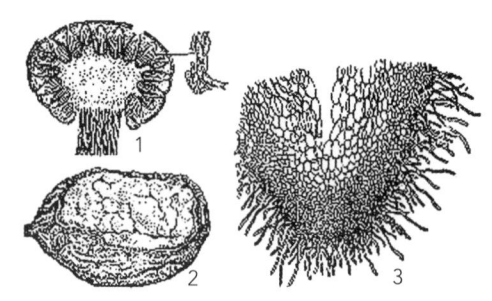

图1-10 菌丝组织体

1—麦角菌的子座　2—茯苓的菌核
3—根状菌索尖端纵断面

1. 菌索

菌索是双核菌丝交织成组索状的组织束，外形似根，内有髓部能疏导水分和养分，常角质化。（菌丝组织体）对不良环境有较强的抵抗力，当环境条件适宜时，菌索可发育成子实体。典型的如蜜环菌、安络小伞等。

2. 菌核

由菌丝体和贮藏营养物质密集而形成的有一定形状的休眠体称为菌核。菌核中贮藏着较多的养分，对干燥、高温和低温有较强的抵抗能力。因此，菌核既是真菌的贮藏器官，又是度过不良环境的菌丝组织体。菌核中的菌丝有较强的再生力，当环境条件适宜时，很容易萌发出新的菌丝或者由菌核上直接产生子实体。我们常用的药材如猪苓、雷丸、茯苓等。

3. 菌丝束

由大量平行菌丝排列在一起形成的肉眼可见的束状菌丝组织称为菌丝束。无顶端分生组织，如双孢蘑菇的子实体基部常生长着一些白色绳索状的丝状物，即它的菌丝束。

4. 菌膜

由菌丝紧密交织成一层薄膜，即菌膜。如香菇的表面形成的褐色被膜。

5.子座

子座是由菌丝组织即拟薄壁组织和疏丝组织构成的容纳子实体的褥座状结构。一般呈垫状、栓状、棍棒状或头状。它是真菌从营养生长阶段到生殖阶段的一种过渡形式，其形态不一。食用菌的子座多为头状或棒状，如麦角菌的子座呈头状，冬虫夏草的子座呈棒状。

二、子实体的形态结构

菌丝在基质中吸收养分不断地生长和增殖，在适宜条件下转入生殖生长，形成子实体原基并逐步发育为成熟子实体。

子实体是真菌进行有性生殖的产孢结构，俗称菇、蕈、耳等，其功能是产生孢子，繁殖后代，也是人们主要食用的部分。担子菌的子实体称为担子果，可产生担孢子。子囊菌的子实体称为子囊果，是产生子囊孢子的部分。子实体是由菌丝构成的，与营养菌丝相比，具有独特的形态和特化功能。

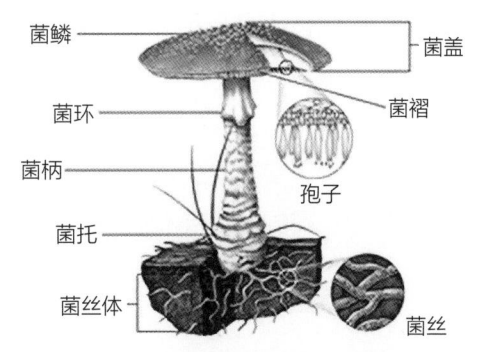

图1-11 食用菌子实体形态结构

子实体形态丰富，有的是伞状（蘑菇，香菇），有的贝壳状（平菇），漏斗状（鸡油菌），舌状（半舌菌），头状（猴头菇），毛刷状（齿菌），珊瑚状（珊瑚菌），柱状（羊肚菌），耳状（木耳），花瓣状（银耳）等，可作商品化栽培的食用菌大多为伞菌，下面以伞菌为例（图1-11）简单地介绍其子实体的形态和构造。伞菌子实体主要由菌盖、菌褶、菌柄组成，某些种类还具有菌幕的残存物——菌环，菌托。

（一）菌盖

菌盖又称菌帽，是伞菌子实体位于菌柄之上的帽状部分，是主要的繁殖结构，也是我们食用的主要部分。菌盖由表皮和菌肉组成。

1. 形态

因种而异，常见有圆形、钟形、斗笠形、喇叭形等（图1-12）。

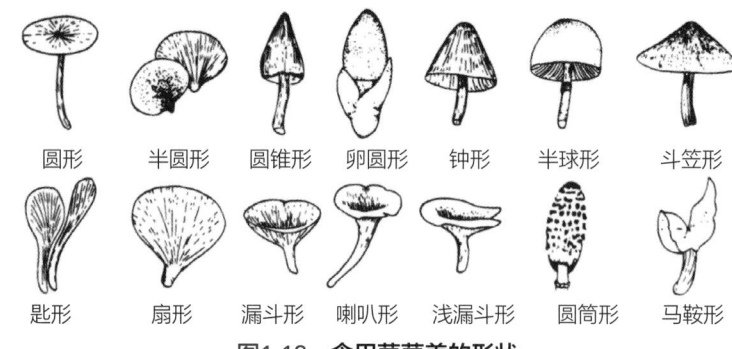

图1-12　食用菌菌盖的形状

2. 颜色

菌盖表面称为表皮，表皮的菌丝内含有不同颜色的色素，这使菌盖颜色各异，有乳白色（双孢蘑菇）、杏黄色（鸡油菌）、灰色（草菇）、红色（大红菇）、紫绿色（青头菌）等。

3. 附属物

菌盖表面干燥或湿润、平滑或粗糙，有的表面具有纤毛，有的附着有不同形态的鳞片，见图1-13。

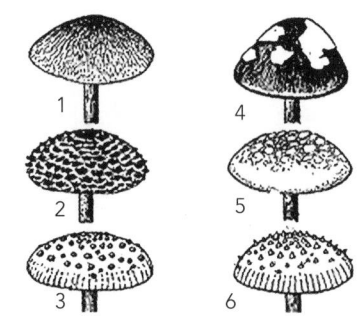

图1-13　菌盖附属物

1—纤毛　2—丛毛鳞片　3—颗粒状鳞片
4—块状鳞片　5—龟裂鳞片　6—角锥鳞片

4. 菌肉

菌盖表皮下面和菌柄内部的组织称为菌肉。多为肉质，少数是革质（裂褶菌）、蜡质（蜡菌），也有胶质或软骨质的。有些种类，如红菇属有膨大的球形或卵圆形的细胞分散在长形的菌丝细胞之间，为宫泡状菌丝组织。菌肉的颜色、厚度和菌丝形态多有差异，菌肉多为白色或浅黄色，但也有例外，如乳菇属的一些种类受伤后流出乳汁变蓝色。伞菌是人们食用和药用的菌类，大多数味道鲜美，少数气味辛辣或稍带苦味，有的还有特殊的香气，如香菇、松茸等。

5. **菌盖边缘形状**

常为内卷（乳菇）、反卷、上翘和下弯等（图1-14）。菌盖边缘有的全缘或开裂，有的内折或外翻，有的平滑，有的具条纹、

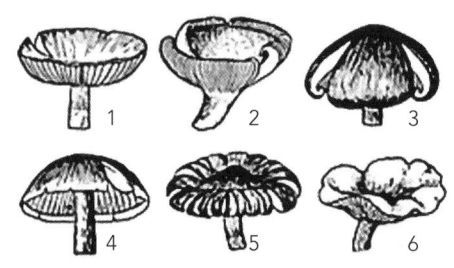

图1-14　菌盖边缘特征

1—上翘　2—反卷　3—内卷
4—边缘延伸　5—边缘撕裂　6—边缘波状

沟纹或波折，有的边缘表皮延伸具残膜或角状残膜。

6. 菌盖大小

菌盖大小，因种而异，小的仅几毫米，大的达几十厘米。通常将菌盖直径小于6cm的称为小型菇，菌盖直径在6~10cm称为中型菇，菌盖直径大于10cm的称为大型菇。

（二）菌褶

菌褶是生长在菌盖下的片状物。由子实层、子实下层和菌髓三部分组成。

1. 形状

三角形、披针形等，有的很宽，如宽褶拟口蘑等；有的窄，如辣乳蘑等。

2. 颜色

白色、黄色、红色。

3. 排列

菌褶一般呈放射状，由菌柄顶部发出，可分成五类：①等长；②不等长；③分叉；④有横脉；⑤网纹，菌褶交织成网状。

4. 菌褶与菌柄的连接方式

菌褶与菌柄的连接方式如图1-15所示。

（1）离生　菌褶的内端不与菌柄接触，如双孢蘑菇、草菇等。

（2）弯生（或凹生）　菌褶内端与菌柄着生处呈一弯曲，如香菇、金针菇等。

（3）直生　菌褶内端呈直角状，着生于菌柄上，如红菇。

（4）延生（或垂直）　菌褶内端沿着菌柄向下延伸，如平菇。

图1-15　菌褶与菌柄的连接方式

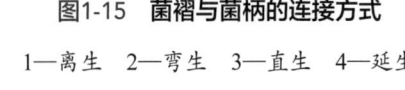

1—离生　2—弯生　3—直生　4—延生

（三）菌管

菌管就是管状的子实层，在菌盖下面多呈辐射状排列，其子实层分布于菌管内壁。如牛肝菌或多孔菌。

（四）菌柄

菌柄生长于菌盖下面，是输送养分、水分及支撑菌盖的部分，其形状与菌盖的着生方式、粗细、颜色、长短、内部空实等因素有关。

1. 形状

圆柱状（金针菇）、棒状、假根状（鸡枞）、纺锤状等。

2. 菌柄在菌盖上的着生位置

根据菌柄在菌盖上着生的位置，可分三种（图1-16）①菌柄着生于菌盖的中央，为中生，如金针菇、双孢蘑菇、草菇；②菌柄着生于菌盖偏心处，为偏心生，如香菇；③菌柄着生于菌盖的一侧，为侧生，如平菇。

（1）双孢蘑菇　　　　　（2）香菇　　　　　（3）平菇

图1-16　菌柄在菌盖上的着生位置

3. 菌柄纵剖面形状

菌柄纵剖面形状可分为实心（如香菇），空心（如鬼伞），半空心（如红菇）。

（五）菌幕、菌环和菌托

1. 菌幕

菌幕分为外菌幕和内菌幕两种，包被于整个幼小子实体外面的菌膜，称为外菌幕。连接菌盖与菌柄间的膜为内菌幕。随着子实体的长大，菌幕会被撑破、消失，但在一些伞菌中会残留，分别发育成菌环或菌托。

2. 菌环

随着子实体的长大，内菌幕破裂，残留在菌柄上的单层或双层环状膜，称为菌环。菌环的大小、厚薄、层数及在菌柄上着生的位置因种类不同而异。

3. 菌托

随着子实体的长大，外菌幕被撑裂，残留于菌柄基部发育成的杯状、苞状或鞘状的构造，称为菌托。由于种类的不同或外菌幕发育强弱的不同，菌托的形状有苞状、鳞茎状和鞘状等（图1-17）。

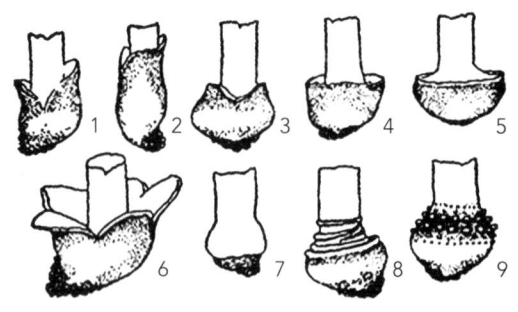

图1-17　菌托的形状

1—苞状　2—鞘状　3—鳞茎状　4—杯状　5—杵状

6—瓣裂　7—菌托退化　8—带状　9—数圈颗粒状

三、食用菌的生活史

食用菌的生活史是指食用菌一生所经历的全过程。即从有性孢子萌发开始，经单核、双核菌丝形成及双核菌丝的生长发育直到形成子实体，产生新一代有性孢子的整个生活周期（图1-18）。

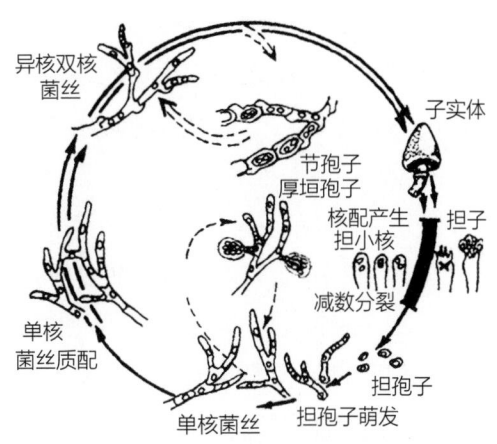

图1-18　食用菌的生活史

（一）菌丝营养生长期

1. 孢子萌发期

食用菌的生长是孢子萌发开始的，孢子在适宜的基质上，先吸水膨胀长出芽管，芽管顶端产生分枝发育成菌丝。在胶质菌中，部分种类的担孢子不能直接萌发菌丝（如银耳、金耳等），常以芽殖方式产生次生担孢子或芽孢子（也称芽生孢子），在适宜的条件下，次生担孢子或芽孢子形成菌丝；木耳等担孢子在萌发前先产生横隔，担孢子被分隔成多个细胞，每个细胞再产生若干个钩状分生孢子后萌发成菌丝。

2. 单核菌丝

单核菌丝是子囊菌营养菌丝存在的主要形式，其存在的时间很短，细长，分枝稀疏，抗逆性差，容易死亡，故分离的单核菌丝不宜长期保存。有些食用菌如草菇、香菇等，单核菌丝生长遇到不良环境时，菌丝中的某些细胞形成厚垣孢子，条件适宜时又萌发成单核菌丝。双孢蘑菇的担孢子含有2个核，菌丝从萌发开始就是双核的，无单核菌丝阶段。

3. 双核菌丝

单核菌丝发育到一定阶段，由可亲和的单核菌丝之间进行质配，（核不结合）使细胞双核化，形成双核菌丝。双核菌丝是担子菌类食用菌营养菌丝存在的主要形式。

食用菌的营养生长主要是双核菌丝的生长。固体培养时，双核菌丝通过分枝不断蔓延伸展，逐渐长满基质；液体培养时，形成菌丝球，将基质的营养物质转化为自身的养分，并在体内积累为日后的繁殖做物质准备。

（二）菌丝生殖生长期

1. 子实体的分化和发育

双核菌丝在营养及其他条件适宜的环境中能旺盛生长，体内合成并积累大量营养物质，达到一定的生理状态时，首先分化出各种菌丝束（三级菌丝），菌丝束在条件适宜时形成菌蕾，菌蕾再逐渐发育为子实体。与此同时，菌盖下层部分的细胞发生功能性变化，形成子实层，着生担子。

2. 担孢子的释放与传播

孢子散发的数量是很惊人的，通常为十几亿到几百亿个，如双孢蘑菇18亿个，平菇600~855亿个。个体很小，但数量很大，这是菌类适应环境条件的一种特性。

3. 菌丝的有性结合

按初生菌丝的交配反应将食用菌的有性繁殖分为同宗结合和异宗结合两类。

（1）同宗结合　同一孢子萌发成的两条初生菌丝进行交配，完成有性生殖过程。

（2）异宗结合　同一孢子萌发的初生菌丝，不能自行交配（不亲和），只有两个不同交配型的担孢子萌发的初生菌丝才能互相交配，完成有性生殖过程。它是担子菌亚门食用菌有性生殖的普遍形式，在已研究的担子菌中占90%。

● 任务实施

一、任务所需器材

（1）材料　平菇、香菇、双孢蘑菇、草菇、金针菇、木耳、银耳、猴头菇、灵芝、蜜环菌、羊肚菌、虫草、茯苓等食用菌子实体（或菌核）的浸渍标本（或干标本）、鲜标本及部分食用菌的菌丝体、担孢子等。

（2）器具　光学显微镜、接种针、无菌水滴瓶、染色剂（石炭酸复红或美蓝等）、酒精灯、75%酒精、火柴、载玻片、盖玻片、刀片、镊子、培养皿、绘图纸、铅笔等。

二、任务实施步骤

（一）菌丝体形态特征识别

1. 菌丝体宏观形态识别

（1）观察平菇、草菇、金针菇、木耳、银耳及香灰菌、蘑菇、猴头菇、灵芝等食用菌的试管斜面菌种或马铃薯葡萄糖琼脂（PDA）平板上生长的菌落，比较其气生菌丝的生长状态，并观察菌落表面是否产生无性孢子。

（2）观察菌丝体特殊分化组织：蘑菇菌柄基部的菌丝束；蜜环菌的菌索；茯苓的菌核；虫草等子囊菌的子座。

2. 菌丝体微观形态识别

（1）菌丝水浸片的制作　取一载玻片，滴一滴无菌水于载玻片中央，用接种针挑取少量平菇菌丝于水滴中，用两根接种针将菌丝拨散。盖上盖玻片，避免气泡产生。

（2）显微观察　将水浸片置于显微镜的载物台上，先用10倍物镜观察菌丝的分枝状态，然后转到40倍物镜下仔细观察菌丝的细胞结构等特征，并辨认有无菌丝锁状联合的痕迹。

（二）子实体形态特征识别

1. 子实体宏观形态识别

仔细观察各种食用菌子实体的外部形态特征，并比较其主要区别，特别注意菌盖、菌柄、菌褶（或菌孔、菌刺）、菌环、菌托的特征，并对之进行比较、分类。

2. 子实体微观形态识别

（1）菌褶切片观察　取一片平菇菌褶置于左手，右手持刀片，横切菌褶若干薄片漂浮于培养皿的水中，用接种针先取最薄的一片制作水浸片，显微观察平菇担子及担孢子的形态特征。

（2）有性孢子和无性孢子的观察　灵芝担孢子水浸片观察；羊肚菌子囊及子囊孢子水浸片观察；草菇厚垣孢子水浸片观察；银耳芽孢子水浸片观察（以上各类孢子的观察可用标本片代替）。

思政小课堂

食用菌以其独特的形态结构，展示了大自然的鬼斧神工，让我们对生命的多样性产生敬畏之情。同时，食用菌的生长过程也体现了自然界中的和谐共生，它们与各种生物相互依存，共同维系着生态平衡。

食用菌具有很高的经济价值和社会价值，它们不仅为人们提供了美味可口的佳肴，还在医药、保健等领域发挥着重要作用。这启示我们要关注身边的资源，善于发掘和利用它们的价值，为社会创造更多的财富。

此外，观察和研究食用菌形态结构需要同学们相互协作、共同探讨。这让我们意识到，在未来的工作和生活中，团队协作同样至关重要。我们要学会倾听他人的意见，相互支持，共同进步。

任务考核评价

表1-2　食用菌形态结构识别考核表

考核内容	考核指标	分值	实得分数
菌丝体宏观形态识别	准确描述斜面或平板菌落特征	20	
	准确描述菌丝生长状态		
菌丝体微观形态识别	能够熟练制作菌丝水浸片	30	
	能够熟练使用显微镜		
子实体宏观形态识别	认识子实体的外部形态特征	20	
	能够区分菌环和菌托		

续表

考核内容	考核指标	分值	实得分数
子实体微观形态识别	能够熟练制作菌褶切片	30	
	能够熟练使用显微镜		
总分		100	

● **任务巩固与创新**

1. 请简述食用菌的一般形态结构特点，并举例说明两种常见的食用菌及其特征。

2. 食用菌的子实体通常由哪些部分组成？这些部分在食用菌的生长和繁殖过程中分别起到什么作用？请简要说明。

任务三　食用菌的营养价值

● **任务描述**

　　食用菌不仅味道鲜美，而且富含丰富的营养物质，被誉为健康的食品。它们含有丰富的蛋白质、纤维素、矿物质和多种维生素，尤其是维生素D，有助于促进钙的吸收，对人体健康有着显著的益处。

　　在食用方面，食用菌种类繁多，如蘑菇、香菇、杏鲍菇等，都是人们餐桌上的常客。它们可以烹饪成各种美食，无论是炖汤、炒菜还是做馅，都能为人们提供丰富的营养。此外，食用菌还具有低脂肪、低胆固醇的特点，适合各类人群食用。

　　在生理活性物质方面，食用菌也表现出强大的潜力。它们含有多糖体成分，能够刺激免疫系统，增强人体免疫力。一些食用菌还具有抗病毒作用，有助于抑制病毒的复制和繁殖。此外，食用菌中的某些成分还具有抗氧化、抗炎等作用，对预防心血管疾病、癌症等慢性疾病具有积极意义。

本次任务，我们将进一步学习食用菌的营养成分以及所含生理活性物质，帮助大家更深入了解这一健康食品。通过学习，希望大家能够充分认识到食用菌的营养价值，并将其纳入日常膳食中，为自己和家人的健康保驾护航。

任务目标

知识目标	能力/技能目标	思政目标
① 知道食用菌的营养成分。 ② 了解食用菌的食用价值。 ③ 熟悉几种常见食用菌产品。	① 能够举例说明食用菌的主要营养成分和功能。 ② 能够说出食用菌的主要食用价值。 ③ 能够说出食用菌所含的主要生理活性物质。	① 培养学生科学的探究精神。 ② 食用菌营养价值高，从事食用菌生产事业，为国家健康中国战略做贡献。

任务相关知识

一、食用菌的食用价值

食用菌的营养十分丰富，其含有氨基酸、蛋白质、糖类、脂类、维生素、矿质元素、核苷酸等多种营养成分。具有高蛋白、低糖、低脂肪、多种氨基酸等特点，被人们誉为"保健食品"，越来越受到重视，联合国粮农组织提倡21世纪最合理的膳食结构为"一荤一素一菇"。因此，食用菌称为人类未来的重要食品来源。

食用菌的食用和药用价值

（1）含有多种必需氨基酸　食用菌中蛋白质含量一般为鲜重的3%～4%或干重的30%～45%，介于肉类与蔬菜之间。且蛋白质中氨基酸种类齐全，几乎所有食用菌都含有人体必需的8种氨基酸。据测算，1kg干菇所含蛋白质相当于2kg瘦肉，3kg鸡蛋，12kg牛奶。食用菌不像动物性食品，其在含有高蛋白的同时却不含高脂肪和高胆固醇。食用菌属于高消化率的蛋白食品，是国际上公认的"十分好的蛋白质来源"。食用菌中含有的氨基酸一般有十七八种之多，几乎所有的食用菌都含有人体自身不能合成而又不可缺少的必需氨基酸，其含量之高是其他植物性蛋白食品不可比的。

（2）含有高不饱和脂肪酸　食用菌中的脂肪含量较低，仅为干重的0.6%～3%，是很好的低能值食物。在其很低的脂肪含量中，不饱和脂肪酸占有很高的比例（多在80%以上）。不饱和脂肪酸种类很多，其中的油酸、亚油酸、亚麻酸等可有效地清除人体血液中的垃圾，延缓衰老，降血脂，预防高血压、动脉粥样硬化和脑血栓等心脑血管系统疾病。

（3）含有多种维生素　食用菌含有多种维生素，如维生素B_1、维生素B_2、维生素B_{12}、烟酸（也称维生素PP或维生素B_3）、维生素C、维生素D原等。在食用菌中含量较高的是B族维生素、维生素D原，这恰恰是今天人体最容易缺少的而又必须天天补充的微量元素。维生素D可以促进钙的吸收，从而促进骨骼的形成和预防多种疾病的发生。据测算，食用菌中维生素的含量是蔬菜的2~8倍。一般每人每天吃100g鲜菇就可满足维生素的需要。

（4）含有多种矿物质元素　食用菌是一种很好的矿物质源，几乎含有人体所需的各种矿物质元素。这些矿物质元素有钾、磷、硫、钠、钙、镁、铁、锌、铜等。矿物质元素种类数量与其生长环境有密切关系。食用菌中磷的含量一般是黄瓜、白菜等蔬菜的5~10倍。香菇、黑木耳中铁含量约为一般蔬菜含量的100倍，这些矿物质元素对人体生理机能的调节起重要作用。

二、食用菌的生理活性功用

食用菌含有各种人体必需的多糖，具有极高的生理活性功用。许多食用菌有特殊的药用价值，可以起到保健或药物治疗作用。据研究发现，食用菌中的抗肿瘤物质主要是多糖和蛋白多糖体。真菌多糖具有增强机体免疫功能，间接或直接地抑制肿瘤生长，起到扶正固本的作用，且无毒副作用。许多食用菌不仅具有增强免疫、抗肿瘤功能，还有降血压、降血糖、保护心脑血管及抗病毒、抗衰老等作用，而且近年来研究发现，食用菌含有的多糖和大量食物纤维可以安全、有效地吸收有毒化学物质或重金属，使其毒物不被人体器官吸收，从而大大减少恶性疾病的发生。由此看出，食用菌是集多营养、低热量于一身的理想食物，经常食用具有预防疾病、强体健身之功效，是应该大力提倡发展和食用的健康食品。

（一）我国药用大型真菌的开发利用

药用大型真菌的开发利用，主要包括两个方面的内容：一是药用大型真菌制剂的开发利用，二是大型真菌保健食品的开发利用。大型真菌保健食品，是指具有特定保健功能的食用菌或食用菌提取物质制成的食品，即适宜于特定人群食用、具有调节机体功能、辅助治疗疾病食品。药用大型真菌制剂是以具有生物活性的天然或人工栽培的菌类子实体、菌核及其发酵产物或其单体成分，加工制成的一定剂型的药物制剂或原料药。

药用大型真菌制剂在我国早就已经开发并利用。在《金匮要略》《太平圣惠方》《外台秘要》《普济本事方》《千金辟方》等古代医籍中，都记录了很多药用真菌的制剂，包括丸剂、散剂等多种剂型，是祖国传统医学的重要组成部分，其中有不少药用真菌制剂沿用至今。近年来，药用大型真菌制剂的研制，一直是新药开发的重要领域。自1985年实施《药品管理法》以来，经国家相关管理部门批准的单方或复方制剂就有"香云肝泰片""复方灵芝片""灵芝胶囊""灵芝北芪片""安洛痛注射剂""木耳舒筋丸""香菇菌多糖片""金水宝胶囊""至灵胶囊""心肝宝胶囊""益康胶囊""槐耳冲剂""复方树舌片""猴头菇片""亮菌片"和"猪苓多糖注射剂"等100多个品种，充分展示了药用大型真菌制剂在医药领域的应用。

药用大型真菌制剂是药用真菌与临床医学相连接的桥梁，菌类保健食品的研制与开发，对于发掘药用真菌在人类医疗保健事业上的潜力、扩大药用真菌研究的涵盖面、促进真菌的深入研究以及人类健康都有很重要的意义。

（二）药用大型真菌中的生理活性物质成分

我国的药用大型真菌资源十分丰富，已经开发的药用大型真菌仅是真菌资源中的极少一部分。加强药用大型真菌中的生理活性物质成分研究，将对扩大药用大型真菌资源、增加对药用大型真菌生理活性的认识、进一步开拓药用大型真菌的药用价值、控制药用大型真菌的质量、在分子水平上探讨药用大型真菌的发育发展过程、进一步开展药用大型真菌培育新技术研究起到积极的推动作用。

1. 药用大型真菌常见的多糖

药用大型真菌多糖和从高等植物中提取的多糖相似，它们都是由7个分子以上存在于自然界中的醛糖和酮糖通过糖苷键缩合而成的多聚物。这些物质存在于大型真菌的子实体、菌核或菌丝体中，也可以从它们发酵的菌液中提取得到。

药用大型真菌多糖具有多方面的生物活性，特别是近年来发现一些药用大型真菌多糖具有显著的抗肿瘤活性和调节机体免疫功能的作用，引起人们的广泛注意。我国发现有价值的真菌多糖也有近30种，其中香菇多糖、猪苓多糖、灵芝多糖、云芝多糖等多种多糖制剂已经通过鉴定投放市场，收到很好的经济效益和社会效益。

2. 药用大型真菌常见的萜类化合物

萜类或萜类似物包括自然界存在的许多类型化合物，具有（C_5H_8）的通式，根据其组成可分为单萜、倍半萜、二萜、二倍半萜、三萜、四萜、五萜乃至多萜类。这类化学成分广泛分布于高等植物、菌类和海洋生物中。

目前，自药用大型真菌中分离得到的萜类成分多属于倍半萜、二萜和三萜等，它们显示不同的生理活性和具有有趣的化学结构，因此发展比较快，分离得到的化合物也比较多。

3. 药用大型真菌常见的生物碱类成分

生物碱（alkaloids）是真菌中的一类重要代谢产物，根据已经分离得到的化合物可以分为两大类型：吲哚类生物碱和嘌呤类生物碱。

（1）吲哚类生物碱　吲哚类生物碱主要是从麦角菌中分离得到的生物碱类。种类很多，主要有6对，每对互为旋光异构体：麦角新碱、麦角异新碱，麦角克碱、麦角异克碱，麦角卡里碱、麦角异卡里碱，麦角克宁碱、麦角异克宁碱，麦角胺、麦角异胺，麦角生碱、麦角异生碱。它们都是麦角酸的衍生物，其中左旋体有生物活性，是麦角的有效成分；右旋体生物活性不显著，是异麦角酸的衍生物。

麦角菌寄生在植物野麦上，产生田麦角碱和野麦角碱；麦角菌寄生在植物狼尾草上产生狼尾草麦角碱。这些麦角碱都具有类似麦角生物碱的药理作用。

（2）嘌呤类生物碱　嘌呤类化合物是药用大型真菌中一类重要代谢产物，是构成药用大型真菌的有效成分之一。

从薄盖灵芝人工发酵的菌丝体中分离得到腺嘌呤、腺苷和灵芝嘌呤。从香菇中分离得到香菇嘌呤3-[9-（6-氨基嘌呤）]-丙酸。香菇嘌呤具有显著降低胆固醇的生物活性。从蛹虫草中分离得到的虫草素是一种抗菌素。

4. 药用大型真菌常见的氨基酸、多肽和蛋白质类成分

大型真菌中含有丰富的氨基酸和蛋白质类成分，是衡量真菌食用价值的重要指标。另外，一些真菌中的氨基酸、多肽、蛋白质类，具有抗肿瘤的生物活性，更进一步激发了人们对药用大型真菌这类成分的研究兴趣。

（三）药用大型真菌的药理作用

药用大型真菌如灵芝、银耳、茯苓、冬虫夏草、香菇、雷丸等，自古以来就广泛用于防治疾病，是中医药宝库中的重要组成成分。长久以来，国内外学者对药用大型真菌的药理作用进行了深入研究，取得了大量的研究进展。

1. 抗肿瘤作用

迄今为止已在实验动物的肿瘤模型上筛选过200种左右的担子菌纲大型真菌的提取物，特别是多糖类对S-180、艾氏腹水癌等多种移植性肿瘤具有抗肿瘤作用。

从银耳子实体中分离到多糖A、B和C，对S-180有明显的抑制作用，多糖C（碱性提取部分）作用最强。

2. 免疫调节作用

真菌类药物能够影响机体的多种免疫功能，具有免疫调节作用。增强单核巨噬细胞功能、增强细胞免疫功能、促进细胞因子的产生和增强体液的免疫反应。

3. 抗放射性与促进骨造血功能

银耳多糖具有明显的抗放射性和抗化疗损伤的作用。研究表明，银耳多糖对致死剂量 $^{60}Co\gamma$ 射线诱发的大白鼠骨髓细胞染色体畸变有防护作用，从而证明银耳多糖制剂

在辐射遗传上有防护作用。银耳多糖对环磷酰胺引起的小鼠骨髓细胞微核率也有明显的抑制作用。

冬虫夏草和虫草菌丝水提液不仅能升高正常小鼠的血小板数，而且还能升高^{60}Co γ射线照射的血小板数。此外，虫草菌丝水提液尚可使吸入苯所致小鼠白细胞减少恢复正常水平。进一步研究发现，冬虫夏草水煎乙醇提取液结晶制剂（CS-Cr）腹腔注射能明显促进小鼠骨髓粒-单系祖细胞（CFU-GM）的增殖。

4. 保肝解毒作用

灵芝、紫芝、薄树芝、灵芝孢子、香菇、猪苓、云芝等制剂（提取物）对化学性肝损伤有不同程度的保肝解毒作用。研究发现，给小鼠灌胃灵芝酊能减轻四氯化碳（CCl_4）中毒性肝炎的病理组织学改变，并增强肝脏的解毒功能。

5. 降低血糖作用

灵芝子实体中提取的多糖B和多糖C及一些灵芝杂多糖均有降低血糖的作用。多糖B能提高正常大鼠和糖负荷大鼠血浆中胰岛素的水平，但对胰岛素与脂肪细胞的结合过程无影响，给药后可明显增加肝脏葡萄糖激酶、磷酸果糖激酶和葡萄糖-6-磷酸脱氢酶的活性，降低肝脏葡萄糖-6-磷酸合成酶和糖原合成酶活性。在血浆中总胆固醇和甘油三酯水平无影响的情况下，可降低肝糖原的含量。

6. 止咳、平喘作用

腹腔注射灵芝水提液、乙醇提液A和恒温渗滤液对恒压氢氧化氨喷雾所致小鼠咳嗽反应有止咳作用。灵芝菌丝醇提液、灵芝浓缩液腹腔注射也有类似止咳作用。

冬虫夏草或虫草菌丝煎剂能显著扩张离体豚鼠支气管，使支气管肺血流量增加。

7. 抗溃疡作用

银耳孢子多糖和银耳多糖均可显著抑制Wistar大鼠捆绑应激性溃疡的形成，降低溃疡等级，促进醋酸型溃疡的愈合，减少溃疡面积。但在相同实验条件下，对胃酸分泌和胃蛋白酶活性无明显影响。

8. 抗菌作用

体外试验指出，冬虫夏草素（虫草酸）对葡萄球菌、链球菌、鼻疽杆菌、炭疽杆菌、猪出血性败血症杆菌等均有抑制作用。冬虫夏草煎剂对须疮癣菌、絮状表皮癣菌、石膏样小芽孢癣菌、羊毛状小芽孢癣菌等真菌也有抑菌作用。

9. 抗病毒作用

灵芝、云芝、香菇等大型真菌提取物或组分对人类免疫缺陷病毒（HIV）的作用目前备受关注，也是研究的热点。有报道表明，灵芝提取液的低分子质量的部分具有明显的抗HIV活性。另外，云芝多糖K（PS-K）可抑制感染HIV的人CD阳性细胞的病理过程。

上述药物对HIV的抗性，主要是通过抑制HIV与细胞的结合来实现的。

（四）食用菌保健食品的研制与开发

我国的保健食品生产始于20世纪70年代末期，据统计，全国已经有3000多个厂家，注册生产的品种在3000种以上，已形成一个多品种、多层次、多功能的产业框架。保健食品的基础是其功能成分，而对保健食品功能成分的研究，既是对已知营养素功能的作用研究，又是对未知功能成分的探索。后者很可能形成一个新的营养素研究领域和一个崭新的功能成分研究领域。对食物中功能成分的不断探索和揭示，必将对人类健康带来极为重要的影响。

食用菌作为一种传统的美味食品，它伴随着人类文明的进步度过了悠久的岁月。食用菌产业的发展推动了人们对菌类营养学评价观念上的改变，开始步入了"健康食品"时代。尤其是近十几年来，随着对食用菌多糖类等活性物质的深入研究，人们对食用菌的认识又经历了一次飞跃。食用菌的深度开发，是食用菌产业发展的推动力。目前，我国食用菌保健食品已进行商业化生产的品种，包括以下几个系列。

1. 营养口服液类

此类产品为近年开发热点，其特点为技术含量高，产品附加值高，市场潜力大。较为成功的有"灵芝口服液""猴头菇型太阳神口服液""绿谷灵芝宝"等。

2. 保健滋补酒类

此类产品有的采用传统发酵工艺或浸渍勾兑技术，有的采用现代生物技术，所用酒基也有区别，因而显现出不同风格，能适应不同消费群。较为著名的有"至宝特质灵芝酒""999虫草养生酒"等。

3. 保健茶类

此类产品也是当前开发热点，具有较好的冲溶性、分散性和稳定性，主要产品有"仙芝楼灵芝西洋参茶""仙牌灵芝茶"等。

4. 保健胶囊类

此类产品携带、服用方便，稳定性好，是保健食品开发的新方向，在已投产品中，有些是被作为保健药品申报的。这类产品有"慧美牌灵芝胶囊""康富来牌虫草王胶囊"等。

5. 片剂类

此类产品兼有保健和药用价值，有些产品的商品属性在今后可能会得到调整，更加强调其保健功能。这类产品有"无限极牌元泰片""安然众合牌香黄片"等。

据不完全统计，我国有近100个科研单位在从事这方面的研究，有200家企业在从事食用菌保健食品生产，其中约半数为专业性生产厂家。已进入商品化生产阶段或尚停留在中试阶段的产品约有500种，近200项产品已通过省级以上成果鉴定或已获得专利发明认可。我国的食用菌产业走在世界的前列，食用菌保健食品开发也呈现欣欣向荣的景象。

● **任务实施**

一、准备工作

（1）准备多种食用菌样本，如香菇、平菇、金针菇等。
（2）准备相关烹饪工具和食材，以便进行食用菌的烹饪实践。
（3）准备药用食用菌的相关资料，包括其药用功效、使用方法等。

二、食用菌的烹饪实践

（1）分组进行，每组选择一种食用菌进行烹饪。
（2）烹饪过程中注意食用菌的处理方法，如清洗、切片等。
（3）完成烹饪后，品尝并分享食用菌的美味和口感体验。

三、药用食用菌的探讨

（1）通过资料查阅和小组讨论，了解药用食用菌的种类和药用功效。
（2）讨论药用食用菌在日常生活中的应用场景和使用方法。
（3）分享个人对药用食用菌的认识和体验，加深对其药用价值的理解。

思政小课堂

　　食用菌不仅是我们餐桌上的美味佳肴，更是中华传统医药的宝贵资源。它们承载着自然之精华，滋养着我们的身体与心灵。通过这节课的学习，我们深刻认识到食用菌在促进健康、增强免疫力等方面的重要作用。这不仅是科学知识的传递，更是对中华饮食文化和中医药文化的传承与弘扬。我们应该珍惜这些大自然赐予的宝贵资源，学会科学合理地食用，让食用菌的营养与药用价值得到充分发挥。同时，我们也要树立健康的生活理念，注重饮食平衡，将健康的生活方式传递给更多的人。让我们共同努力，将食用菌的食用与药用文化发扬光大，为建设健康中国贡献力量。

任务考核评价

表1-3 认识食用菌的营养价值考核表

考核内容	考核指标	分值	实得分数
认识食用菌的营养价值	简要说明常见食用菌的营养成分及其对人体健康的作用	30	
	能够列举至少两种药用食用菌，并描述其主要的药用功效和在日常生活或医药领域的应用方法	30	
	能够设计一份健康、营养丰富的食用菌食谱	20	
	描述食用菌在中华文化中的地位和历史价值，以及在现代社会中对人们健康生活的影响和意义	20	
总分		100	

任务巩固与创新

1. 请简述食用菌的主要食用价值，并列举至少两种常见的食用菌及其烹饪方法。

2. 请说明食用菌的药用价值，并举例说明一种具有显著药用功效的食用菌及其主要作用。

任务四　食用菌的营养类型及生活环境

任务描述

食用菌以其独特的营养获取方式，在自然界中占据了重要的地位。它们通过分解有机物质来获取养分，这种营养方式被称为腐生。同时，食用菌的生活环境多样，从森林地表的落叶到地下的树根，都能发现它们的身影。

本次任务是详细了解食用菌的营养类型，包括它们如何分解和吸收有机物质中的养分。此外，我们还将学习食用菌适应不同生活环境的能力，如温度、湿度和光照等因素对它们生长的影响。通过这些学习，学生能够更全面地理解食用菌的生态角色，以及它们如何在各种环境中生存和繁衍。

● 任务目标

知识目标	能力/技能目标	思政目标
① 掌握食用菌的基本营养类型。 ② 了解食用菌在不同生活环境中的分布和适应机制。 ③ 认识食用菌在自然界物质循环和生态平衡中的重要作用。	① 能够通过实验或实地考察识别不同种类的食用菌及其生活环境。 ② 能够从多种食用菌的生活习性中提炼出共性和差异。 ③ 能够运用所学知识解决食用菌栽培或野生资源利用中的实际问题。	① 强化生态环保意识，认识到保护食用菌及其生态环境对于维护生物多样性和生态平衡的重要性。 ② 弘扬科学精神，鼓励学生以科学的态度和方法探索食用菌的奥秘，培养求真务实的学风。

● 任务相关知识

一、食用菌的营养类型

食用菌的生理类型

根据食用菌自然状态下营养物质的来源不同，可将其分为腐生、寄生及共生三种类型。

（一）腐生

从动植物残体或无生命的有机物中吸取养料的食用菌，称为腐生菌。此类食用菌数量最多，分布最广，能够分泌各种胞外酶和胞内酶，用以分解已经死亡的有机体，并从中吸收养料，在自然界有机质的分解和转化中起重要作用。根据腐生菌适宜分解的植物尸体不同和生活环境的差异，可将其分为木腐菌、粪草生菌、土生菌三个生态群。

1. 木腐菌

木腐菌也称木生菌，从木本植物残体中吸取养料的菌。该类食用菌一般不侵染活的树木，多生长在枯木、倒木、树桩及断枝上，常以木质素和半木质素为优先利用的碳源，也能利用纤维素。常在枯木的形成层生长，使木材变腐，充满白色菌丝。有的对树种适应性广（如香菇等），有的适应范围较狭（如茶树菇等）。人工栽培时，可用段木或代料栽培，如香菇、木耳等。

2. 粪草生菌

粪草生菌是指从草本植物残体或腐熟有机肥料中吸取养料的食用菌。该类食用菌多生长在腐熟的堆肥、厩肥、烂草堆或有机肥料上，优先利用纤维素，几乎不能利用木质素。可用秸秆、畜禽类作培养料，如草菇、双孢蘑菇、鸡腿菇等。人工栽培时，主要选择秸秆麦草、稻草、畜禽类、圈肥为培养料。

3. 土生菌

土生菌多生长在腐殖质较多的落叶层、草地、肥沃田野等场所。如羊肚菌、马勃、竹荪等。

木腐菌及粪草生菌比较容易驯化，在人工栽培的食用菌中占绝大多数。而土生菌的驯化较难，且产量也较低。目前，进行商业性栽培的菇类几乎都是腐生型菌类，但在实际生产中要根据它们的营养生理来选择合适的培养料。

（二）寄生

生活于寄主体内或体表，从活的寄主细胞中吸收营养的食用菌，称为寄生菌。在食用菌中，整个生活史都是营寄生生活的情况十分罕见，多为兼性寄生或兼性腐生。

1. 兼性寄生

在生活史的某一阶段营寄生生活，而其他时期则营腐生生活，称为兼性寄生。其典型代表是蜜环菌，它可以在树木的死亡部位营腐生生活，一旦进入木质部的活细胞后就转为寄生生活，常生长在针叶或阔叶树干的基部或根部，形成根腐病。又如灵芝、金针菇、猴头菇等虽然都是腐生菌，但在一定条件下，也能侵染活树木，在林地栽培时应采取防护措施。

2. 兼性腐生

在生活史的某一阶段营腐生生活，而其他时期则营寄生生活，称为兼性腐生。其典型代表是冬虫夏草，它是寄生在鳞翅目幼虫上的一种真菌，在虫体内吸取营养，生长繁殖，使虫体僵化，变成长满菌丝的菌核，在适宜条件下形成菌和虫的复合体——冬虫夏草。

（三）共生

能与高等植物、昆虫、原生动物或其他菌类相互依存、互利共生的食用菌称为共生菌。

1. 食用菌与植物共生

菌根菌是食用菌与植物共生的典型代表，食用菌菌丝与植物的根相结合形成复合体——菌根，大多数森林蘑菇都属于菌根菌。菌根菌与树种的共生有选择性，有的与木本植物共生，如牛肝菌、块菌、松乳菇等，有的与草本植物共生，如口蘑等。

菌根分为外生菌根和内生菌根两种类型。

（1）外生菌根　外生菌根的菌丝大部分紧密包围在根系根毛外周，形成菌套，并向四周伸出致密的菌丝网，菌根菌不侵入根的内部细胞，而是生活在根细胞间隙中，蔓延生长为外生菌根。外生菌根取代了植物根系根毛的作用，扩大根毛吸收面积，菌根菌能分泌生长素，被植物吸收利用。而植物也为菌根菌提供光合作用所产生的碳水化合物。外生菌根约有30个科，99个属，与一定阔叶树或针叶树共生。木本植物的菌根多为外生菌根，如赤松根和松口蘑等。

（2）内生菌根　菌根菌的菌丝侵入根细胞内部为内生菌根。内生菌根的食用菌很少，人工成功栽培的范例是天麻和蜜环菌。天麻是一种特殊植物，无根、无叶，不能进行光合作用，也不能从土壤中吸收养分，必须与蜜环菌共生。凡有天麻生长的地方，必然有蜜环菌伴随而共同存在；有蜜环菌生存的地方，则不一定有天麻，蜜环菌可以单独生活。

世界范围内，已发现蜜环菌36种，中国有9种，适合于天麻生长的只有少数几种。蜜环菌的营养来自木材或其他原料，其菌丝进入天麻块茎的皮层细胞里，被天麻分泌的溶菌酶溶解、消化后成为天麻的营养，此时是"天麻吃蜜环菌"，当天麻块茎老化或生长受到抑制时，不能分泌足够溶菌酶来消化蜜环菌菌丝时，就转为"蜜环菌吃天麻"，导致块茎发黑、中空。

食用菌与植物形成菌根，是自然环境中长期形成的一种生态关系。若这种关系受到破坏或改变，无论植物或食用菌的生长都会受到不良影响甚至不能正常生长。因此，目前这类食用菌的人工生产较困难，取得成功的不多。菌根菌中有不少优良品种，但还没有驯化到完全可以人工生产，是未来开发的一个方向。腐生菌、寄生菌和共生菌都是自然界物质大循环的主要参与者。

2. 食用菌与动物共生

食用菌与动物构成共生关系中最典型的是热带食用菌与白蚁或蚂蚁存在的密切的共生关系。在自然条件下，鸡枞只能生长在白蚁窝上，鸡枞在白蚁窝上的生长为白蚁提供了丰富的营养物质，而白蚁窝则为鸡枞提供了生存基质。

3. 食用菌与微生物共生

食用菌与微生物的共生关系中最典型的例子就是银耳属。银耳与香灰菌、金耳与韧革菌存在一种偏共生关系，其中香灰菌与韧革菌通常被称为"伴生菌"。

二、食用菌的营养条件

营养是食用菌维持和延续生命的一种全面的生理过程。能够满足食用菌生长、繁殖和完成各种生理活动所需的物质，称为营养物质，它是

食用菌的营养条件

一切生命生存的物质基础。

食用菌在生命活动中需要大量的水分，较多的碳素、氮素，其次是磷、镁、钾、钠、钙、硫等主要矿物质元素，还需要铀、铁、锌、锰、钴、钼等微量元素，有的还需要维生素。生产中，只有满足食用菌对这些营养物质的需求，才能保证其正常生长。

（一）碳源

凡用于构成细胞物质和代谢产物中碳素来源的营养物质统称为碳源。碳源的主要作用是构成细胞物质和提供生长发育所需的能量，是食用菌最重要的营养源之一。

食用菌在营养类型上属于异养型，所以不能利用二氧化碳、碳酸盐等无机碳作为碳源，它们所吸收利用的碳素都是来自有机碳化物。食用菌主要利用单糖、双糖、纤维素、半纤维素、木质素、淀粉、果胶、有机酸和醇类等。单糖、有机酸和醇类等小分子碳化物可以直接被吸收利用，其中，葡萄糖是利用最广泛的碳源，而纤维素、半纤维素、木质素、淀粉、果胶等大分子碳水化合物，需在酶的催化下水解为单糖后，才能被吸收利用。生产中食用菌利用的碳源，除了来源于葡萄糖、蔗糖等简单的糖类之外，主要来源于各种富含纤维素、半纤维素的植物性原料，如木屑、玉米芯、棉籽壳等。这些原料多为农产品的下脚料，具有来源广泛、价格低廉的优点。

木屑、玉米芯等大分子碳水化合物分解较慢，为促使接种后的菌丝体很快恢复创伤，使食用菌在菌丝生长初期也能充分吸收碳素，在拌料时需适当地加入一些葡萄糖、蔗糖等容易吸收的碳源，作为菌丝生长初期的辅助碳源，它可促进菌丝的快速生长，并可诱导纤维素酶、半纤维素酶以及木质素酶等胞外酶的产生。但要注意，加入辅助碳源的含量不宜太高，一般糖的含量为0.5%~5%，否则可能导致质壁分离，引起细胞失水。

（二）氮源

凡能为食用菌提供氮素来源的营养物质，称为氮源。氮源是合成食用菌细胞蛋白质和核酸的主要原料，对生长发育有着重要作用，一般不提供能量，它是除碳源以外最重要的营养物质之一。

食用菌主要利用有机氮，如尿素、氨基酸、蛋白胨等。氨基酸、尿素等小分子有机氮可被菌丝直接吸收，而大分子有机氮则必须通过菌丝分泌的胞外霉，将其降解成小分子有机氮才能被吸收利用。生产上常用的有机氮有蛋白胨、酵母膏、尿素、豆饼、麸皮、米糠、黄豆浆和畜禽粪等。

多数食用菌除利用有机氮外，也能利用NH_4^+和NO_3^-，NH_4^+优于NO_3^-。以无机氮作为唯一的氮源时，易产生生长慢、不结菇现象。因为菌丝没有利用无机氮合成细胞所必需的全部氨基酸的能力。此外，某些氨基酸几乎不能由无机氮合成。实验室常以蛋白胨、氨基酸、铵盐、硝酸盐、尿素等简单氮化物为氮源。生产中常以豆饼、玉米粉、麸皮、米糠等复杂而廉价的有机氮为氮源。尿素经高温处理后易分解，释放出氨和氢氰酸，易使培养料的pH升高和产生氨味而抑制菌丝生长。因此，若生产时需加尿素，需要控制其用量，一般为0.1%~0.2%。

培养基中氮的含量对食用菌的生长发育影响较大。一般在菌丝生长阶段要求含氮量较高，培养基含氮量以0.016%~0.064%为宜，若氮素浓度过低，则菌丝生长受阻；而在子实体发育阶段，培养基含氮量略低于菌丝体生长阶段，以0.016%~0.032%为宜，氮素浓度过高，会导致菌丝徒长，抑制子实体的生长，推迟出菇。

食用菌生长发育过程中，碳源和氮源的比例要适宜。食用菌正常生长发育所需的碳源和氮源的比例称为碳氮比（C/N）。一般而言，食用菌菌丝生长阶段所需C/N较小，以（15~20）：1为宜；子实体发育阶段所需C/N较大，以（30~40）：1为宜。若C/N过大，则菌丝生长缓慢，难以高产；若C/N过小，则容易导致菌丝徒长而不易出菇。不同菌类其最适C/N也有不同，如草菇的最适C/N为（40~60）：1，而香菇则为（25~40）：1。

（三）无机盐

矿物质元素的化合物为无机盐，是食用菌生长发育所不可缺少的，主要提供碳、氮以外的各种重要元素。按其在菌丝中的需求量，可分为大量元素和微量元素。大量元素有磷、钾、硫、钙、镁、钠等元素，占无机盐的90%，主要功能是参与细胞物质及酶的构成、维持酶的作用、控制原生质胶态和调节细胞渗透压等。在食用菌生产中，可向培养料中加入适量的磷酸二氢钾、磷酸氢二钾、石膏、硫酸镁来满足食用菌的需求。微量元素有铁、铜、锌、锰、钴、钼、硼等，它们是酶活性基的组成成分或酶的激活剂，其需求量极少，培养基中的含量在1mg/kg左右即可。一般营养基质和天然水中的含量就可以满足，不需要另行添加，若过量加入则会有抑制或毒害作用。

（四）维生素

维生素是食用菌发育必不可少而又用量甚微的特殊有机营养物质，主要起辅酶作用，参与酶的组成和菌体代谢。如维生素B_1、维生素B_2、维生素B_5、维生素B_6、维生素H、烟酸等。维生素B_1是羧基酶的辅酶，维生素B_2是脱氢酶的辅酶，它们对各类食用菌都是必需的。维生素B_1的需要量大约为5μg/L，维生素H在天冬氨酸的合成中起作用。

当基质中严重缺乏维生素时，食用菌就会停止生长发育。有的食用菌自身具有合成某些维生素的能力，若无合成某种维生素的能力，则称该食用菌为该种维生素的营养缺陷型。如金针菇、香菇、鸡腿菇等不能合成维生素B_1，是维生素B_1的营养缺陷型。由于天然培养基或半合成培养基使用的马铃薯、酵母粉、麦芽汁、麸皮、米糠等天然物质中各种维生素含量非常丰富，因此一般不需要另行添加维生素。但多数维生素在120℃以上的高温条件下易分解，因此对含维生素的培养基灭菌时，应防止灭菌温度过高和灭菌时间过长。

（五）生长因子

生长因子是促进食用菌子实体分化的微量营养物质，包括核苷、核苷酸，特别是环腺苷酸，有生长激素的功效。如美味牛肝菌，本来必须依靠活松树提供的营养才能形成子实体，但只要在人工培养基中添加$10^{-5} \sim 10^{-7}$mol/L的环腺苷酸，就可以使菌根形成子实体。此外，萘乙酸（NAA）、吲哚乙酸（IAA）、吲哚丁酸（IBA）等生长素也能促进食用菌的生长发育，在生产上有一定的应用。

三、食用菌的环境条件

（一）温度

温度是影响食用菌生长发育的重要的环境因素之一，不同的品种，不同的生长发育阶段，对温度的要求不同（表1-4）。

表1-4 几种常见食用菌对温度的要求

种类	菌丝体生长温度/℃		子实体分化和发育最适温度/℃	
	范围	最适	分化	发育
双孢蘑菇	6~33	24	8~18	13~16
木耳	4~39	30	15~37	24~27
平菇	10~35	24~27	7~22	13~17
草菇	12~45	35	22~35	30~32
香菇	3~33	25	7~21	12~18
杏鲍菇	22~27	25	8~18	12~15
金针菇	7~30	23	5~19	8~14
猴头菇	12~33	21~24	12~24	15~22
松口蘑	10~30	22~24	14~20	15~16
灵芝	5~35	10~35	10~35	20~28

若温度过高或过低，都会影响子实体分化，导致减产或无收成。一般菌丝体生长阶段要求温度较高，一般在20~26℃，子实体生长阶段要求的温度较低，一般在13~18℃。温度的高低能够影响发菌时间、出菇时间和出菇质量。因此，温度决定着生产的成败和经济效益。各种食用菌生长所需的温度范围不同，每一种食用菌只能在一定的温度范围内生长。根据对温度的不同要求，将食用菌分为低温型、中温型、高温型，但是同一种食用菌也有低温、中温、高温之分。

低温型：在自然界中，其子实体在秋、冬、春三季发生，即从10月到次年5月，20℃以下。例如有平菇、香菇、冬菇、滑菇、双孢蘑菇等。其中尤以香菇最耐寒，在雪下段木上生长的香菇，品质最为上等，其商品名叫"花菇"。

中温型：20~24℃，有金顶菇、黑木耳、银耳等。

高温型：在自然界中，其子实体在夏季发生，即从6月到9月，例如草菇、黑木耳、银耳、松口蘑和竹荪等。其中，草菇对温度的要求最高，必须昼夜高温，生长才好。

（二）含水量和空气相对湿度

水分是食用菌细胞的重要组成成分，也是菌丝吸收、输送养分的介质，在新陈代谢中也离不开水。食用菌必须要有适度水分才能正常生长，而食用菌生长发育所需的水分绝大部分又来自培养料。

1. 含水量

含水量通常指的是基质的含水量，用百分比计算：

含水量（%）=（水重量/培养料湿重）×100%

不同的品种对基质含水量要求不同，一般要求60%左右。也就是在调制培养料时，每40kg干料，加水60kg，搅拌均匀。过1~2h，使干料吃透水分，然后进行简单的测试。最常用的测试方法为手握法，即用手抓一把拌好的培养料用力紧握，以水从指缝中挤出，但不滴下来为最适宜。若有水滴下来，就表示水分过多，料中空气就太少，菌丝不能生长，甚至腐烂；若挤不出水来，就证明水分不够，菌丝太干，也不能生长。如平菇、香菇需含水量为60%，草菇则需含水量为65%~70%。

食用菌在不同生长发育阶段对水分的要求不同。一般食用菌菌丝体生长阶段要求培养料的含水量为60%~65%，适合于段木生产的食用菌要求段木的含水量在40%左右。若含水量不适宜，均会对菌丝生长产生不良的影响，最终导致减产或生产失败。若培养料中的含水量为45%~50%，菌丝生长快，但多稀疏无力、不浓密；若培养料中的含水量为70%左右，菌丝生长缓慢，对杂菌的抑制力弱，培养料会变酸、发出臭味，菌丝停止生长。

2. 空气相对湿度

大多数食用菌在菌丝生长阶段要求的空气相对湿度为60%～70%（表1-5），这样的空气相对湿度不仅有利于菌丝的生长，但不利于杂菌的滋生。

表1-5　食用菌不同生长发育阶段对水分的要求

种类	培养料含水量/%	空气相对湿度/%	
		菌丝体阶段	子实体阶段
双孢蘑菇	60～68	70～80	80～90
木耳	60～65	70～80	85～95
平菇	60～65	60～70	85～95
草菇	60～70	70～80	85～95
香菇	60～70	60～70	80～90
杏鲍菇	60～65	60～65	85～90
金针菇	60～65	80	85～90
猴头菇	55～65	60～70	85～90
松口蘑	60～65	60～70	80～90
灵芝	55～60	70～80	90～95

食用菌子实体生长阶段培养料含水量与菌丝体生长阶段基本一致，但该阶段对空气相对湿度的要求则高得多，一般为85%～90%。空气相对湿度低会使培养料表面大量失水，阻碍子实体的分化，严重影响食用菌的品质和产量。但菇房的空气相对湿度也不宜超过95%，空气相对湿度过高，不仅容易引起杂菌污染，而且不利于菇体的蒸腾作用，导致菇体发育不良或停止生长。

（三）空气和通风

食用菌是好气性菌类，氧和二氧化碳浓度也是影响食用菌生长发育的重要因子。食用菌通过呼吸作用吸收氧气并排出二氧化碳。因此要求菇房应保持通风良好，氧气充足，避免通风不良，二氧化碳浓度高。

1. 对菌丝体生长的影响

在菌丝体生长阶段，一定浓度的二氧化碳有刺激菌丝生长的作用，超过一定浓度则有抑制作用。在生产实践中，配料时准确控制培养料的含水量和培养料的松紧度，可以保持菌丝周围的氧气含量，播种后加强菇房的通风换气、及时排除废气、补充氧气，这是保证菌丝旺盛生长的关键所在。

2. 对子实体生长的影响

空气对食用菌子实体生长发育的影响,一方面表现为子实体分化阶段的"趋氧性",氧气充足,有利于子实体的分化和发育,提高品质和产量。袋栽食用菌时,如香菇、木耳、平菇等,在袋上开口,菌丝就很容易从接触空气的开口部位生长出子实体。另一方面表现为子实体生长发育阶段对二氧化碳的"敏感性"。出菇阶段由于呼吸作用逐渐加强,需氧量和二氧化碳排放量不断增加,高浓度的二氧化碳影响子实体的生长,既降低品质,又降低产量,累积到一定含量的二氧化碳还会使菌盖发育受阻,菌柄徒长,造成畸形菇。若不及时通风换气,子实体就会逐渐发黄,萎缩死亡。通风换气是贯穿于食用菌整个生长发育过程中的重要环节,适当地通风换气还能抑制病虫害的发生,且有利于调节空气湿度。通风效果以嗅不到异味、不闷气、感觉不到风的存在并不引起温湿度大幅度变动为宜。

(四)光照

食用菌体内无叶绿素,不能进行光合作用。食用菌菌丝体生长阶段,不需要光,弱光也无不良反应,强光则影响菌丝体生长,在子实体生长阶段则需要一定的散射光,不需要直射光。

1. 光照对菌丝体生长的影响

大多数食用菌的菌丝体在完全黑暗的条件下,生长发育良好。光照对食用菌菌丝生长起抑制作用,光照越强,菌丝生长越缓慢。日光中的紫外线有杀菌作用,可以直接杀死菌丝。

光照使水分蒸发快,空气相对湿度降低,对食用菌生长是不利的。除此之外,光照可使培养料中的某些成分发生光化学反应而产生有毒物质抑制菌丝生长。光照对菌丝体的影响不仅体现在光照强度上,与光质也有一定关系,蓝光(波长380~540nm)对猴头菇、香菇等的菌丝有抑制作用,而红光对菌丝生长的影响较小。

2. 光照对子实体生长的影响

大多数食用菌在子实体生长发育阶段需要一定的散射光。根据子实体形成不同时期对光线的要求,一般可以将食用菌分为喜光型、厌光型和中间型三种类型。

(1)喜光型 如香菇、草菇、滑菇等食用菌,在完全黑暗条件下不形成子实体,这类食用菌属于喜光型,其子实体只有在散射光的刺激下,才能较好地生长发育。

(2)厌光型 此类食用菌在整个生活周期中都不需要光的刺激,有了光线,子实体不能形成或发育不良,如双孢蘑菇、茯苓等,这类食用菌可以在完全黑暗的条件下完成生长。

(3)中间型 该类食用菌对光线反应不敏感,不论有无散射光,其子实体都能够正常生长发育，如黄伞等。

光照能促进子实体色素的形成和转化，因此光照还能影响子实体的色泽。一般来说，光照能加深子实体的色泽，如平菇在室外生产颜色较深，在室内生产颜色较浅，草菇在光照不足的情况下呈灰白色，这种情况下黑木耳色泽也变浅，黑木耳只有在250～1000lx光照强度下才出现正常的黑褐色。

（五）酸碱度

大多数食用菌喜欢在酸性环境中生长。适合菌丝生长的pH一般在3～8，以5～6为宜。不同类型的食用菌最适pH存在差异，一般木腐菌类上生长的，以偏酸性为宜，最适pH为4～6，而粪草菌类上生长的，以中性偏碱为宜，最适pH为6～8。不同种类的食用菌对环境pH的要求也有不同。其中猴头菇最喜酸，其菌丝在pH为2～4的条件下仍能生长，草菇、双孢蘑菇则喜碱，其最适的pH为7.5，在pH为8的条件下仍能生长良好。

人工栽培时，可将培养料调节到中性，微酸和微碱都相宜。在菌丝分解有机物质过程中，会不断地产生酸性物质，例如二氧化碳和有机酸等，使培养料变酸。在自然界中，这些酸性物质也随时扩散到大气中，或被雨水冲洗，使其酸碱度不变。但在人工栽培时，这些酸性物质容易累积在培养料中，使培养料的酸性增大。酸性越大，菌丝生长越不良，且病菌和其他杂菌发生也越多，从而导致菌丝无法生长。所以在调制培养料时，要多加石灰和石膏，将培养料预先调节到微碱性，以便中和菌丝生长期间产生的酸性物质，防止过度酸化。

● 任务实施

一、任务准备

（1）收集不同种类的食用菌样本（图片或实物），如香菇、平菇、金针菇等。

（2）准备相关的资料，包括食用菌的营养类型、生活环境要求等。

（3）安排学生分组，每组负责一种食用菌的研究。

二、任务实施步骤

（1）教师简要介绍食用菌的基本概念和重要性。展示不同种类的食用菌样本，激发学生的学习兴趣。

（2）学生分组讨论各自负责的食用菌的营养类型和生活环境，并记录在讨论结果。

（3）每组选派一名代表汇报讨论结果，其他组进行补充和评价。

（4）进行实地考察或实验，观察食用菌的生长环境和生长情况。

（5）学生记录观察结果，并与之前的讨论结果进行对比和分析。

> **思政小课堂**

食用菌的营养类型揭示了生命的多样性与适应性。无论是腐生、共生还是寄生，它们都展现了生命在获取养分过程中的智慧与策略。这让我们意识到，在自然界中，多数生命都拥有各自独特的生存方式，我们应当尽力尊重并保护多种多样的生命形式。

同时，食用菌的生活环境也为我们提供了宝贵的生态启示。它们对温度、湿度、光照等环境因素的敏感反应，让我们意识到自然环境的稳定与和谐对生命的重要性。作为人类，我们有责任保护生态环境，为包括食用菌在内的多数生命创造一个宜居的家园。

通过本次任务的学习，我们不仅掌握了食用菌的营养类型和生活环境知识，更在潜移默化中接受了生态保护、尊重生命和文化自信等思想文化的熏陶。让我们携手共进，为建设一个更加美好、和谐、充满生机的世界贡献自己的力量！

● 任务考核评价

表1-6　**食用菌营养类型和生活环境考核表**

考核内容	考核指标	分值	实得分数
食用菌的营养类型和生活环境	能够准确描述食用菌营养类型的特点	30	
	举例说明食用菌如何适应不同的生活环境	30	
	在食用菌栽培或野生资源利用中，如何根据食用菌的营养类型和生活环境要求进行合理的管理和保护措施	40	
总分		100	

● 任务巩固与创新

1. 请简述食用菌的主要营养类型，并解释腐生和共生的区别。

2. 请说明食用菌的生活环境要求，包括温度、湿度、光照和基质等方面，并举例说明一种食用菌的适宜生活环境。

任务五　食用菌的产业发展

● 任务描述

本次任务我们将深入探索食用菌的产业发展现状、趋势与挑战,以期为未来食用菌产业的可持续发展提供有力支撑;了解食用菌产业的基本情况,包括国内外食用菌的种植规模、品种多样性、产量与消费趋势等。通过收集和分析相关数据,我们可以洞察食用菌市场的供需格局,为产业发展策略的制定提供数据支持;深入剖析食用菌产业链的各个环节,从菌种选育、栽培技术、采收加工到市场营销,每个环节都蕴藏着无限的创新潜力和发展机遇。我们将探讨如何通过科技创新和模式创新,提升食用菌产业的整体效益和竞争力。

食用菌产业发展面临的诸多挑战也不容忽视。资源约束、环境压力、市场竞争激烈等问题日益凸显,要求我们积极寻求解决之道。我们将围绕这些问题展开讨论,探索食用菌产业绿色、可持续的发展路径。

● 任务目标

知识目标	能力/技能目标	思政目标
① 掌握食用菌产业的基本概念、发展历程和现状。 ② 熟悉食用菌产业链的构成。 ③ 认识食用菌产业发展面临的挑战与问题。	① 能够分析和评价食用菌产业发展趋势和市场前景。 ② 能够解决食用菌产业发展中实际问题。 ③ 能够具有创新思维和创业意识,激发学生在食用菌产业相关领域内的创业潜力。	① 强化学生的产业报国意识。 ② 培养学生的环保意识和社会责任感,注重生态平衡和环境保护。 ③ 增强学生的民族自豪感和文化自信,激发学生为实现中华民族伟大复兴的中国梦而努力奋斗的热情。

● 任务相关知识

一、食用菌生产概述

中国领土辽阔,地形复杂,气候多样,是菌类的良好的滋生地,孕育着丰富的食用菌资源。中国食用菌产业的历史可以追溯到公元一世纪。当今世界性商业化栽培的十余种食用菌,绝大多数都起源于中国。由于食用菌产业在我国历史悠久,我国在其基础研究和应用技术研究方面都有许多重大的发现和革新,在某些领域一直居于国际领先水平。我国的食用菌产业属于低成本产业,注重发挥社会效益和生态效益,成为许多发展中国家借鉴的成功典范,为世界食用菌产业的繁荣做出了有益贡献。

（一）食用菌产业是朝阳产业

自改革开放以来，食用菌产业作为新兴产业在我国农业和农村经济发展中，特别是建设社会主义新农村中的地位日趋重要，已成为我国广大农村和农民最主要的经济来源之一，成为中国农业的支柱产业之一，也是在我国农业发展中具有独特的优势和地位，是种植业中最具活力的经济作物之一。目前我国从事食用菌菌种、种植、收购、加工、运输和贸易的相关人员已达两千多万，人工栽培的食用菌种类不断增多，年产量持续增长随着食用菌技术的应用普及，市场需求与农业结构调整的政策环境，中国食用菌行业已步入快速成长期的稳定发展阶段。

（二）食用菌产业现已成为中国农业中的一个重要产业

我国是一个农业大国。食用菌产业现已成为我国农业中的一个重要产业，食用菌是种植业中仅次于粮、棉、油、果、菜的第六大类产品。我国农作物秸秆年积累量约37亿t，林副产品产量上亿吨。丰富的农林废料为食用菌产业的发展提供了充足的原料，且劳动力资源丰富。食用菌产业在发展我国农村经济、帮助农民脱贫致富，开发新的食品和药品资源，保障人民健康等方面做出了重要贡献。

（三）中国已成为名副其实的食用菌生产大国

目前，我国食用菌的平菇、香菇、双孢蘑菇、黑木耳、金针菇、猴头菇、草菇等品种产量为世界之首，占世界总产量的65%～70%，占世界食用菌贸易总量的40%，贸易总额达11.2亿美元，已成为世界食用菌生产大国。除产量外，食用菌的栽培种类也位居世界首位。目前，我国已知食用菌近950种，进行人工栽培的食用菌约有六十余种，例如双孢蘑菇、香菇、金针菇、平菇、凤尾菇、秀珍菇、滑菇、竹荪、毛木耳、黑木耳、银耳、草菇、银丝草菇、猴头菇、姬松茸、杏鲍菇、白灵菇、灰树花、皱环球盖菇、长根菇、鸡腿蘑、真姬菇等。除人工栽培食用菌外，我国还大力发展了以灵芝、冬虫夏草、茯苓等为代表的药用真菌产业和以松茸、牛肝菌、块菌、羊肚菌等为代表的野生食用菌产业。

二、我国食用菌行业现状

我国拥有丰富的野生食用菌资源，同时，我国人工培植的食用菌和药用菌种类已达70多种。近年来，金针菇、杏鲍菇、海鲜菇和双孢蘑菇等工厂化生产品种日渐丰富，灵芝、虫草、茯苓和天麻等药用真菌市场发展较快。

食用菌产品的深加工水平不断提升，目前调味品、保健品和药品等种类近500种。三产融合能力增强，产业特色鲜明，行业已进入发展的新阶段。在政府一系列方针政策的指引下，食用菌产业迎来了前所未有的良好机遇。

（一）产业化基地规模日益壮大

目前，全国食用菌年产值千万元以上的县500多个，亿元以上的县100多个，形成了黑龙江省东宁市、辽宁省岫岩县、河北省平泉市、河南省西峡县、浙江省庆元县、湖北省随州市、福建省古田县等一大批全国知名的食用菌主产基地。

有的县食用菌产值近百亿元，很多地区通过发展食用菌产业实现了精准扶贫和脱贫。全国已建立了数千个食用菌种植村和特色小镇，成为"三农"发展的新亮点。

（二）龙头企业发展迅速

近年来，随着食用菌产业的快速发展和消费者质量安全消费意识的增强，我国食用菌生产模式及时实现了转型升级，一部分传统的作坊式、家庭式栽培正在被标准化、工厂化生产模式所替代。

全国生产加工及贸易的企业众多，仅工厂化生产的规模企业就有近500家，主板上市企业5家。大型企业相对集中分布在江苏、福建、山东等省份。其中，每日生产鲜菇量100t以上的企业有（如上海雪榕生物科技股份有限公司、天水众兴菌业科技股份有限公司等）20多家，其产品类型涵盖有双孢蘑菇、金针菇、蟹味菇、杏鲍菇、白灵菇等。

（三）专业合作社组织化程度提高

食用菌专业合作社是一种新型的合作组织形式，全国比较规范的食用菌专业合作社已超过4000家，这些专业合作社通过规范自我，建立与菇农有效的利益联结机制，实现了标准化生产，增强了菇农风险抵御能力，并使他们分享到食用菌生产、流通等多层次、多环节的增值收益。

（四）科技创新实力增强

近年来，中国科学院、中国农业科学院、上海食用菌研究所、昆明食用菌研究所、吉林农业大学、华中农业大学等一大批科研教学机构都建立了食用菌方面的科技基地和专业人才队伍，为食用菌产业科技创新提供了智力支持。

政府高度重视科技作用，科技投入总量逐年增加，中国同行与国外高等院校开展了多方面的学术交流与合作，大大增强了我国产业科技创新能力。

（五）食用菌流通网络渐成规模

全国食用菌流通形成了以批发市场、集贸市场为载体，以农民经纪人、专业合作社、运销商贩、加工企业为核心的格局。全国各类食用菌批发市场近100家，其中常年交易、规模较大的批发市场60多家，年交易额超亿元。

（六）循环利用取得成果

食用菌产业是变废为宝的循环农业。近年来，中国食用菌协会不断加大对循环经济的宣传、推广力度，并组织行业利用各种形式进行经验总结交流。

"农畜废弃物-食用菌-有机肥-农作物""农畜废弃物-食用菌-饲料-养殖-沼气-农作物"等多种循环利用模式在全国广泛应用，农村废弃资源得到多次利用，实现多元增值，净化了环境，改善了一些地区脏和乱的面貌。

（七）标准化生产技术和装备水平不断提高

针对适用于农村栽培模式的大宗食用菌品种，我国在具有区域特色的高效专用食用菌栽培基质研究不断有新突破。

现有工厂化栽培技术水平、物联网和智能化技术应用较广大。食用菌产业的专用机械和专用设施等装备，包括专用菌种生产系统、专用制袋系统（含高效灭菌柜）、专用出菇棚（房）、温光水气自动控制系统等取得新成果。

三、食用菌产业发展的前景

（一）食用菌市场潜力巨大

随着人们生活水平的提高，我国食用菌消费量在以每年7%以上的速度持续增长。在拥有14亿多人口的中国，假设每个家庭每天消费食用菌类300g，那么中国3亿家庭的年消费量就是3.285万t，其市场潜力巨大。

（二）食用菌可持续发展特性实现环境经济双赢

同时食用菌可循环利用的可持续发展特性符合我国国情和长远发展战略的需要，在我国人口众多、耕地资源有限、水资源紧缺、农村废弃资源丰富（栽培食用菌的原料：如秸秆等农作物和畜牧业废弃物）的形势下，发展食用菌生产，有利于克服传统粗放经营对生态环境资源的污染和损害，促进了农村经济和循环经济的健康持续发展，实现了环境保护与经济发展的双赢。

（三）政府政策扶持

在国家精准扶贫、发展循环经济、绿色生态农业、林下经济及现代农业等相关政策的刺激下，各级行政、财政部门加大了对食用菌产业的扶持力度，推动了部分地区扩大栽培面积，总的产量有所增加。国家不断出台农产品加工扶持政策，食用菌深加工成为行业发展的新增长点，也推动了产品附加值的增加和产业链的延伸发展。

四、食用菌产品研发方向

食用菌被认为具有营养、滋补和健康功能，随着科学技术的发展，食用菌有效成分的提取及加工工艺的不断出新，有关食用菌营养保健功能的研究已经得到了快速发展。食用菌产品呈现多功能、多元化的发展，正在不断充实扩大着消费者市场。因此，食用菌有着巨大的优势和市场潜力，越来越受到各界的关注。

（一）佐餐食品

随着经济的迅速发展，尤其是生活节奏的加快，由联合国粮农组织推荐的"一荤、一素、一菇"的消费理念已被消费者广泛认同，但目前的食用菌消费基本还停留在需要烹饪加工以后才能食用，这种单一的食用模式大大限制了食用菌的消费量，近年来，随着方便食品的良好发展势头，也出现了少数蔬菜方便小菜，但食用菌类佐餐食品微乎其微。为丰富食用菌类佐餐食品，改善佐餐菜的品质，充分利用食用菌的独特风味，将市场热点与新原料结合起来，运用现代科技手段，采用新的工艺和配方，开发出口感好、高营养、食用方便、具有新鲜食用菌菜肴特点的食用菌类佐餐菜食品，已成为食用菌产品的研究热点。例如食用菌素肠、食用菌火腿等佐餐食品，既美味又健康。

（二）休闲食品

休闲食品其实也是快速消费品的一类，是在人们闲暇、休息时所吃的食品。主要包括干果、膨化食品、糖果、肉制食品等。随着生活水平的提高，休闲食品一直是深受广大人民群众喜爱的食品，正在逐渐成为百姓日常的必需消费品，随着经济的发展和消费水平的提高，消费者对于休闲食品数量和品质的需求不断增长。罐藏食用菌产品和干制品是最为常见的食用菌休闲食品。此外还可将食用菌制成蜜饯、果脯、乳酪、酱制品、腌制品、糖制品、各种风味小吃或者作为辅料制成点心等休闲食品，这样既拓宽了食用菌的加工领域，又丰富了消费者市场。

（三）保健食品

近几年保健食品发展迅速，现代科学已从分子水平上证实了食用菌的生理活性成分及其一些食用菌的药用价值。食用菌类食品以其安全、天然、富有营养和生理活性成分而赢得越来越多人的青睐。食用菌富含高质量蛋白质、多种维生素、矿物质及膳食纤维，是素食者及追求健康饮食人群的理想选择。此外，食用菌还蕴含多种生理活性物质，如多糖、三萜类化合物等，这些成分在增强免疫力、抗肿瘤、抗氧化、调节血脂血糖等方面展现出显著效果。

（四）食用菌调味品

食用菌调味品是由不同调味品配以食用菌及其制品制成的，具有不同风味、形态和功能的各类调味食品。食用菌调味品属于复合调味品，具有很好的发展前景。食用菌鲜美的风味与含有多种氨基酸和核苷酸含量高有关，呈味核苷酸主要为5′-鸟苷酸；很多食用菌有浓郁的特异香味，与其含有醇类、醛类等挥发性芳香物质有关；食用菌中含有的醛类通常还可以与其他物质重叠形成一种很强的风味效应，因此食用菌被用来制成酱油、醋、味精等调味品。

（五）化妆品

食用菌含有多糖类、核苷类、多肽氨基酸类、多酚类和三萜类等主要成分，具有抗炎、抑菌、抗皱、抗衰老、美白、保湿等功效。有关食用菌抗炎症和抗衰老的研究特别多。牛肝菌类具有很强的抗氧化活性，是抗皱、抗衰老美容佳品，银耳具有很好的美白功效和淡斑能力，而多种食用菌的多糖具有保湿的功效，在适宜的条件下，平菇多糖的保湿效果甚至会优于甘油。

五、食用菌加工产业发展趋势

（一）精深加工能力越来越强，资源综合利用度越来越高

发展食用菌初深加工可以调节市场供应，有效缓解市场压力，提高产品的附加值，增加出口创汇能力。加工企业正在从对产品的初加工向深加工转型升级，还有部分企业已向高新科技领域发展，药用真菌行业发展尤其值得关注。

近几十年，世界各国在环境变化、生活变化的影响下，科学家也正在找寻全新的药食同源的生物科技领域。食用菌近几年崭露头角，开始受到产业界和科技界的关注。进一步对食用菌进行深加工，开发食用菌中的有效活性成分，提高食用菌的附加值已经成为国内外市场竞争的焦点所在。而食用菌深加工未来的发展应该是以食用菌功能食品和即食食品的研究开发为主要方向。功能食品是指调节人体生理功能，适宜特定人群食用，不以治疗疾病为目的的一类食品。即食食品的优点在于不用费时烹调，可以直接食用，作为休闲食品和餐桌佐餐受到消费者好评。目前食用菌即食产品市场产品种类单一、知名品牌较少，市场空间巨大。

（二）加工原料专用化

食用菌加工率在逐年增高，但是目前我国重产前轻产后，产加脱节，以产定加（即种植什么品种的食用菌就加工什么品种）的生产模式，严重制约了食用菌加工产业的发展。加工原料专用化是食用菌产业发展的必由之路。国外食用菌加工率达到

70%以上，其食用菌品种大多为加工专用品种，种植生产过程按加工的技术要求，既保证了产品的质量，又降低了加工过程的成本。

（三）加工设备向新型、高效、节能、环保方向发展

高效、低碳、节能、环保是全世界高度关注的重要课题，2009年在美国召开的G20高层论坛和哥本哈根全球气候大会上，节能减排，防止全球气候变暖已成为中心话题。高效、低碳、节能、减排已是我国食用菌加工未来又一重要发展方向。加工技术的高新化将带动加工设备的高新化，如多功能食用菌饮料罐装生产设备、无菌包装技术设备、超微粉碎设备、速冻设备等。

（四）重视加工过程的质量管理与食品安全

由于食用菌产业链长，食用菌质量与安全性受到产地环境、加工、保鲜、贮运等多个环节的影响，重金属、农药残留和其他有害物质的污染。针对食品安全问题，对食用菌的加工实施质量管理，除对原料的安全性严格要求外，在加工生产中实施HACCP（食品安全管理体系）和ISO9000质量管理体系，多方面保证产品质量。

● 任务实施

一、任务准备

（1）收集食用菌产业相关的资料，包括产业规模、产业链结构、市场趋势等。

（2）准备案例分析材料，选取具有代表性的食用菌企业或地区作为研究对象。

（3）安排学生分组，每组负责一个子任务的研究与展示。

二、任务实施步骤

（1）教师简要介绍食用菌产业的重要性、发展背景、食用菌产业发展面临的趋势与挑战，展示食用菌产业的相关数据图表，激发学生的学习兴趣。

（2）教师提供案例分析材料，学生分组研究并展示所选企业或地区的食用菌产业发展情况。

（3）学生通过资料收集和整理，了解国内外食用菌产业的种植规模、品种、产量等基本情况。

（4）学生分组讨论如何应对这些趋势与挑战，提出可行的策略和建议，并记录在讨论结果中。

（5）学生通过实践活动，如企业调研、市场调研等，深入了解食用菌产业的实际运作和市场情况。

> **思政小课堂**

食用菌产业不仅为人们提供了营养丰富的美味佳肴，更在促进农业现代化、推动乡村振兴中发挥着举足轻重的作用。食用菌产业的发展，是将科技与自然融合发展的典范。它通过高科技手段培育优良菌种，运用现代化栽培技术提高产量和品质，实现了经济效益与生态效益的双赢。这让我们认识到，只有尊重自然、顺应自然、保护自然，才能实现人与自然的和谐共生，创造更加美好的未来。

同时，食用菌产业也是乡村振兴的有力抓手。它的发展带动了农村就业，增加了农民收入，为乡村经济的繁荣注入了新的活力。这充分体现了共产党坚持以人民为中心的发展思想，将人民对美好生活的向往作为奋斗目标。

此外，食用菌产业还承载着文化传承的重要使命。它在丰富人们餐桌的同时，也传承和弘扬了中华优秀传统文化中的饮食文化。这让我们更加坚定了文化自信，激发了为实现中华民族伟大复兴的中国梦而努力奋斗的热情。

任务考核评价

表1-7 食用菌的产业发展情况调研考核表

考核内容	考核指标	分值	实得分数
食用菌的产业发展情况调研	能够简要叙述食用菌产业的发展过程，并指出其中的关键节点	20	
	详细描述食用菌产业链的组成，包括菌种供应、栽培、采收与加工、销售及服务等环节	30	
	能够结合实际案例或数据对当前食用菌产业市场消费者需求、国内外市场竞争态势以及产业发展面临的挑战进行分析	30	
	能够分析国家及地方政府在推动食用菌产业发展方面出台的相关政策与扶持措施	20	
总分		100	

任务巩固与创新

1. 请简述食用菌产业链的主要环节，并指出其中你认为最具挑战性的环节及其原因。

2. 食用菌产业发展面临哪些主要的市场趋势与挑战？请列举两项，并针对每项提出应对措施。

自我分析与总结

学生改错	学生学会的内容

学生总结

项目二　食用菌制种技术

● **项目导读**

在当今追求健康、绿色生活的时代背景下，食用菌因其丰富的营养价值和独特的口感，受到了越来越多人的喜爱。为了满足市场需求，提高食用菌的产量和品质，制种技术显得尤为重要。

食用菌制种技术是食用菌产业链的源头环节，直接关系到后续栽培的成败和产量的高低。通过本项目的学习，我们将筛选出优良菌种，提高菌种的适应性和抗逆性，为食用菌的高产、优质、高效栽培奠定坚实基础。同时，制种技术的创新还将有助于降低生产成本，提高资源利用率，实现食用菌产业的绿色、可持续发展。

本项目将围绕食用菌制种技术的关键环节展开研究，包括菌种选育、培养基优化、接种技术改进等方面。通过综合运用现代生物技术和传统育种手段，力求在菌种性能提升和制种效率提高上取得显著成果。

● **项目目标**

知识目标	能力/技能目标	思政目标
① 了解食用菌菌种的类型。 ② 掌握菌种培养基的配制方法和注意事项。 ③ 掌握固体菌种和液体菌种的制种技术要点。 ④ 了解食用菌菌种保藏的原理和方法。	① 能够正确配制母种、原种、栽培种培养基。 ② 能够熟练使用和维护菌种制种设备。 ③ 能够分析并解决菌种制种过程中出现的问题。 ④ 能够按照无菌操作要求接种。	① 培养学生严以律己、不怕苦累、团结协作、乐于奉献的良好素质。 ② 培养学生"物尽其用"的生态价值观思想。 ③ 培养学生树立无菌操作意识。

● **项目实施**

本项目由菌种生产设施与设备、母种生产、菌种分离、原种生产、栽培种生产、菌种保藏、液体菌种制作技术七个任务构成。全面阐述了如何筛选高产、优质的食用菌种质资源，对制种过程中的原料选择、灭菌处理及接种培养等关键环节进行优化，严格把控温度、湿度等培养条件，以保障菌种健康快速生长，为食用菌产业的可持续发展提供有力支撑。通过本项目的实施，提高了食用菌制种技术水平，为提升食用菌产量和质量奠定了坚实基础。

任务一　菌种生产设施与设备

● 任务描述

菌种生产设施与设备在食用菌的生产过程中起着至关重要的作用。这些专业化的设施和设备不仅提高了生产效率，还确保了菌种的质量和纯度。例如，高压灭菌设备能够有效杀灭培养基中的杂菌，为菌种提供一个无菌的生长环境。接种设备则在严格的无菌操作下，将菌种准确地接种到培养基上，避免了污染的风险。培养室或培养设备则通过精确控制温度、湿度和光照等环境因素，为菌种的生长提供了最佳条件。此外，菌种保藏设备能够长期保存菌种的活性和遗传特性，为食用菌生产的持续性和稳定性提供了有力保障。这些设施与设备的应用，不仅提升了食用菌生产的科技含量，也为食用菌产业的可持续发展奠定了坚实基础。因此，在食用菌生产过程中，重视和投入菌种生产设施与设备是非常必要的。

● 任务目标

知识目标	能力/技能目标	思政目标
① 掌握菌种生产设施与设备的基本类型、功能及工作原理。 ② 了解各种设施与设备在食用菌生产过程中的作用和应用。 ③ 学习设施与设备的操作规程、维护保养知识和安全使用注意事项。	① 能够独立操作和维护菌种生产设施与设备，具备设备使用的基本技能。 ② 能够根据生产需求合理选择和使用设施与设备，提高生产效率。 ③ 具备解决设施与设备使用过程中常见问题的能力，确保生产顺利进行。	① 培养学生对待菌种生产设施与设备的正确态度，认识到设施与设备在食用菌生产中的重要性。 ② 引导学生树立安全生产意识，遵守设施与设备操作规程，确保生产安全。 ③ 通过团队合作和实践操作，培养学生的团队协作精神和创新能力，为食用菌产业的可持续发展贡献力量。

● 任务相关知识

食用菌菌种生产的设施与设备是确保菌种质量、提升生产效率的关键因素。在食用菌产业的发展中，完善的设施与设备为菌种的培养、繁殖和保存提供了有力的物质保障。

一、菌种培养设施

菌种培养设施是食用菌菌种生产的核心区域，主要包括培养室、接种室和观察室等。

（一）培养室

食用菌菌种生产培养室是菌种培养的关键场所，其设计和运营直接影响菌种的质量和产量。一个优秀的培养室需要具备一系列关键要素和特性，以确保菌种在最适宜的环境下生长。

（1）培养室应具备恒温和恒湿功能　食用菌菌种的生长对温度和湿度有着严格的要求，过高或过低的温度和湿度都可能导致菌种生长不良或污染。因此，培养室内应安装温度和湿度控制系统，能够精确地调节室内的温度和湿度，以满足不同菌种生长的需要。

（2）培养室应保持清洁和无菌　杂菌污染是菌种生产过程中常见的问题，一旦污染发生，将严重影响菌种的质量和产量。因此，培养室应定期进行清洁和消毒，以消除潜在的污染源。同时，工作人员在进入培养室前也应进行严格的消毒和更衣程序，以防止将外界的微生物带入室内。

（3）培养室还应具备合理的空间布局和充足的光照　合理的空间布局可以提高空间的利用率，方便工作人员进行操作和管理。充足的光照则可以促进菌种的生长和发育，提高产量和质量。

在培养室内，通常会设置多层培养架，用于放置菌种培养基。这些培养架可以根据需要调节高度和间距，以适应不同菌种的生长特点。同时，培养室内还会配备一些必要的设备，如温度计、湿度计等，用于实时监测室内的温度和湿度，确保菌种在最适宜的环境下生长。

在菌种培养过程中，还需要注意一些操作要点。例如，接种时应保持无菌操作，避免污染；培养基的制备应严格按照配方进行，以确保营养成分的均衡和充足；培养过程中应定期观察菌种的生长情况，及时发现并处理异常情况。

（二）接种室

食用菌菌种生产接种室是菌种生产流程中至关重要的环节，其设计和使用直接关系到菌种的纯净度和生产效率。一个高效、安全的接种室，应具备严格的洁净度控制、无菌操作条件以及合理的设备配置。

（1）接种室的洁净度至关重要　为了确保菌种的纯净度，接种室必须保持高度的清洁和无菌状态。因此，接种室应采用密封性良好的材料构建，并设有专门的空气净化系统，如高效过滤器和负离子发生器，以去除空气中的尘埃、微生物和其他污染物。此外，接种室还应定期进行彻底的清洁和消毒，以防止杂菌的滋生。

（2）接种室应提供无菌操作条件　在接种过程中，任何微小的污染都可能对菌种造成严重影响。因此，接种室内应配备超净工作台或接种箱，这些设备能够提供局部高洁净度的操作环境。工作人员在接种前需经过严格的消毒程序，如穿戴无菌工作服、手套和口罩，并使用酒精或其他消毒剂对手部和工作台面进行消毒。

（3）接种室还应配备必要的接种设备和工具　这些设备包括接种针、接种环、镊子等，它们在使用前也需要经过严格的灭菌处理。为了提高接种效率，接种室还可以配备自动化或半自动化的接种设备，如食用菌全自动接种机，这些设备能够减少人为操作的误差，提高接种的准确性和一致性。

在接种室的使用过程中，还需要注意一些操作要点。例如，接种前应对培养基和菌种进行严格的质量检查，确保它们没有受到污染；接种过程中应轻拿轻放，避免培养基破损或菌种散落；接种后应及时清理现场，将使用过的工具和废弃物妥善处理。

（三）观察室

观察室用于对菌种生长情况进行定期观察和记录。观察室内应设有显微镜、观察台等设备，方便工作人员对菌种进行细致的观察和分析。通过观察，可以及时发现菌种生长异常或污染情况，并采取相应的处理措施。

（1）观察室的环境条件需要得到严格控制　这包括适宜的温度、湿度和光照条件，以模拟菌种生长的最佳环境。通过精确控制这些因素，可以确保菌种在观察期间保持稳定的生长状态，从而得到准确的观察结果。

（2）观察室内应配备专业的观察设备　如显微镜、放大镜、生长记录仪等。这些设备可以帮助工作人员更清楚地观察菌种的形态、颜色、生长速度等特征，从而判断其生长状况是否正常。同时，生长记录仪等设备还可以自动记录菌种的生长数据，为后续的数据分析和处理提供便利。

（3）观察室还需要有完善的工作流程和记录制度　工作人员应定期进入观察室，对菌种进行观察和记录，并将观察结果及时整理和分析。对于发现的任何异常或污染情况，应立即采取相应的处理措施，以防止问题进一步扩大。

二、菌种生产设备

食用菌生产原料加工设备涵盖了从原料的初步处理到制备成适合菌种生长的培养基的一系列机械和设备。

（一）原料粉碎机

原料粉碎机（图2-1）用于将木屑、秸秆、玉米芯等原料粉碎成适当大小的颗粒，以便后续混合和制备培养基。这类粉碎机通常具有高效、耐用的特点，能够处理大量的原料。

图2-1　原料粉碎机

1. 食用菌生产原料粉碎机的特点

（1）高效粉碎能力　粉碎机采用高速旋转的刀片或锤片，能够快速将原料粉碎成所需大小的颗粒，提高生产效率。

（2）可调节出料粒度　通过更换不同规格的筛网或调整粉碎机的转速，可以控制出料粒度，以满足不同品种食用菌对培养基的要求。

（3）结构紧凑，操作简便　粉碎机设计合理，占地面积小，易于安装和移动。同时，操作界面简单明了，方便工人操作和维护。

（4）耐磨耐用，维护方便　粉碎机的刀片、锤片等关键部件采用耐磨材料制造，使用寿命长。此外，设备的维护保养也相对简单，降低了使用成本。

（5）安全性高　粉碎机通常配备有安全防护装置，如防护罩、紧急停机按钮等，确保操作过程中的安全。

2. 使用食用菌生产原料粉碎机时的注意事项

（1）确保原料的干燥度适中，过湿或过干的原料都可能影响粉碎效果。

（2）定期检查粉碎机的刀片、筛网等部件的磨损情况，及时更换磨损严重的部件。

（3）在操作过程中，注意保持设备的清洁，避免原料中的杂质对设备造成损坏。

（4）遵守设备的操作规程，确保操作过程中的安全。

（二）混合搅拌机

混合搅拌机（图2-2）用于将粉碎后的原料与所需的营养物质、添加剂等混合均匀。这种设备通常具有大容量和可调节的搅拌速度，以确保原料的充分混合。

图2-2　混合搅拌机

1. 食用菌生产混合搅拌机的主要特点和功能

（1）高效混合　搅拌机通过其独特的搅拌机构和高速旋转的搅拌叶片，能够快速而均匀地将各种原料混合在一起，确保培养基的均一性和稳定性。

（2）大容量设计　为了满足大规模生产的需要，食用菌混合搅拌机通常采用大容量设计，可以一次性混合较多的原料，提高生产效率。

（3）操作简便　搅拌机操作简单，工人只需将原料和添加剂按照一定比例加入搅拌机中，设定好搅拌时间和速度，即可自动完成混合过程。

（4）耐用可靠　搅拌机的搅拌叶片和搅拌缸采用耐磨、耐腐蚀的材料制成，能够确保长期使用而不易损坏。同时，搅拌机的结构稳定，运行平稳，可靠性高。

（5）安全性能　搅拌机通常配备有安全防护装置，如防护罩、紧急停机按钮等，确保操作过程中的安全。

2. 使用食用菌生产混合搅拌机时的注意事项

（1）在混合前，应确保原料的干燥度和清洁度，以避免影响培养基的质量。

（2）定期检查搅拌机的搅拌叶片和搅拌缸的磨损情况，及时更换磨损严重的部件。

（3）遵守设备的操作规程，确保操作过程中的安全。

（三）输送设备

输送设备，如皮带输送机（图2-3）、斗式提升机（图2-4）等，用于将原料和培养基从一处输送到另一处，实现生产线的连续化和自动化。这些设备通常需要根据生产线的具体需求进行定制，以确保高效、准确地完成输送任务。

图2-3　皮带输送机　　　　　图2-4　斗式提升机

1. 常见的食用菌生产输送设备

（1）皮带输送机　这种设备适用于原料、培养基以及成品菌菇的短途运输。它具有机动性好、结构轻巧美观的优点，特别适用于装卸地点经常变动的场所。

（2）斗式提升机　主要用于垂直方向上的物料输送，如将原料或培养基从低处提升到高处。

（3）辊道输送机　适用于较长距离的物料输送，可以与其他设备配合使用，实现生产线的连续化运作。

（4）输送链　特别适用于菌种瓶或菌菇盒的输送，可以确保这些物品在输送过程中保持稳定，避免损坏。

2. 在选择食用菌生产输送设备时需要考虑的因素

（1）生产效率　设备应能够满足生产线的速度需求，确保物料能够及时、准确地输送到指定位置。

（2）输送距离　根据生产线的实际布局，选择适合的输送距离和输送方式。

（3）物料特性　不同的物料可能需要不同的输送设备，以确保物料在输送过程中不受损坏或污染。

（4）安全性　设备应具备良好的安全防护措施，确保操作人员的安全。

此外，为了保证设备的正常运行和延长其使用寿命，定期的维护和保养也是必不可少的。这包括清洁设备、检查输送带或链条的磨损情况、更换磨损部件等。

（四）筛分设备

用于对原料或培养基进行筛分，去除其中的杂质和不符合要求的颗粒，确保培养基的质量。筛分设备在食用菌生产的多个环节中都有应用，对于提高产品质量和生产效率具有重要意义。

1. 常见的食用菌生产筛分设备种类

常见的设备有滚筒筛（图2-5）、振动筛、气流筛等。这些设备各有特点，适用于不同的筛分需求。例如，滚筒筛适用于对颗粒状物料进行分级筛分，振动筛则更适用于对粉状或细粒物料进行筛分。气流筛则利用气流的作用，对物料进行分级和除杂。

图2-5　滚筒筛

2. 使用食用菌生产筛分设备时的注意事项

（1）选择合适的筛分设备　根据物料的性质、筛分目的和生产规模，选择合适的筛分设备。

（2）调整筛网　根据筛分要求，选择合适的筛网孔径和材质，并定期检查和更换磨损严重的筛网。

（3）控制筛分速度　筛分速度过快或过慢都可能影响筛分效果，需要根据实际情况进行调整。

（4）保持设备清洁　定期清理筛分设备，避免物料残留和堵塞筛网。

（5）安全操作　遵守设备的操作规程，确保操作过程中的安全。在设备运行时，禁止将手或身体其他部分伸入筛分区域内。

此外，为了保证筛分设备的正常运行和延长使用寿命，还需要进行定期的维护和保养，这包括检查设备的紧固件是否松动、润滑部件是否缺油、电机和电气元件是否正常等。

（五）包装设备

食用菌生产包装设备是用于对食用菌产品进行包装的一系列机械设备的统称。这类设备在食用菌产业链中占据重要地位，它们不仅提高了生产效率，还确保了产品的品质和安全性。

1. 常见的食用菌生产包装设备

（1）自动袋式包装机　这类设备可以自动完成食用菌产品的装袋、封口等包装流程，大大提高了生产效率。同时，通过精确的计量和封口技术，确保了每个包装袋内的产品数量和质量的一致性。全自动包装机见图2-6。

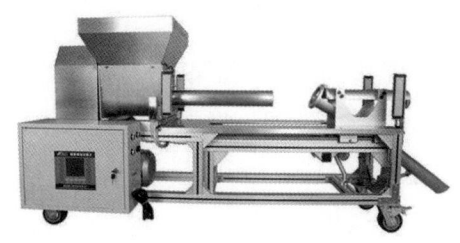

图2-6　全自动包装机

（2）自动罐式包装机　适用于将食用菌产品装入罐头或其他密封容器中，并通过自动化操作完成罐头的封口和标记。这种包装方式能够保持产品的新鲜度和口感，并方便运输和储存。

（3）自动盒式包装机　将食用菌产品装入纸盒或其他硬质容器中，并通过自动封盒机构完成封口。这种包装方式不仅美观大方，还能有效保护产品免受外界污染和损坏。

（4）真空包装机　通过抽除包装内的空气，使食用菌产品处于真空状态，从而延长产品的保质期和保持其新鲜度。真空包装还能有效防止产品氧化和细菌滋生。

2. 选择食用菌生产包装设备时需要考虑的因素

在选择食用菌生产包装设备时，需要考虑产品的特性、包装要求以及生产规模等因素。同时，设备的稳定性、可靠性和操作简便性也是选择时需要考虑的重要因素。

为了确保食用菌生产包装设备的正常运行和延长其使用寿命，需要进行定期的维护和保养，这包括清洁设备、检查各部件的磨损情况、及时更换易损件等。此外，操作人员还需要遵守设备的操作规程，确保操作过程中的安全。

（六）灭菌设备

食用菌生产灭菌设备在保障食用菌生产的无菌环境、提高产量和品质方面发挥着重要作用。主要用于对培养基、菌种、培养容器等进行灭菌处理，确保食用菌生产的无菌环境，从而防止杂菌污染，提高食用菌的产量和品质。

常见的食用菌生产灭菌设备包括高压蒸汽灭菌锅、常压灭菌锅以及紫外线灭菌设备等。这些设备各有其特点和适用场景。

1. 高压蒸汽灭菌锅

高压蒸汽灭菌锅（图2-7）也称高压灭菌锅，是一种常用的灭菌设备，其工作原理主要基于水在密封容器中加热形成高压蒸汽，通过高温高压的蒸汽对物品进行灭菌处理，具有灭菌效果好、速度快等优点，广泛应用于食用菌生产的各个环节。

（1）手提式　　　（2）立式

图2-7　高压蒸汽灭菌锅

（1）使用步骤

①检查设备：确保高压蒸汽灭菌锅的外观完好，所有控制开关和指示灯正常工作。

②清洁处理：将需要进行灭菌处理的物品进行清洁处理，确保表面没有污物和杂质。

③包装物品：对于不耐受高温或有特殊要求的物品，需要进行适当的包装，如使用特殊灭菌袋或容器。

④加水：在外筒内加入清水，水位至挡水板处即可。如果是连续使用，必须在每次灭菌后补足水量。

⑤放置灭菌物品：放回挡水板，将放有灭菌物品的灭菌网篮放入外桶，推进容器盖，使容器盖对准桶口位置。

⑥设定参数：顺时针方向旋紧手轮直到关门指示灯灭为止。设定温度和时间，例如设定温度为121~126℃，定时时间为25min。然后按下"工作"键，系统开始工作并进入自动控制灭菌过程。

⑦灭菌结束：当灭菌时间达到设定值时，加热电源自动关闭，完成灭菌。

（2）注意事项

①操作人员：只有专业人员才能操作高压蒸汽灭菌锅，应经过相关培训并熟悉设备的使用说明书。

②安全设施：保持设备周围的通道畅通，设备上方的排气系统应连接到安全通风处，以防灭菌过程中产生大量热蒸汽和气体。

③温度检测：在灭菌过程中，应不断监测设备内的温度和压力变化，以确保灭菌效果。

④检查物品：在取出物品之前，应仔细检查物品的整体状况和灭菌效果，如有异常应及时处理。

（3）维护步骤

①清洁：每次使用后，应及时清洁高压蒸汽灭菌锅内部和外部，特别是内部的密

封圈、排水口、蒸汽管道等部位，以免积累细菌和污垢。

②检查：定期检查高压蒸汽灭菌锅的各项部件是否正常，如密封圈是否有裂纹、蒸汽管道是否有堵塞等，及时发现问题并进行维修或更换。

③保养：定期对高压蒸汽灭菌锅进行保养，如给密封圈涂抹润滑油、清洗水位计等，以保证设备的正常运转和使用寿命。

2. 常压灭菌锅

常压灭菌锅（图2-8）适用于一些对温度要求不那么严格的物品灭菌。

（1）操作方法

①加水：向锅内注入水至三脚架上边缘，并进行预热。

②放置物品：将需要灭菌的物品放入灭菌灶内，瓶或袋之间应留有空隙，不能装得太多太密，以保证锅内蒸汽流通。

图2-8　常压灭菌锅

③密封与加热：盖好锅盖，拧紧螺栓，然后开启加热开关。

④排冷空气：当压力达到0.05MPa时，需要排尽锅内的冷空气，使压力归零。

⑤灭菌：维持温度在100℃，持续8~10h，确保灭菌彻底。期间要定时向锅内加入开水，以防烧干，但切勿加入凉水，以免影响灭菌效果。

⑥自然冷却：灭菌结束后，停止加热，让锅内自然冷却，待温度自然下降后，再打开排气阀，取出灭菌物品。

（2）注意事项　在整个过程中，需要注意以下几点：防止中途降温，中途不得停火，如锅内达不到100℃，则可能达不到灭菌的目的。防止烧干锅，在灭菌之前锅内要加足水，在灭菌过程中，如果锅内水量不足，要及时从注水口注水。防止存在灭菌死角，如加热不均匀，锅筒口处仅从一端漏气等，都可能出现灭菌死角。另外，灭菌结束后，还需注意灭菌物品的存放环境，应放入预先消毒的冷却室中，以防止再次污染。

3. 紫外线灭菌设备

紫外线灭菌设备是一种使用紫外线杀灭细菌、病毒和其他微生物的设备。其工作原理主要是通过紫外线灯管发出的紫外线破坏微生物体内的DNA或RNA结构，从而达到灭菌的效果。

紫外线灭菌被广泛用于食用菌生产的无菌室、接种箱、超净工作台等空间环境的消毒。这些区域是食用菌栽培过程中防止杂菌污染的关键环节，通过紫外线照射，可以有效杀灭空气中的微生物，保证生产环境的洁净度。

另外,紫外线不仅可以用于空间环境的消毒,还可以对物体表面进行消毒。在食用菌生产过程中,接种环、接种针等接种用具是容易携带微生物的,通过紫外线照射,可以杀灭这些用具表面的微生物,防止接种过程中的污染。

使用紫外线灭菌设备时,需要注意以下事项:

(1)设备选择　根据消毒场所和消毒需求选择合适的紫外线灭菌设备,确保设备的功率和照射范围符合消毒要求。

(2)安全操作　紫外线对人体有一定的伤害,特别是眼睛和皮肤。在操作紫外线灭菌设备时,应佩戴防护眼镜和手套,避免直接暴露在紫外线下。

(3)设备放置　确保紫外线灭菌设备能够充分照射到需要消毒的区域,且设备与消毒物品之间保持适当的距离,避免过近或过远,影响消毒效果。

(4)消毒时间　根据设备的功率和消毒需求,设定合适的消毒时间。时间过短可能无法达到理想的消毒效果,时间过长则可能浪费能源。

(5)清洁与维护　定期清洁紫外线灭菌设备,确保其表面无灰尘和污垢,以免影响紫外线的穿透力。同时,按照设备说明书进行维护,保证设备的正常运行。

(七)接种设备

接种设备有简易接种帐、接种箱、超净工作台、接种机、简易接种室、接种车间、离子风机以及接种工具等。

1. 简易接种帐

简易接种帐(图2-9)是用塑料薄膜制作而成的,可以设在大棚内或房间内,规格有大型、小型2种,小型的规格为2m×3m,大型的规格为(3~4)m×4m,简易接种帐高度为2~2.2m,过高不利于消毒和灭菌。简易接种帐可随空间条件而设置,可随时打开和收起,一般采用高锰酸钾和甲醛熏蒸消毒。

2. 接种箱

接种箱(图2-10)用木板和玻璃制成,接种箱的前后面装有两扇能开启的玻璃窗,下方开两个圆洞,洞口装有袖套,箱内顶部装日光灯和30W紫外线灯各一盏,有的还装有臭氧发生装置。接种箱的容积一般以能放下80~150个菌袋为宜,适合一家一户式小规模生产使用,也适合小型菌种厂制种使用。

3. 超净工作台

超净工作台(图2-11)的原理是在特定的空间内,室内空气经预过滤器初滤,由小型离心风机压入静压箱,再经空气高校过滤器二级过滤,从空气高校过滤器出风面吹出的洁净气流具有一定的和均匀的断面风速,可以排除工作区原来的空气,将尘埃颗粒和生物颗粒带走,以形成无菌的、高洁净的工作环境。从气流流向可将超净工作台分为直流超净工作台和水平流超净工作台；从操作人员数量可将超净工作台分为单人超净工作台和双人超净工作台。

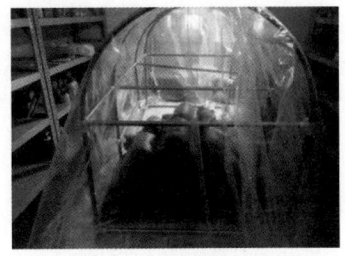  

图2-9　简易接种帐　　　　图2-10　接种箱　　　　图2-11　超净工作台

4. 接种机

接种机也分许多种，简单的如离子风食用菌接种机（图2-12），可以摆放在桌面上，使前方25cm左右的面积达到无菌状态，方便接种等操作。还有适合工厂化接种的百级净化接种机，其接种空间可达到百级净化，实现接种无污染，保证接种率。

（八）培养设备

培养设备是进行食用菌生产必不可少的设备，主要是指食用菌接种后用于培养菌丝体的设备，包括恒温培养箱、培养室和培养架等，液体菌种还需要摇床和发酵罐等设备。

1. 恒温培养箱

恒温培养箱（图2-13）是主要用来培养试管斜面母种和原种的专用电器设备，因为它可以根据不同食用菌菌丝生长的调节温度进行恒温培养，所以又称电热恒温培养箱。

2. 培养室和培养架

一般生产和制种规模比较大时采用培养室和培养架（图2-14）培养菌种。培养室面积一般为20~50m²。培养室内采用温度控制仪或空调等控制温度，同时安装换气扇，以保持培养室内的空气清新。培养室内一般设置培养架，架宽为45cm左右，上下层之间距离为55cm左右，培养架一般设4~6层，架与架之间的距离为60cm。

图2-12　离子风食用菌接种机　　图2-13　恒温培养箱　　图2-14　培养室和培养架

● 任务实施

一、准备工作

教师将详细介绍各种菌种生产设备设施的功能、结构和工作原理，设备设施的日常维护和保养知识。通过讲解和示范，使学生对这些设备设施有初步的认识和了解。

二、学生将分组进行实践操作

每组学生将分配到相应的设备设施前，按照教师的指导和操作规程进行实际操作。在实践过程中，学生需要仔细观察设备设施的运行状态，记录相关数据，并学习如何调整设备参数以优化生产效果。

学生定期检查设备设施的工作状态，及时发现并处理潜在问题，以确保设备设施的正常运行和延长使用寿命。

三、小组讨论和总结

学生将分享各自在实践操作中的经验和收获，讨论遇到的问题和解决方案。

四、教师点评

教师对学生的操作和维护情况进行点评和指导，帮助学生巩固所学知识，提升实际操作能力。

思政小课堂

菌种生产设施和设备在食用菌产业发展中占据着举足轻重的地位。它们的引进和应用，极大地提升了食用菌的生产能力，使得生产过程更加标准化、规模化。这不仅有助于满足市场对高品质食用菌的日益增长的需求，也为农业生产带来了新的增长点。更重要的是，现代化的菌种生产设施和设备为农村地区提供了更多就业机会，促进了农业技术的创新与传承，成为了推动农业现代化、实现乡村振兴的有力引擎。通过本次任务的学习，让学生养成环保意识，合理利用资源，减少废弃物排放，为建设绿色生态农业贡献力量。

任务考核评价

表2-1 食用菌生产设施、设备考核表

考核内容	考核指标	分值	实得分数
菌种生产设施、设备	能在规定的时间内完成预定的生产任务	40	
	能够遵守安全操作规程，确保生产过程安全	30	
	设施、设备的操作规范，日常维护和保养方法正确	30	
总分		100	

任务巩固与创新

1. 简述菌种生产设施和设备在食用菌产业发展中的重要性。

2. 简述食用菌工厂化生产中的关键设备及其作用。

任务二 母种生产

任务描述

食用菌母种生产是食用菌栽培的关键环节之一，具有遗传稳定、纯度高、生活力强的特点，它直接影响到后续菌种的质量和产量。每一个步骤都需要严格的操作和管理，以确保菌种的纯度和活力。例如，接种过程需要在无菌操作台上进行，避免杂菌污染；培养过程中需要定期检查菌丝体的生长情况，及时调整培养条件。

本次任务详细描述食用菌母种生产的基本理论与实践技能，包括母种培养基的配制、转管（扩繁）技术、母种质量鉴定、无菌操作技术、培养条件控制等，以确保食用菌母种生产的质量和安全。通过学习，学生应能够独立完成食用菌母种的生产任务，为今后的食用菌栽培和菌种供应工作打下坚实的基础。

● 任务目标

知识目标	能力/技能目标	思政目标
① 掌握食用菌母种的基本概念、原理及其在食用菌生产中的作用。 ② 了解母种生产的流程、关键技术和操作要点。 ③ 熟悉培养基的组成、配制方法及灭菌原理。	① 能够独立进行食用菌母种的生产操作。 ② 具备分析和解决母种生产过程中常见问题的能力。 ③ 培养学生的实践操作能力和创新能力，为食用菌产业的持续发展提供技术支持。	① 培养学生的社会责任感和使命感，认识到食用菌产业在促进农业经济发展、改善人民膳食结构等方面的重要作用。 ② 强调科学精神与求真务实的工作态度。 ③ 引导学生关注生态文明建设，了解食用菌产业在生态环境保护等方面的积极作用，树立绿色发展的理念。

● 任务相关知识

食用菌菌种是指在适宜基质上发育良好并已充分蔓延，具有结实能力，可用作食用菌生产种源的菌丝体。但在实际生产中，常将经过人工培养的纯菌丝体连同培养基质一同称为菌种。

菌种性状的优劣直接影响到产量的高低和品质的好坏。优良的菌种应具备遗传性状稳定、生命力旺盛、高产、优质、纯度高、抗逆性强等特性。因此，选用优良菌株，掌握好制种技术，严控菌种质量，做好菌种的保藏工作，是食用菌生产中的重中之重。

食用菌菌种根据其来源和生产目的，通常将它们分为母种、原种（二级菌种）和栽培种（三级菌种）。在食用菌生产中，母种主要用于扩大繁殖成二级菌种，再由此扩大繁殖成三级菌种，供栽培用。因此，母种是菌种生产的基础，母种质量的优劣直接关系到二级菌种和三级菌种的质量，对食用菌生产产生根本的影响。

一、母种的概念

在食用菌菌种生产中，通常将采用子实体组织分离、孢子分离，或耳木、菇木基内菌丝体分离所得到的菌丝体纯培养物，及其转接的菌种称为母种，也称一级种或试管种。

二、常用母种培养基的配方

（1）马铃薯葡萄糖琼脂（PDA）培养基配方　马铃薯（去皮）200g，葡萄糖20g，琼脂18～20g，水1000mL。

（2）马铃薯蔗糖琼脂（PSA）培养基配方　马铃薯（去皮）200g，蔗糖20g，琼脂18～20g，水1000mL。此培养基适用于培养、保藏各种食用菌菌种。但用于培养平菇、灵芝和黑木耳等菌类时，其菌丝长势不如用PDA培养基培养得好。

（3）马铃薯葡萄糖蛋白胨琼脂培养基配方　马铃薯（去皮）200g，蛋白胨10g，葡萄糖20g，琼脂20g，水1000mL。此培养基适用于培养、保藏各种食用菌菌种。

（4）马铃薯麦芽糖琼脂培养基配方　马铃薯（去皮）300g，麦芽糖10g，琼脂18～20g，水，1000mL。此培养基适用于培养、保藏各种食用菌菌种。

（5）马铃薯综合培养基配方　马铃薯（去皮）200g，磷酸二氢钾3g，维生素B_1 0.01g，葡萄糖20g，硫酸镁1.5g，琼脂20g，水1000mL。

三、母种培养基配制的原则

（一）培养基原料的选择

食用菌母种的初生菌丝一般较嫩弱，分解养分能力差，要求营养丰富、完全，氮源、维生素的比例应高，须选用易被菌丝吸收利用的物质，如以葡萄糖、蔗糖、马铃薯、玉米粉、麦芽汁、酵母汁、蛋白胨、无机盐类及生长素等为原料。

（二）营养成分的配比

培养基中的碳源和氮源的比例很重要。若培养基中碳源供应不足，易引起菌种的过早衰老和自溶；若氮源过多或过少，则会引起菌丝过于旺盛生长或生长缓慢，对菌种培养不利。菌种培养基中的pH也是影响菌丝生长的重要因素。一般培养基经高压灭菌后会使pH有所下降，必须经检验后加以调整。调节pH时，可用石灰澄清液，也可用氢氧化钠或盐酸。在配制培养基时，为了避免沉淀物的生成而造成营养物的损失，应掌握加入各种营养物的顺序。一般应先加入缓冲化合物，溶解后加入主要元素，然后是微量元素，最后加入维生素等，最好是前一种营养成分溶解后再加入下一种营养成分。此外，培养基加入糖类时，应采用适当的灭菌方法，因葡萄糖在高压下易被破坏，多糖和双糖也因高温易被水解和变质。

四、母种质量鉴定

（一）鉴定方法

1. 肉眼直接观察

首先用肉眼观察引进菌种的包装是否合乎要求，棉塞有无松动。试管有无破损，棉塞和试管有无病虫侵染，菌丝色泽是否正常，有无发生老化。如果菌丝浓白、粗壮、富有弹性，则生命力强；如果有少数子实体及茶褐色被膜，只要将它除去，仍可使用。如果菌种已收缩、干燥，或菌丝体自溶产生大量红褐色液体，说明生命力已变弱，不宜使用。

2. 液体培养鉴定

配制2%的糖溶液，用500mL三角瓶装量100mL，塞上棉塞，常规高压灭菌。在无菌箱中，挑取豆粒大的菌块，接入糖水瓶中，于25～28℃下培养3～7d，如果液面出现气泡，产生"油皮"发生浑浊等现象，说明菌种本身带有杂菌；如果菌块下沉，或经很长时间才长出薄薄的菌丝层，则说明菌种的生命力弱；如果菌块四周的菌丝生长速度快且浓白，呈棉絮状，则表明菌种的生命力强。

3. 显微镜下检查

显微检测是借助显微镜对菌丝、孢子等进行观察，以达到鉴定菌种的目的。因此，检测前事先要准备好显微镜、载玻片、盖玻片、吸管、镊子、接种针、蒸馏水等物品。在载玻片上放一滴蒸馏水，然后挑取少许菌丝置于水滴上，盖好盖玻片，再置于显微镜下观察。玻片也可通过普通染色后进行镜检。如果菌丝透明，呈分枝状，有横隔，锁状联合明显，再加上具有不同品种固有的特征，则可认为是合格菌种。

4. 菌丝长速观测

将菌种接入新配制的试管斜面培养基上，置于最适宜的温度、湿度条件下进行培养。如果菌丝生长迅速、整齐浓密、健壮有力，则表明是优良菌种；如果菌丝生长缓慢，或长速特快，稀疏无力，参差不齐，易于衰老，则表明是劣质菌种。

5. 耐高温测试

对一般中低温型的菌种，可先将若干母种试管置于最适温度下培养1周后，取出部分试管置于30℃下培养，24h后再放回最适温度下培养。经过这样偏高温度的处理，如果菌丝仍然健壮、旺盛生长，则表明该品种具有耐受较高温度的优良特性；反之，若菌丝生长缓慢且倒伏发黄、萎缩无力，则可认为是不良菌种。

6. 吃料能力鉴定

将菌种接入最佳配方的原种培养基中，放置在适宜的温度、湿度下培养，1周后观察种菇（耳）菌丝的生长情况。如果菌种块能很快萌发，并迅速向四周和培养料中生长、伸展，则说明该品种的吃料能力强；反之，若菌种块萌发后生长缓慢，迟迟不向四周和料层深处伸展，则表明该品种对培养料的适应能力差。对菌种吃料能力的测定，不仅可以用于对菌种本身的考核，而且可以作为选择培养料的一种手段。

7. 出菇（耳）试验

经以上6个方面的考核后，认为是优良菌种的，则可进行扩大转管，然后取出一部分母种用于出菇（耳）试验，以鉴定菌种的实际生产能力。出菇（耳）试验常用的方法有瓶栽法和压块法两种。

（1）瓶栽法　其与栽培种培养方法基本相同，根据各种菇（耳）对木质素、纤维素的分解能力及对营养的要求，选择合适的培养料，如香菇、平菇、黑木耳、猴头菇用木屑培养料，双孢蘑菇用粪草发酵培养料等，装瓶、灭菌后接入菌种，置于最适宜的温度、湿度条件下培养，当菌丝长至瓶底后再过1周，即可移到各自最佳的出菇（耳）条件下，打开瓶盖或破瓶让其出菇（耳）。

（2）压块法　取合适的培养料，用木模压成33cm等量的料块（也可用木箱），接入菌种，置于最适宜的温度、湿度条件下发菌和出菇。

在试验过程中，要经常观测菌丝的生长和出菇（耳）情况，如接种块的萌发时间、菌丝生长速度、吃料能力、出菇（耳）速度、转潮快慢、子实体形态、产量和质量等。最后通过综合分析和评比，选出菌丝生长速度快、子实体生长健壮、品质好、产量高的母种，即可出售供用户生产的原种和栽培种。

出菇试验因季节推迟或其他原因，可采用一种较简单的方法来弥补，即直接将有各菌株并已发好菌的瓶（袋）装菌种，小心地敲碎瓶颈或打开塑料袋口，使培养料外露，置于最适宜的温度、湿度条件下进行出菇（耳）管理，观察记载各项指标，最后进行评比。

（二）常见食用菌母种质量标准

1. 平菇母种质量标准

平菇菌丝生长粗壮整齐，洁白浓密，呈匍匐状，气生菌丝发达、爬壁力强，气生菌丝可布满试管空间，菌丝生长快，经6~7d长满斜面，当菌丝长满斜面时，子实体原基尚未分化，培养基未收缩，无杂菌。

2. 香菇母种质量标准

香菇菌丝纯白色，粗壮，呈绒毛状，平伏生长，边缘呈不规则弯曲，长速中等，经12~14d长满斜面。满管后略有爬壁现象，菌丝老化后培养基转为黄色，早熟种存放时间长会形成原基团。

3. 双孢蘑菇母种质量标准

（1）气生型品种　双孢蘑菇母种培养1周后，在斜面或平板培养基上可见芒状菌落，随之逐渐隆起呈绣球状，边缘整齐，菌丝直立，生长旺盛，洁白较粗，较密，爬管力强，长速慢，经13~20d长满斜面，老化后出现线状菌索。

（2）贴生型品种　双孢蘑菇母种萌发后，菌丝紧贴培养基表面呈匍匐状蔓延生长，菌丝纤细，较稀疏，呈线状或放射状，蓝灰色，菌丝老化时出现线状菌丝索，菌丝生长慢，经15d以上长满斜面。

4. 滑菇母种质量标准

滑菇菌丝白色，粗壮，浓密，呈绒毛状，平伏生长，不爬管。培养时间稍长，菌丝呈奶油色或红褐色，生长速度较慢，培养13~15d长满斜面。

5. 金针菇母种质量标准

（1）黄色菌株　菌丝白色绒毛状，强壮、致密，紧贴培养基表面，生长速度快，一般7d左右长满试管培养基表面，长势均匀，粉孢子极少。在出菇适宜的温度条件下，培养基表面容易出现浅黄白色的子实体，为正常而且优良的菌种。而菌丝生长速度慢，长势稀疏，褐色分泌物多，后期在试管斜面的前端形成大量粉孢子的菌株，一般为不良的菌种。另外，培养基已干枯、收缩的斜面母种，表明存放期过长，菌丝已老化，应扩大成再生母种方可使用。而琼脂培养基上已出现开伞的子实体的菌株，母种已不纯，应弃去不用。感染杂菌的母种，更应淘汰。

（2）白色菌株　菌丝白色绒毛状，强壮、生长旺盛，气生菌丝爬壁，生长速度快，10d左右长满培养基表面。菌丝在琼脂斜面上长势均匀，接种块与生长的菌丝之间未见明显的一圈分界线，粉孢子虽然比黄色母种多。但未结成团状的母种为优良菌种。而菌丝棉絮状、蓬松，生长缓慢，长势不均匀，后期粉孢子多且在斜面壁上结成一块块团状物的母种为不良母种。菌丝变黄倒伏的母种应淘汰，出现子实体已开伞的母种应弃之不用。

6. 黑木耳母种质量标准

黑木耳菌丝白色，较细密，整齐，平贴于斜面培养基上，不爬壁，生长速度较慢，15d左右长满斜面。有些品种可产生次生孢子，使培养基表面的菌丝体带有粉末状物；有些品种在斜面培养基上能形成小原基。菌丝长满斜面后，如果出现黄斑，培养基逐渐变成褐色、浅黑色，说明菌种已老化。

7. 灵芝母种质量标准

灵芝菌丝白色，纤细，密集，棉絮状，匍匐生长，易形成菌膜，有韧性，不爬管，无色素，菌丝老化时呈浅黄色，菌丝生长速度中等，培养10d左右长满斜面。

8. 猴头菇母种质量标准

猴头菇菌丝绒毛状，白色或灰白色，浓密，紧贴斜面培养基，气生菌丝粗、短而稀疏，基内菌丝多，菌丝长速较慢，经13～15d长满斜面。后期菌丝会分泌棕褐色色素，使培养基变为棕色至茶色，易形成珊瑚状子实体原基。较老的菌丝可断裂成节孢子。经多次扩大培养的菌丝，生长速度显著下降，当菌丝呈线粒状时，则很难继续生长，这是生命力下降的表现。

任务实施

一、任务所需器材

（1）材料　母种培养基的配方很多，可以根据选择配方的成分准备实验材料，最常用的是PDA培养基。按照配方要求称取琼脂、马铃薯、葡萄糖，备用。

（2）器具　电炉子、铝锅、玻璃棒、天平、称量纸、牛角匙、精密pH试纸、牛皮纸、皮筋、纱布、漏斗、纱布、止水夹、漏斗架、切菜小刀、切板、1000mL烧杯、捆扎绳、棉花、试管（18mm×180mm）100支、试管架、铁丝筐、2cm厚的长木条、标签、恒温培养箱、高压灭菌锅、超净工作台或接种箱、接种铲、酒精灯、火柴、记号笔等。

二、任务实施步骤

（一）母种培养基的配制

母种培养基的配制过程如图2-15所示。

母种培养基

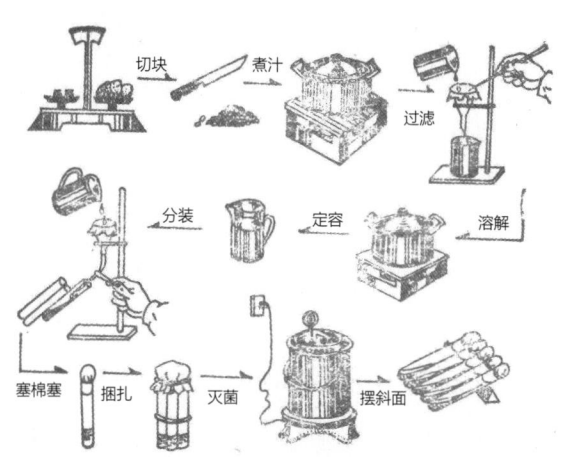

图2-15　母种培养基的配制过程

（1）先将马铃薯洗净、去皮，挖掉芽眼，称取200g，切成小块或薄片。

（2）马铃薯块放入铝锅内或大烧杯中，加水1000mL，放在电炉上煮沸后维持15～20min，煮至马铃薯熟而不烂。

（3）用4层湿纱布（纱布需浸水后拧干）过滤，由于马铃薯在煮沸过程中，有部分水分被蒸发掉，所以过滤后的马铃薯汁，应加水补足1000mL。

（4）将称好的琼脂加入马铃薯汁中，在电炉子上用文火煮，直至琼脂完全溶化，边煮边搅拌，最后加入葡萄糖等可溶性物质，搅匀。

（5）调节pH　培养基中的酸碱度（即pH）是影响菌丝生长的重要因素，因此培养基配好后应根据菌种对pH的要求进行调节。马铃薯葡萄糖琼脂培养基配好后，pH一般为中性，所以不必调节。如果培养基低于所要求的pH时，应向培养基中滴加1mol/L的NaOH溶液进行调节；若培养基高于所要求的pH时，应向培养基中滴加1mol/L的HCl溶液进行调节。边滴入边搅拌、边用精密pH试纸或pH计测定，直至合适为止。应该注意的是培养基的pH在灭菌前不宜调至6.0以下，否则灭菌后培养基不凝固。有些菇类的培养基要求pH为6.0以下的,要待灭菌后在无菌条件下滴加盐酸或乳酸等进行调节。

(6) 分装试管　培养基配好后应趁热用分装漏斗进行分装,手持3~6支试管,让玻璃管和乳胶管伸到试管的中下部,右手用弹簧夹控制培养基流量,分装量掌握在试管长度的1/5~1/4,也可用注射器定量分装。注意分装时,培养基不能沾在试管口壁上,否则会污染棉塞,如有应及时清理干净,培养基凝固前立放。

(7) 塞棉塞　培养基分装完以后应立即塞上大小合适的棉塞。棉塞需用纤维较长的普通棉花制作,勿用易吸潮的脱脂棉。棉塞必须与容器口密切贴合,有适宜的松紧度。太松过滤性差,太紧又会降低通气性;过粗不利于拔取和堵塞,而过细又易进入杂菌甚至脱落。一般要求棉塞长度为3~5cm,塞进2/3,外留1/3。松紧度以手提棉塞时试管不脱落,而棉塞拔出时有轻微响声为宜。棉塞的制作过程如图2-16所示。

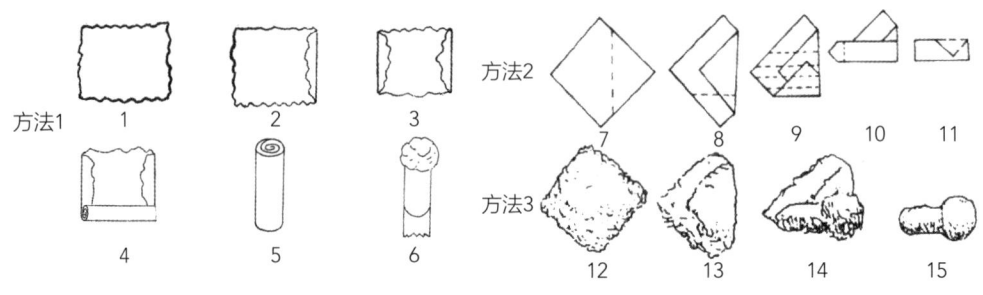

图2-16　棉塞的制作过程

1—把棉花絮成片　2—折一边　3—再折一边　4—卷棉柱　5—卷成棉柱　6—塞入试管
7—把棉花絮成片　8—折一角　9—从角的一侧卷起　10—卷到另一角　11—卷成棉柱
12—把棉花絮成片　13—折一角　14—从角的一侧卷起　15—卷成棉柱

棉塞的卷法有两种。若不包纱布可将其直接塞入试管口;若包纱布须将一小块纱布盖在棉塞上,拇指和食指只捏住棉花卷向试管内塞入,顺便就会把纱布顶进去,把管口外的棉花收紧、捏圆,再将外围的纱布整理好后用线绳扎口,最后剪掉剩余的纱布和线绳。包纱布的棉塞利于无菌操作,不易被酒精灯点燃,还可以重复使用。

(8) 捆扎试管　将塞好棉塞的试管每7支扎成一把,在棉塞外面包一层防潮纸或牛皮纸,再用线绳扎紧,防止灭菌时棉塞被冷凝水浸湿。

(二) 灭菌

培养基分装完后应立即灭菌。根据培养基的成分选择灭菌的压力和时间,如果培养基成分中有高温下容易破坏的物质时,可采用0.05MPa或0.08MPa的压力,一般马铃薯葡萄糖琼脂培养基采用0.105~0.110MPa的压力,灭菌20~30min。

母种培养基的灭菌常用手提式高压灭菌锅,其操作步骤如下:

（1）先在外锅加入适量的水，然后将灭菌物品直立放入内锅，试管口或三角瓶口向上且不要贴锅边，避免冷凝水浸入试管或三角瓶。灭菌物品不要装得太满，留出一定空间，便于蒸汽流通，否则易造成灭菌不彻底。

（2）盖上锅盖　盖锅盖时应将锅盖上的排气管插入锅内壁管孔内，然后对角线方向拧紧锅盖上的螺丝，并将放气阀直立打开，安全阀横向关闭。

（3）排放冷空气　接通电源，当锅内蒸汽大量排出时再继续排气3~5min，关闭放气阀。

（4）升压、保压、降压　压力表指针指到0.105MPa处时（灭菌所需压力）开始计时，继续维持该压力20~30min。灭菌结束待压力表指针自然回到"0"位时打开放气阀。排出锅内剩余蒸汽后，打开锅盖。注意切忌在压力表未到"0"位时就放气，以免试管内的培养基向上冲浸湿棉塞，造成菌种的污染。

（三）摆斜面

试管取出后一定要趁热摆斜面，将试管斜放在一根2cm左右厚的木条上，使试管内的培养基成一斜面。斜面的长度一般为试管长度的1/3~1/2。用于保藏菌种的试管斜面应适当短些，以减少蒸发面积。当气温较低时，在摆好的斜面上面覆盖一条厚毛巾，以免在试管壁上产生大量水珠，影响接种和培养。当培养基冷凝后，即可收起备用。

（四）母种转管

母种移接（转管）（图2-17），对称母种扩繁要在无菌的环境中以无菌操作方法进行，要求操作熟练，动作迅速。其操作规程如下：

（1）左手平托两支试管，手指按住试管底部，外侧一支是供接种用的菌种试管，内侧一支是待接母种的试管。

（2）右手拿接种针或接种铲，用拇指、食指和中指握住其柄部，将接种针或接种铲插入75%的酒精消毒瓶中消毒，在酒精灯火焰上灼烧接种针或接种铲的顶端，逐渐将杆部在火焰上慢慢通过，这样反复3次即可将接种针或接种铲彻底灭菌，切记最后一次灼烧后不能再浸入酒精瓶中，应在火焰旁自然冷却。

（3）将左手平托的两支试管管口靠近火焰，用右手的小指和手掌将外侧的菌种管上的棉塞拔出，再用中指和无名指拔出内侧试管口上的棉塞夹在手中（不得放在桌子上或台面上），将两支试管口迅速移到酒精灯火焰旁边。

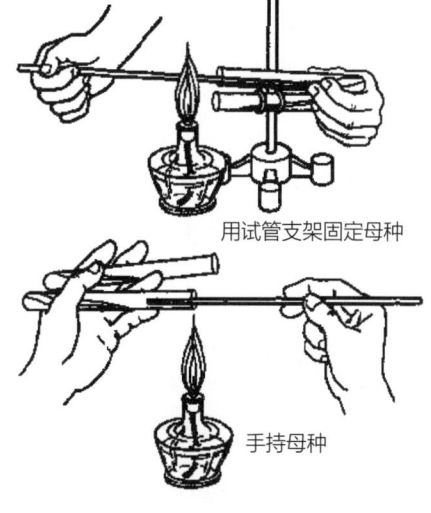

图2-17　母种的转管技术

(4)将烧过并冷却的接种针或接种铲伸入母种试管中,在菌丝斜面上钩取火柴头大小的一块菌丝块,迅速放到待接试管斜面的中部,将试管口在火焰上烧一下,然后立即塞上棉塞。

(5)接种完毕,再将接种针或接种铲在火焰上灼烧灭菌。以免使接种的菌丝扩散,造成污染。

(五)贴标签

菌种接完后,贴好标签或用记号笔在试管壁上,注明菌种名称及接种日期等。

贴标签是制种上一道十分重要的工序。无论是菌种分离还是一级、二级、三级菌种的扩大繁殖,无菌操作后应立即贴上标签。一级菌种标签应贴在试管前端,既不遮住棉塞,又不遮住培养基斜面的部位,以免在检查棉塞和斜面是否污染时造成不便。菌种名多写在标签的第一行,字体较大;菌株号一般要求用较小号的字符写在菌种之后;接种者或接种单位,多写在第二行开头,字体宜小。接种日期写在第二行接种者或接种单位之后,字体同样宜小。

(六)培养

结束接种后,盖灭酒精灯,清理接种箱或超净工作台,将接种铲及所有用具摆放整齐。用纸包扎试管中上部,10支1捆,将同类菌种扎好,送到该菌所要求的最适温度下(恒温箱或恒温室内)培养,一般培养2d,检查有无杂菌生长,经7~15d母种菌丝即可长满斜面。

母种培养的常用设备为电热恒温培养箱,或在可调温的培养室内进行。培养温度等条件应根据生产的品种而具体设定和调控,一般平菇、鸡腿菇、金针菇、白灵菇等品种应调至25℃左右,草菇应调至28℃以上。空气相对湿度应保持在60%左右,同时避光并保持空气新鲜,从而使菌丝生长健壮。

母种培养期间要经常检查,及时拣出不良个体。从培养的第二天开始,每天检查一次,主要检查两个方面,一是有无污染,二是菌丝生长是否正常,包括形态、长速、活力、均匀度等。若在远离接种块的培养基表面出现独立的奶油状小点,或与种源菌丝不同的红、黄、绿、黑、灰等现象即为污染,应立即淘汰,并做相应的杀菌工作,以防杂菌扩散。如果间隔时间过长才检查,杂菌菌落可能会被旺盛生长的食用菌菌丝所掩盖,一旦用于生产,会带来很大损失。

> **思政小课堂**
>
> 食用菌母种生产过程中,需要严格遵守操作规程,控制各项环境参数,作为生产者应具备严谨的科学态度和精益求精的精神,确保菌种质量和生产安全,这是对消费者负责、对社会负责的体现。

此外，食用菌母种生产还涉及生态环保理念。通过合理利用农业废弃物等资源进行母种生产，不仅可以降低生产成本，还能减少环境污染，实现经济效益和生态效益的双赢。这要求我们具备环保意识，关注生态文明建设，为推动绿色农业发展贡献力量。

● **任务考核评价**

表2-2 食用菌母种生产考核表

考核内容	考核指标	分值	实得分数
培养基的配制	称量方法正确，操作规范、熟练	30	
	玻璃棒搅拌正确，试剂完全溶解，不糊底		
	定容准确，操作熟练		
	分工合理，相互协作，完成速度快		
分装	均匀分装，分装高度适中，熟练操作，试管表面洁净，手持方法正确	20	
	分工合理，相互协作，桌面整洁，完成速度快		
棉塞包扎	包扎美观，操作熟练，贴好标签	10	
摆斜面	斜面摆放的角度适当，斜面长度适当	10	
母种转管	手及工作台消毒、酒精灯无菌区操作、接种器械灭菌	30	
	试管操作（开塞、管口灭菌、持法、盖塞）		
总分		100	

● **任务巩固与创新**

1. 请简述母种生产的主要步骤，并说明在母种生产过程中如何确保菌种的纯度和活力？

2. 在食用菌母种生产过程中，为何要进行严格的无菌操作？请列举两种常用的无菌操作方法，并解释它们在母种生产中的重要性。

任务三 菌种分离

● 任务描述

食用菌菌种分离是食用菌生产中的一项关键性技术任务，可以从复杂的微生物群体中获取纯净、优良的食用菌菌种，确保食用菌的品质、产量以及后续生产的稳定性。

本次任务主要是利用科学的方法，如孢子分离、组织分离等，从食用菌的子实体或菌丝体中分离出单一的菌种。要求操作人员具备扎实的微生物学基础知识和熟练的无菌操作技能，以确保分离过程的准确性和无菌性。在分离过程中，需要严格控制环境条件，如温度、湿度和光照等，以模拟食用菌最适宜的生长环境。对于分离得到的菌种，还需进行进一步的纯化、鉴定和保存工作，以确保其遗传稳定性和生产性能。另外，操作人员需要具备敏锐的观察力和创新思维，能够及时发现并解决分离过程中出现的问题。

● 任务目标

知识目标	能力/技能目标	思政目标
① 掌握食用菌菌种分离的基本原理和方法。 ② 了解不同食用菌的生长特性和分离过程中的关键因素。 ③ 熟悉菌种纯化、鉴定和保存的基本知识，以确保分离得到的菌种质量和纯度。	① 能够独立进行食用菌菌种分离。 ② 能够运用所学知识解决分离过程中遇到的实际问题。 ③ 能够探索新的分离技术和方法，以适应食用菌产业的发展需求。	① 培养学生的社会责任感和职业道德。 ② 培养学生严格遵守实验规程和操作规范，确保实验结果的准确性和可靠性。 ③ 引导学生关注生态文明建设，树立绿色、可持续的发展理念。

● 任务相关知识

菌种分离即进行食用菌菌丝的纯化过程，它是制种工作的重要环节，通俗地讲就是把食用菌菌丝从自然界中单独分离出来进行纯培养，从而获得纯食用菌菌种的过程。菌种分离是一项重要而又细致的工作，每一个环节都必须严格按无菌操作规程进行。食用菌的分离方法很多，常用的有组织分离法、孢子分离法和基内菌丝分离法三种。

一、组织分离法

组织分离法是将食用菌的部分组织移接到斜面培养基上获得纯培养的方法，其特点：一是属于无性繁殖，能保持原有菌株的优良特性，是

大型子实体
组织分离

生产中获得纯菌种的常用方法，且简单易行，取材广泛，菌丝萌发快。二是组织分离法操作简便，又不易带入杂菌，容易获得纯菌种。但对银耳、黑木耳等胶质菌体（因其子实体中菌丝的含量极少）用组织分离培养，则往往不易成功。

（一）子实体分离

种菇要选朵大盖厚、柄短、八九分成熟的优良品种。切去菇体基部，在无菌箱内以0.1%的升汞水浸几分钟，再用无菌水冲洗并擦干或用75%的酒精棉球擦拭菌盖与菌柄2次，进行表面消毒。接种时，只要将种菇撕开。

用消毒后的小刀在菌柄与菌盖交接外切去一小块组织，用接种针将组织块放入PDA培养基的试管斜面中间，置于25℃左右温度下培养3~5d，就可以看到组织上产生白色绒毛状菌丝，转管扩大即得到菌种。如香菇、平菇等可以用此方法。

（二）菌核组织分离

茯苓、猪苓、雷丸等食用菌的子实体不易采集。而常见的是它储藏营养的菌核。用菌核分离，同样可以获得菌种。方法是将菌核表面洗净，用75%的酒精或升汞消毒后，切开菌核，取中间组织一小块，约黄豆大小，接种在PDA培养基斜面上，在20~25℃下培养，产生菌丝后进行分离纯化。应注意的是，菌核是储藏器官，大部分是多糖类物质，只含有少量的菌丝，因此挑取的组织块要大一些，如果组织块过小，则不易分离出菌种。

（三）菌索分离

菌索分离常用于蜜环菌分离。方法是选新鲜的活菌索，用75%的酒精棉球将菌索表面消毒后，去掉菌鞘，把白色菌髓部分用无菌剪刀剪成小段，接入PDA试管斜面培养基上，在20~25℃下培养，有白色菌丝长出且无污染，即表明分离成功。

二、孢子分离法

孢子分离法是利用成熟子实体的有性担孢子能自动从子实体层中弹射出来的原理，在无菌操作条件下，使孢子在适宜的培养基上萌发长成菌丝体而获得纯菌种的一种方法。这种菌种生活力较强，但孢子个体之间有差异，且自然分化现象较严重，变异大，需经过出菇试验才能在生产上应用。其特点：一是属于有性繁殖，后代易发生变异，可用此法培育新品种；二是分离过程较复杂，适用于胶质菌类和小型伞菌。孢子分离可分为单孢分离法和多孢分离法两种。

（一）单孢分离法

取单个担孢子接种在试管斜面培养基上，让它萌发成菌丝体来获得纯菌种的方法。蘑菇和草菇用单孢分离得到的菌丝有结实能力,可采用此法分离生产纯菌种。单孢分离生产上较少采用,而且技术复杂,一般采用多孢分离法。

(二)多孢分离法

就是把许多孢子接种在同一培养基上,让它们萌发、自由交配来获得食用菌纯菌种的一种方法。操作简单易学,生产上经常采用。根据采集孢子的方法不同分为如下四种。

1. 采集器孢子弹射法

采集孢子的装置可用玻璃钟罩或玻璃漏斗做成(图2-18)。蘑菇和香菇常用这种方法采集孢子。具体做法是:把玻璃钟罩或玻璃漏斗放在一个垫有几层纱布的瓷盘上,内放培养皿和不锈钢支架(漏斗内也可倒挂铁丝代替支架),上端通气孔用棉花塞住,然后用两层大纱布将整个装置包起来,高压灭菌后,移入无菌室备用。分离时把选好的种菇(八九分成熟),切去菌柄基部送入无菌室,用0.1%~0.2%的升汞溶液或75%的酒精表面消毒1~2min后,放在无菌水中漂洗,除去表面药液,再用灭菌纱布擦手,并将其插到不锈钢支架上或铁丝钩上,静置1~2d,菌褶上的孢子大量散落到培养皿内,形成一层粉末状孢子印时,取下种菇,用灭菌后的注射器,吸取3~5mL无菌水,注入盛有孢子的培养皿中,轻轻搅动,使孢子均匀地悬浮于水上,再将注射器插上针头,吸取沉于

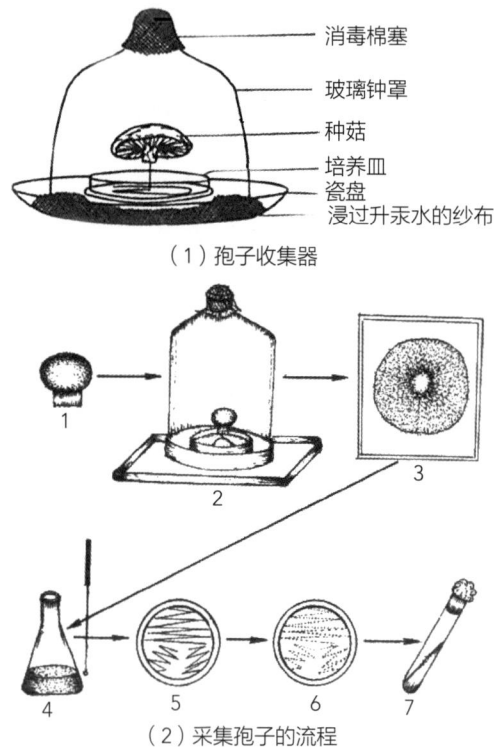

图2-18 孢子收集器及采集孢子的流程

1—取新鲜种菇 2—固定在孢子收集器内
3—收集孢子印 4—制作孢子混悬液
5—划线接种 6—平板培养 7—试管斜面培养

底部的饱满孢子,注入1~2滴悬液于试管斜面培养基上,并使其均匀分布于培养基表面,或用接种环挑取少量的孢子直接在斜面培养基上划线。待孢子萌发,生成菌落时,选孢子萌发快,生长良好的菌落,移接到新的斜面培养基上培养。

2. 三角瓶悬挂法

银耳、黑木耳常用此法采集孢子。以银耳为例,其具体做法如下:选朵大、雪

白、无病虫害的新鲜银耳作为种耳，用75%的酒精棉球擦拭子实体表面，经无菌水冲洗种耳数次后，用无菌滤纸把种耳表面的水分吸干。用灭菌刀把种耳切成一小块，以入瓶后不会碰到瓶壁为度，挂在用火焰灭菌过的小金属钩（或不锈钢钩）上，迅速悬挂在三角瓶内，注意勿使种耳接触到培养基，以防杂菌污染（图2-19）。塞上棉塞，放在20～25℃条件下培养1～2d，就可看到培养基上形成一

图2-19　悬钩法采集孢子

个雾状孢子印。此时，以无菌操作把悬挂瓶内的耳片取出，再塞上棉塞，移到20～25℃的室中培养，经2～3d，培养基表面就会出现许多乳白色糊状的菌落，就是银耳的分生孢子。

3. 贴附法

按无菌操作将成熟的菌褶或耳片取一小块，用熔化的琼脂培养基或阿拉伯胶等贴附在试管斜面培养基正上方的试管壁上（图2-20）。经6～12h的培养，待孢子落在斜面上，立即把孢子连同部分琼脂培养基移植到新的试管中培养即可。

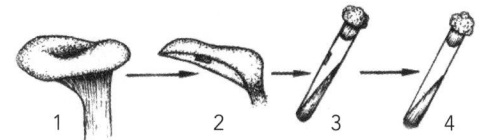

图2-20　菌褶贴附法

1—种菇　2—切取菌褶
3—贴附菌褶　4—取出菌褶保温培养

4. 褶上涂抹法

适用于野外采种，方法简便，效果也好，按无菌操作分离时应选择成熟的种菇，用接种针直接插入褶片之间，轻轻抹取褶片表面子实体尚未弹射的孢子，再在培养基上划线接种。

采用孢子分离要注意控制培养的温度。因为食用菌孢子的弹射与培养的温度有密切关系，如双孢蘑菇孢子弹射最适温度是14～18℃，培养在25℃条件下，孢子就很难弹出。一般食用菌孢子弹射的最适温度比菌丝体生长的最适温度低，而与子实体发育的最适温度大致相同。如香菇孢子弹射的最适温度为12～18℃，银耳为20～24℃，黑木耳为20～26℃，平菇为13～20℃。

孢子分离得到的母种必须进一步提纯复壮，当母种定植1周左右菌丝布满斜面时，选择菌丝健壮、生长旺盛、无老化、无感染杂菌的母种试管，进而转管扩大，一般到栽培种转管不宜超过5次。

孢子分离得到的母种必须通过出菇试验，鉴定为优质菌种后才可供生产使用。一般菌类如蘑菇、平菇、凤尾菇、香菇、冬菇和草菇等，都可用多孢分离法获得母种。

三、基内菌丝分离法

基内菌丝分离法是利用生长食用菌菌丝的基质作为分离材料进行分离的一种方法（图2-21）。其属于组织分离法中的一种。在食用菌生产上主要是利用栽培袋（瓶）、菌床培养料、段木等作为基内菌丝分离对象。如果是袋（瓶）的材料，多选用袋（瓶）底部菌丝较幼嫩的部分进行分离。分离时取一块无污染的菌丝块，在无菌条件下掰开菌丝块，从中挑取绿豆大小、菌丝生长旺盛的菌丝块，移入试管即可。如果是菌床，宜选择内部无污染的菌丝块。特别是银耳、黑木耳采用这种方法，成功率高，性状也较稳定，是生产上经常采用的方法。具体做法是从野生或人工栽培的场所选择子实体发生早、生长旺盛、

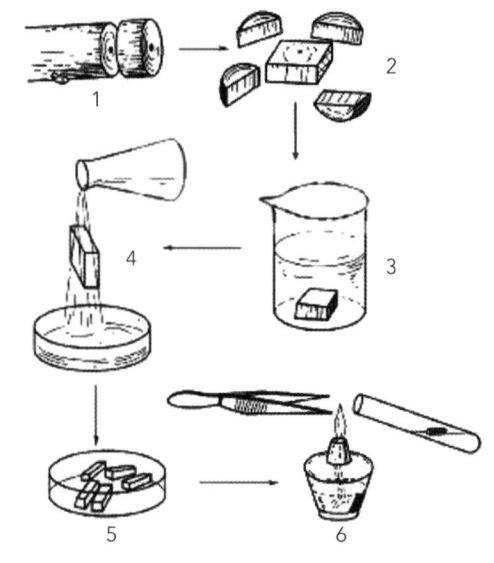

图2-21　基内菌丝分离法

1—选取一段菇木或耳木　2—切去四周
3—用0.1%升汞消毒　4—用无菌水冲洗
5—用无菌刀切成小木条　6—移入试管斜面培养基

朵大、无病虫害的菇木或耳木，锯取一小段，让其充分风干后备用。

分离时如为香菇的菇木，先锯取1cm的薄片，切去四周用0.1%升汞水表面消毒1~2min，用无菌刀将其劈成小木片，再切成0.5cm²的小木条，移入试管斜面培养基上，经25~27℃培养，菌丝生长后，再转管培养。

分离时如为银耳的耳木，先从长有子实体部位，锯取1~2cm厚的木片，易除树皮及耳基，再用0.1%升汞水或70%酒精涂擦表面消毒，通过耳基着生处，把耳木纵切为二，用无菌刀在耳基着生处，削取极小的木屑，移入试管斜面培养上。接种后放在20~28℃的温度下培养，数天后接种块的周围开始长出纤细的白色菌丝，延伸到培养基后，培养基的颜色逐渐变黄转黑，表面出现浅灰色斑纹，这就是羽毛状菌丝。一星期后，小木屑上出现白色短绒毛状菌丝，同时分泌白色或淡黄色水珠，这就是银耳的发育菌丝。挑取银耳发育菌丝和少许羽毛状菌丝转接于新的斜面培养基上进行扩接，1周后，菌丝长满试管，即成为母种。在实际分离中往往不可能得到银耳菌丝与羽毛状菌丝两者兼有的母种。或为纯银耳菌丝，或为纯羽毛状菌丝，或为酵母状分生孢子，还有相当数量是感染杂菌或不长任何菌丝的。纯银耳菌丝和纯羽毛状菌丝经适当配合后，就可应用于生产。

黑木耳的耳木分离，其操作方法与银耳大致相同，但不像银耳有多种类型的菌丝。耳木接入试管后，一般放在22~28℃条件下培养2~3d可见菌丝长出。选生长健壮、清楚、两端整齐的，进行转管纯化2~3次即可培育成母种。在培养过程中，有时培养基背面会出现乳白色或淡褐色，这是正常现象，其特点是易感染杂菌。

基内菌丝分离法一般只在下列情况下采用：①子实体已腐烂，但又必须保留该种菌种；②有些子实体小而薄，用组织分离法和孢子分离法较困难；③还有一些菌类如银耳菌丝，只有与香灰菌丝生长在一起才能产生子实体，如果要同时得到这两种菌丝的混合种，也只能采用基内菌丝分离法进行分离。

四、菌种的纯化

一级菌种的纯化是指对分离获得的菌种进行再提纯，成为生产所需要的菌种的方法。在实践中，无论采用哪种分离方法，都不排除杂菌污染的可能性，如果已确定被污染可以采取以下措施纯化。

（一）菌丝的再提纯

正常的菌种在固体培养基上，菌丝逐渐向四周呈辐射状生长，边缘整齐一致，菌丝浓密健壮。如果被杂菌污染，则菌丝生长不一，菌落边缘参差不齐，培养基内会产生各种色素，并发出臭味。如果需要采用这种菌种，就必须进行再提纯。再提纯时，可选用菌落生长速度较为一致的菌丝体作为再提纯对象，用消毒的接种铲切取菌丝的前端部分（连同培养基一起），转移到新的培养基上培养，如果菌丝生长稀疏，如草菇，也可采用单根菌丝分离法，即在显微镜低倍镜下选择单根菌丝，用锋利的接种针，仔细地将贴在固体培养基上的单条菌丝带少量培养基切下，移到新的培养基中培养。经过几次的切割移植，逐渐挑选生长良好的无杂菌菌株，从而获得纯菌种。

（二）污染物的排除

在菌种分离后，细菌、霉菌的污染时有发生，必须加以排除。一般来讲，被杂菌污染的菌株不再使用。但有时由于菌种紧缺，并且污染物不多，也可用灭菌滤纸浸在1%的多菌灵溶液中，然后取出覆盖于霉菌的生长点上，以防止分生孢子的扩散，然后用接种铲切取一小块远离杂菌的健壮菌丝移至新的斜面培养基上培养。如果是细菌污染，细菌的菌落比较局限，并不会出现细胞飞扬现象，因此，可以先用接种铲将细菌菌落连同培养基一起取出来，再从无菌部位取菌丝块转管一次，同样可以获得纯菌种。

任务实施

一、任务所需器材

（1）材料和试剂　种菇（香菇、金针菇等）、PDA空白斜面培养基、甲醛、高锰酸钾。

（2）器具　接种箱或超净工作台、电热恒温培养箱、酒精灯、75%的酒精棉球、镊子、解剖刀、接种针、烧杯、火柴、记号笔等。

二、任务实施步骤

菌种分离是一项技术性很强的工作，只有在无菌的环境中以无菌操作方法进行分离，才能减少污染。无菌操作是制种过程中最基本的操作方法，要求操作熟练、动作迅速。

（一）选择种菇

选择头潮菇、品质优良、朵形正常、肉厚、无病虫害的优质单朵菇。分离时以幼菇（六、七分成熟）为好，它的组织再生能力强。此外，实践证明风干的子实体也可进行组织分离。

（二）接种环境的处理

先用2%来苏尔清洁接种箱内外，放入种菇及分离菌种所需的物品，用甲醛熏蒸。每立方米空间一般用甲醛10mL加5~7g高锰酸钾，使甲醛氧化挥发。先将高锰酸钾放入接种箱内的容器中，再注入甲醛，立即产生强烈刺激的甲醛气体。熏蒸时间至少保持30min以上，或用食用菌专用气雾剂熏蒸30min左右。

如用超净工作台接种，可用消毒液擦拭台面后放置接种所需物品，开启紫外灯及风机，照射20min后使用。

（三）种菇的处理

用75%的酒精棉球将手擦拭消毒，再用镊子夹取酒精棉球将菇体正面、反面消毒2次。用手将菌柄撕开，但手千万不得碰撕裂面，避免杂菌污染。

（四）接种

将解剖刀经酒精灯火焰灭菌后，从菌柄和菌盖交界部位（图2-22）切取大豆或绿豆粒大小的组织块。以无菌操作方法，将切取的组织块用接种针移至母种试管斜面培养基的中央。此外，用接种钩直接勾取一小块组织移至母种试管斜面培养基，分离效果也很好。一般一个菇体可以分离6~8支试管。

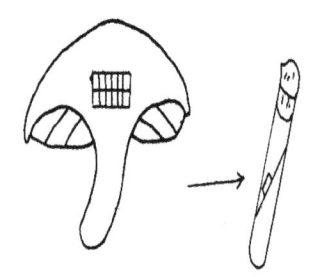

图2-22　组织分离法

（五）培养

塞好棉塞，贴好标签，注明菇种、分离日期及地点。将个别组织块接种位置偏离的试管调整好，每10支1捆，置于25℃左右的恒温培养箱中培养。经1~2d后，检查有无污染，发现杂菌污染的应及时挑出。2~4d后可看到组织块上长出白色绒毛状菌丝体，周围无杂菌污染，表明分离成功。

思政小课堂

羊肚菌是一种珍稀名贵的食用菌，食效显著，价格相当昂贵，2000~3000元/kg。由于受地区条件限制，产量很少，采集十分困难。我国著名的食用菌专家、四川省绵阳市食用菌研究所所长、高级工程师朱斗锡，用坚强的毅力和执着的精神，经过27年的研究，成千上万次的失败，通过品种选育、远缘杂交技术，分离和选育出了羊肚菌的优良菌种，实现了羊肚菌大田商业化栽培的新技术，填补了一项世界空白。

朱斗锡专家以卓越的专业知识和他那份坚韧不拔、勇于创新的精神品质，深耕食用菌领域，不断突破技术瓶颈，并将自己的知识和经验传授给年轻一代，为食用菌产业的可持续发展培养了一批又一批的优秀人才。在他的身上，我们看到了对事业的无限热爱，对科学的执着追求，以及对社会的无私奉献。他的这种精神，激励着每一位食用菌从业者不断前行，勇于攀登科学高峰。

任务考核评价

表2-3　大型子实体组织分离考核表

考核内容	考核指标	分值	实得分数
接种前的准备	接种室及超净工作台的消毒	20	
	种菇的消毒处理		
移取组织块	无菌操作规范	30	
	组织块的切取部位准确		
接种	能够按照无菌操作要求进行转移组织块	30	
	组织块放在斜面中央		
贴标签	标明种类、日期、地点、接种人	10	
培养	选择适宜的温度和培养时间	10	
总分		100	

任务巩固与创新

1. 简述食用菌菌种分离的基本步骤,并说明在分离过程中为确保分离成功需要注意哪些关键因素?

   _____

   _____

   _____

2. 在食用菌菌种分离实验中,为何要进行菌种的纯化和鉴定?请列举两种常用的菌种纯化方法,并说明它们各自的原理和应用场景。

   _____

   _____

   _____

任务四 原种生产

任务描述

食用菌原种是食用菌生产的基础和关键,它是经过严格筛选、纯化和培育的优质菌种。原种具备生长旺盛、抗逆性强、产量高等优良特性,是食用菌栽培中的核心要素。在生产过程中,原种的纯度和活力直接影响食用菌的产量和品质。因此,原种生产必须遵循严格的技术标准和操作规范,确保菌种的优良性状得以传承。通过专业的菌种分离、纯化、扩繁和培养等步骤,可以获得高质量的原种。这些原种将为食用菌的栽培提供有力的保障,推动食用菌产业的持续健康发展。

本次学习任务,重点介绍食用菌原种生产的关键技术和操作流程。通过实际操作,学生能够独立完成从菌种分离、纯化到扩繁、培养和保藏的全过程,确保每一步操作都符合生产标准和技术要求。

任务目标

知识目标	能力/技能目标	思政目标
① 掌握食用菌原种的基本概念、原理及其在食用菌生产中的重要性。 ② 了解原种生产的基本流程、关键技术和操作要点。 ③ 熟悉菌种分离、纯化、扩繁、培养和保藏的基本原理和方法。	① 能够独立进行食用菌原种生产操作的能力。 ② 能够针对原种生产过程中的问题提出合理的解决方案。 ③ 能够在团队中有效合作，共同完成原种生产任务。	① 培养学生的社会责任感和使命感，使其认识到食用菌原种生产对于保障国家粮食安全和促进农业可持续发展的重要性。 ② 强化学生的职业道德意识，使其在原种生产过程中始终坚守诚信、负责、严谨的职业操守。

任务相关知识

一、原种的概念

原种也称二级菌种，是由母种转接到与栽培基质相同或相似的谷粒、木屑、棉籽皮、麦草等为主的培养基上扩大培养而成的菌种。

原种的扩繁是为了加快繁殖速度，扩大繁殖数量，同时提高适应性。

二、培养基配方的选择

食用菌原种培养基配方很多，可以根据当地原料情况选择配方，一般腐生菌（蘑菇、草菇）用粪、草原料配制；木腐菌（香菇、平菇、黑木耳、银耳、灵芝、猴头菇、茯苓等）用木屑、米糠、种木或棉壳作为菌种的培养基。培养基的配方繁多，原种常用培养基配方如表2-4所示。

表2-4 原种常用培养基配方

主料	辅料	适用范围
阔叶树木屑78%	麸皮或米糠20%，蔗糖1%，石膏粉1%	适于制作香菇、平菇类、黑木耳、金针菇、滑菇、灵芝、猴头菇等木腐型菌种
阔叶树木屑77%	麸皮20%，蔗糖1.5%，石膏粉1%，尿素0.5%	适于制作平菇、凤尾菇和金针菇等菌种
阔叶树木屑98%	麸皮1%，尿素0.4%，碳酸钙0.3%，磷酸二氢钾0.2%，硫酸镁0.05%，高锰酸钾0.05%	适于制作香菇、侧耳类等菌种
阔叶树木屑75%	麸皮22%，蔗糖1.5%，石膏粉1.4%，维生素B_1 0.1%	适于制作金针菇、猴头菇等菌种

续表

主料	辅料	适用范围
阔叶树木屑66%	麸皮或米糠30%，蔗糖1%，石膏粉1%，黄豆粉1.5%，硫酸镁0.5%	适于制作银耳菌种
杂木屑73%	麸皮25%，蔗糖1%，磷酸二氢钾0.1%，硫酸镁0.1%，碳酸钙0.8%	适于制作竹荪菌种
阔叶树木屑75%	麸皮24%，蔗糖0.8%，硫酸铵0.2%	适于制作灵芝菌种
松木屑77%	麸皮或米糠20%，蔗糖2%，石膏粉1%	适于制作茯苓菌种
棉籽壳78%	麸皮20%，蔗糖1%，石膏粉1%	适于制作金针菇、平菇、凤尾菇、草菇、银耳、黑木耳、猴头菇等菌种
棉籽壳96%	蔗糖2%，过磷酸钙1%，石膏粉1%	适于制作金针菇、平菇、凤尾菇、草菇、木耳、猴头菇等菌种
甘蔗渣75%	麸皮或米糠24%，石膏粉或碳酸钙1%	适于制作平菇、凤尾菇、金针菇、毛木耳等菌种
甘蔗渣87.5%	麸皮10%，碳酸钙1%，蔗糖1%，尿素0.5%	适于制作黑木耳栽培种
棉籽壳78%	麸皮15%，玉米粉5%，蔗糖1%，石膏粉1%	适于制作金针菇菌种
甘蔗渣80%	竹叶粉18%，蔗糖1%，石膏粉1%	适于制作竹荪菌种

三、培养基原料处理

（1）以木屑为主料的培养基　按配方称取原料，先将糖溶解于适量水中。将其他原料混合，然后加入糖水拌匀，使料含水量达60%~65%（每千克料加水120~130kg）。简便检查含水量的方法，是用手取一把培养料紧握，以指缝间有水渗出但不滴下为适度。

（2）以棉籽壳和蔗渣为主料的培养基　按配方称取主料和辅料，先将棉籽壳或蔗渣加适量水拌匀，堆闷3~4h或一夜，使之均匀吸水，然后参照木屑培养基的制作方法进行操作。

四、原种培养基的装瓶（装袋）

原种制备多使用500mL的罐头瓶、盐水瓶或750mL的专用塑料菌种瓶，也可用规格为12cm×25cm的聚丙烯塑料袋。装瓶前必须把空瓶刷洗干净，并倒尽瓶内积水。装瓶时料一定要装匀，松紧适度，装至瓶肩处，料面压平，擦净瓶口内外侧。

若使用罐头瓶，可用两层报纸和一层聚丙烯塑料膜封口；若使用盐水瓶，可用配套塑料瓶塞封口，瓶塞需打孔塞棉花通气，也可用棉塞封口。

专用菌种瓶多用棉塞封口，也可用能满足滤菌和透气要求的无棉塑料盖代替。

五、灭菌

分装好的原种瓶，要当天灭菌，以免培养基发霉变质。灭菌方法有二种，即高压蒸汽灭菌和常压蒸汽灭菌。

（一）高压蒸汽灭菌

先将锅内加入足够的水，将菌种瓶整齐地排放在锅内，盖上锅盖，对角拧紧锅盖上的螺丝，勿使漏气。然后用电炉或者煤火加热，当压力达到0.05MPa时，打开放气阀（或开始就打开放气阀），排空锅内冷空气，放气10~15min，再关闭放气阀继续加热，当压力升到0.15MPa时，调整火力使压力维持在0.14~0.15MPa下灭菌。

麦粒和谷粒培养基灭菌120min；棉籽壳、玉米芯、木屑培养基灭菌90~100min。灭菌完毕，关闭热源，待压力自然降到0时，打开放气阀将锅内空气排尽后，再打开锅盖取出菌种瓶。

（二）常压蒸汽灭菌

锅内加足水，先用大火加热，使蒸汽上足后，用小火保持沸点温度。在100℃左右的沸点温度下维持12~16h，停火焖一夜后出锅。麦粒和谷粒培养基灭菌时间要相应延长。

为了确保灭菌效果，麦粒和谷粒培养基最好不要采用常压灭菌法。

六、接种和培养

（一）培养基冷却

将灭过菌的培养基从锅内取出，置于干净的室内冷却，待灭过菌的培养基温度降至30℃以下时，搬入消毒好的接种箱（室）内消毒接种。

（二）接种场地的消毒

在接种前先对接种场地和接种设施进行彻底的清洁，然后用甲醛加高锰酸钾或者克霉灵等气雾消毒剂熏蒸消毒30min。再将灭过菌的料瓶和接种用具（酒精灯和接种钩等）一同放入接种室（箱）内，用甲醛加高锰酸钾再一次进行熏蒸消毒，同时配合紫外灯照射消毒等方法。

（三）接种

首先将母种试管外壁用75%的酒精棉球表面消毒后带入接种室（箱）；点燃酒精灯，用75%的酒精棉球再次对试管外壁和管口处表面消毒；取下试管棉塞后，试管口在火焰上烧一下，然后用经火焰灭菌并已冷凉的接种钩将母种斜面分成6~8份，在酒精灯火焰形成的无菌区内，用接种钩取一份母种迅速准确地放入料瓶内的接种穴处，棉塞过火后塞好，包上包头纸。如此反复，每支母种可扩接原种6~8瓶。接完种，贴上标签。

（四）培养

将接种好的原种放置培养室内进行培养，培养室要求干燥、黑暗、通风良好，温度控制在20~24℃，空气相对湿度在60%左右。培养期间每周检查1次菌丝生长情况和杂菌发生情况，若发现有污染的菌种瓶应立即淘汰，并隔离污染源。

一般在适温下30d左右菌丝即可发满菌种瓶，菌丝长满后，尽快使用；若暂时不用，也可置于低温、干燥条件下短期保存。

七、原种的质量鉴定

（一）鉴定方法

1. 肉眼直接观察

首先用肉眼观察包装是否合乎要求，棉塞有无松动，玻璃瓶或塑料袋有无破损，瓶或袋中有无病虫侵染，菌丝色泽是否正常，有无发生老化。如果菌丝浓白、粗壮、富有弹性，则生命力强；如果有少数子实体及茶褐色被膜，只要将它除去，仍可使用。如果菌种已收缩、干燥，或菌丝体自溶产生大量红褐色液体，说明其生命力已变弱，不宜使用。木块菌种，如果仍保持坚硬，则属于生命力强的菌种；如果木块软化松散，说明菌种已老熟，不宜再用。然后在瓶塞边做深吸气，闻其是否具有该菌种特有的香味。如果有该品种应有的香味，说明纯正可靠；如果有其他异味、酸味、霉味，说明是劣质种，不宜使用。

2. 液体培养鉴定

取出原种的小块菌丝体，观察其颜色和均匀度，并用手指捏料块，检查含水量是否符合标准。

3. 显微镜下检查

同母种质量鉴定方法。

4. 菌丝长速观测

同母种质量鉴定方法。

5. 吃料能力鉴定

同母种质量鉴定方法。

6. 出菇（耳）试验

同母种质量鉴定方法。

出菇试验因季节推迟或其他原因，可采用一种较简单的方法来弥补，即直接将有各菌株并已发好菌的瓶（袋）装菌种，小心地敲碎瓶颈或打开塑料袋口，使培养料外露（如果是双孢蘑菇，则要覆上调好湿度的土粒），置于最适宜的温度、湿度条件下进行出菇（耳）管理，观察并记录各项指标，最后进行评比。

（二）常见食用菌原种质量标准

1. 平菇

菌丝密集、洁白，长势均匀、粗壮，呈绒毛状，有爬瓶现象，在培养基表面有少量珊瑚状小菇蕾的为优质菌种，菌龄以20～25d为宜。在培养过程中，有时会出现以下几种情况。

（1）培养基上方出现大量子实体原基，说明菌种已成熟，不能再存放，要尽快使用。

（2）菌丝稀疏无力，生长不均匀，可能是由于培养基过湿，或装瓶料过松造成的；菌丝生长缓慢，不向下蔓延，可能是由于培养基过干或过湿，也有可能是由于培养温度过高所致，对这样的菌种，可酌情使用或弃去。

（3）菌柱收缩，脱离瓶（袋）壁，底部出现积液，说明菌种已老化，不能使用，应予淘汰。

（4）培养基中发现有绿色、蓝绿色的青霉，或红色的链孢霉感染，应立即淘汰处理。

2. 香菇

菌丝粗壮浓密，生长均匀，洁白有光泽，香味浓郁，很少产生厚菌被，容易形成较多的子实体，菌龄为35～40d。在香菇原种培养过程中，还会出现以下几种情况。

（1）香菇菌丝洁白，呈绒毛状，生长快，分泌有酱油色液体，这是生长旺盛的标志。

（2）香菇菌丝如果与瓶壁脱离、萎缩，产生褐色菌被，说明菌种已开始老化，应尽快使用。

（3）菌种开始出现原基，这也是好菌种的标志，但要去掉原基尽快使用。

（4）菌种瓶内还有一部分木屑颗粒未转化成黄色，说明培养时间不足，应继续培养；如果是米糠质量差所导致的菌丝生长不良，则应更换培养基重新生产。

3. 金针菇

菌丝洁白、致密，生长速度快，一般长满瓶需30～35d，均匀一致，粉孢子少；而劣质菌种表现为菌丝生长稀疏，菌丝不生长或生长慢，出现波浪式生长趋势，有明显拮抗线（培养基过湿或污染），瓶内出现开伞子实体等。在培养过程中，还会出现以下几种情况。

（1）金针菇是原基发生快的品种之一，在适宜的温度条件下，原种培养基表面均会出现菇蕾，菇蕾出现迟、早因不同品种而异。

（2）在菌种生产过程中，会出现菇蕾现象，但只要菇蕾未分化成菌盖开伞的子实体，均可使用，不会影响菌丝生长速度、出菇天数及产量，但接种时要易除子实体。一般情况下应使用未长子实体的菌种。

（3）金针菇子实体产生的快慢与菌龄有关，菌龄太长或太短都难形成原基。

（4）原种菌龄太长或太短对栽培种菌丝生长影响不大。但在子实体形成和子实体产量上会比正常原种差。

4. 滑菇

菌丝洁白，密集，棉絮状，上下均匀，菌柱断面呈橙黄色或白色，且颜色一致，用手能捏成大块而不是粉状，为优质菌种；菌柱虽有白色菌丝，但不呈绒毛状，手按坚硬无弹性，手捏即成小块或粉末状，菌块断面呈黄褐色或暗褐色，且颜色不均匀，为不成熟菌种；如果瓶底有黄色或褐色液体，伴有霉味，为劣质菌种，不能使用。

5. 黑木耳

菌丝洁白粗壮，长势旺盛，全瓶均匀一致。培养后期（40d左右），瓶壁间自上而下可见少量菊花状或梅花状的胶质原基，颜色呈黄褐色至黑褐色。菌龄以35～40d为好。在培养过程中，有时会出现以下几种情况。

（1）在菌种中仍可见到木屑颗粒，说明培养时间太短，应继续培养；如果培养一段时间后菌丝仍然稀疏，则可能是由于培养料成分中缺氮造成的。

（2）菌丝只长一角即不再蔓延，可能是由于培养基干湿不匀或过干、过湿造成的；如果菌丝停止向下生长，并有明显拮抗线，说明瓶下部的培养料太湿，或混有杂菌。

（3）菌种瓶上半部出现或瓶壁积有黄色黏液，培养基收缩，说明菌种已老化，应予淘汰。

（4）菌丝长到1/3～1/2瓶时，在培养料与瓶壁间即出现浅黑色胶质原基，这可能是由于早熟或母种扩繁次数过多，也可能是由于培养室漏光而诱导耳芽出现造成的。

6. 猴头菇

菌丝洁白、粗壮，生长速度快而均匀，分解纤维能力强，在培养基上方容易产生子实体，为正常菌种。在培养过程中，经常会出现以下几种情况。

（1）如果菌种瓶内出现拮抗线、湿斑，表明有杂菌污染。

（2）菌丝长纤细，上下不匀，可能是被细菌污染。

（3）菌丝只伸入培养基的1/4或1/3即出现子实体，可能是由于长期采用组织分离所致。

（4）菌丝块萎缩，瓶底积有黄色分泌物，说明菌种已老化。

（5）培养基中的木屑颜色变为浅黄色，菌丝长势不旺，可能与培养基含氮量不足有关，在下一批猴头菇生产配方中，应适当增加麸皮、米糠的用量。

7. 灵芝

菌丝密集、白色，以块为中心呈辐射状向四周生长，为优质菌种。菌丝前期生长快，后期生长慢，可能是由于营养不良，或装料过紧透气性差所致；菌种上部生长均匀，下部生长弱或瓶底有积水，说明培养基含水量过多；如果菌丝向菌柱周围生长，培养料中菌丝很少，并呈黑腐状，为劣质菌种，应予淘汰。

8. 双孢蘑菇

（1）菌种类型　有气生型和贴生型两种菌种。这两种类型的菌种，打开棉塞均具双孢蘑菇特有的香味。

①气生型菌种：双孢蘑菇气生菌丝生长较旺，在菌种瓶里菌丝前端呈扇形，白色。

②贴生型菌种：双孢蘑菇菌丝贴附生长成辐射状、线束状，灰白带微蓝色，不易形成菌被。

（2）菌龄掌握　粪草原种为50~55d，麦粒栽培种为50~60d，稻草栽培种为35~40d。在培养过程中，经常会出现以下几种情况。

①以稻草为基质的粪草原种，菌丝较洁白、浓密，呈细绒状，上下均匀，没有黄白色的厚菌被和生长极快的扇形变异，有双孢蘑菇特有的浓香味，为正常菌种；当菌丝大量呈现索状时，如果摇动菌种瓶会析出黄水，这说明菌种已老化，不宜使用。以麦草为基质的粪草原种，看上去菌丝并不浓密，但却不易析出黄水，有双孢蘑菇香味，为质量优良菌种。

②麦粒菌种，瓶中培养基上半部出现块状菌被或干缩，下半部菌丝生长尚好。块状菌被说明培养基调制过湿，装瓶不够紧实；干缩说明培养基调制时水分不均匀，预湿不够，均应挖除菌被及干缩部分，尽快使用；如果培养基呈糊状，几乎看不到菌丝，说明湿度过大，菌龄过长，应淘汰不用。

任务实施

一、任务所需器材

（1）材料和试剂　菌种（母种或原种）、棉籽壳（或木屑）、麦麸（或米糠）、过磷酸钙、石膏、75%的酒精。

（2）器具　接种室（箱）、培养室、高压灭菌锅、水桶、盘秤、搪瓷量杯、锥形木棒、聚丙烯塑料袋或菌种瓶、颈圈、棉花、防潮纸（或牛皮纸）、细线绳、接种勺（或大镊子、接种铲）、小镊子、酒精灯、75%的酒精棉球、火柴、记号笔等。

二、任务实施步骤

（一）培养基的制作

1. 配方

棉籽壳78%、麦麸或米糠20%、过磷酸钙1%、蔗糖1%。料∶水=1∶（1.3～1.4）。

原种、栽培种培养基

2. 拌料

根据制种需要按各种营养成分的配比称量各种原料；然后将棉籽壳和麦麸等不溶于水的原料干拌均匀；过磷酸钙、蔗糖等溶于水的原料先混溶在拌料用的水中，再泼洒到棉籽壳等干料上搅拌均匀。

3. 调水

培养料拌好后，用手抓一把料握在手中，用力捏紧，以手指缝中有水渗出但无水滴滴下为宜，这时的含水量为62%～64%。若含水量不足，可再加少量的水，充分搅拌均匀再检测，直至含水量合适为止。

4. 装袋

将拌好的培养料装入聚丙烯塑料袋中，边装袋边压实，一直装到塑料袋容积的3/5左右。

5. 打孔

装好培养料后，从袋中央用锥形木棒打1个孔，孔深距袋底部2～3cm。

6. 封袋口

将塑料颈圈或环套套在塑料袋口上，然后将袋口外翻，塞上棉塞或盖上盖子。棉塞的外面还要包一层防潮纸（或牛皮纸），用线绳扎好。擦净塑料袋外面粘的培养料。

(二)灭菌

由于栽培种数量大,小型灭菌锅不合适。有条件的单位可以购置大型立式或卧式电热高压蒸汽灭菌锅,容量大,一次可以灭菌17cm×33cm的塑料袋90袋左右。灭菌时应按灭菌锅的使用说明进行操作,栽培种由于装量较多且较实,一般要求灭菌压力为0.14~0.15MPa,时间为1.5~2.0h。

也可以采用土蒸灶进行常压灭菌,土蒸灶通常用砖砌成。灶上用砖和水泥砌成筒状,灶的后边留有烟囱,灶门可以侧开、前开或是顶开。灶的底部安放一个大铁锅(装水用),锅上放置锅箅,供放菌种袋使用。在土蒸灶的门上(或壁上)可留一个小孔放置温度计,灶旁还应安装一个加水管,一端伸入锅内部距锅底约40cm,另一端露在外面便于加水,并可根据加水管是否冒气来判断锅内是否缺水,如果锅内缺水,则会从加水管里冒出大量蒸汽,此时应及时加入热水。使用土蒸灶灭菌时,先把锅内加好水,把待灭菌的塑料袋(或瓶)装到筐里,再分层放进去,关上灶门加热。当灶内水沸腾后,继续蒸煮8~10h。当灶内温度下降到30℃左右时,取出菌种袋,放在接种室内准备接种。

(三)接种和培养

1. 接种

接种室消毒与母种相同。两人合作接种时,其中一个人以无菌操作方法用接种铲或大镊子取一小块原种,另一个人在酒精灯火焰旁打开袋口(袋口应倾斜在火焰旁,切勿直立),迅速将原种接到袋中。塞上棉塞或盖上盖子即可。

原种接种培养

2. 培养

接种完毕,将菌袋搬到适宜食用菌菌丝生长的温度(一般比最适生长温度低2~3℃),空气相对湿度为60%~70%的培养室内培养。

🔶 思政小课堂

红托竹荪和冬荪为贵州省特色珍稀食用菌,"织金竹荪"和"大方冬荪"已获得国家地理标志产品认证,被列入贵州省食用菌产业重点发展品种。在贵州省科技厅和贵州省农业农村厅的支持下,贵州省农业科学院建立了贵州省食用菌育种重点实验室,牵头组织实施贵州省科技重大专项"贵州省特色珍稀食用菌菌种选育及扩繁关键技术研究与应用示范"和"贵州大宗食用菌菌种选育与扩繁关键技术研究与产业化示范"。通过项目实施建立了贵州省食用菌育种重点实验室和贵州省食用菌菌种研发保供中心,收集保存4000余份主栽食用菌优良菌株,申报待认定红托竹荪品种3个、冬荪品种3个、香菇品种1个、羊肚菌品种1个、灵芝品种1个、金针菇品种1个、木耳品种

2个。

在贵州省建立了10个母种原种中心、36个栽培种和菌棒保供企业,年生产各种食用菌母种能力达到120余万支。近年来,贵州省实际保供红托竹荪、冬荪、姬松茸种源达到60%以上;香菇、黑木耳、平菇、大球盖菇、羊肚菌、灵芝、海鲜菇、茶树菇、杏鲍菇和金针菇达到30%以上,为贵州省食用菌优质种源需求提供保障。

食用菌作为重要的食品来源,其产量和质量直接关系到人们的饮食健康。从菌种的分离、纯化到扩繁、培养,每一步都需要精确的操作和严格的控制,因此,必须具备求真务实、精益求精的科学精神,以及严谨细致、认真负责的工作态度。

● 任务考核评价

表2-5 原种生产过程考核表

考核内容	考核指标	分值	实际得分
准备工作	培养基配方清晰	20	
	各成分称量准确		
拌料装袋	拌料均匀	30	
	含水量掌握准确		
	装瓶(袋)松紧适当		
冷却、接种前的准备	准备得当	10	
接种	环境消毒彻底	30	
	接种动作规范、迅速		
	接种完毕台面整理干净		
发菌管理	培养温度合理,定期检查污染的菌种瓶(袋)	10	
总分		100	

● 任务巩固与创新

1. 简述食用菌原种生产的基本流程,并指出其中哪个环节对菌种的纯度和活力影响最大,为什么?

2. 在原种生产过程中，为什么要进行菌种的分离和纯化？简述菌种分离和纯化的目的及其在原种生产中的重要性。

_____
_____
_____

任务五　栽培种生产

● 任务描述

栽培种生产是食用菌产业中的关键环节，通过优化环境条件和营养供给，促进食用菌菌丝体的快速生长和发育，从而获得健壮、高产的栽培种。在生产过程中，需要严格控制温度、湿度、光照和通风等环境因素，确保菌丝体在最佳状态下生长。同时，合理选择培养基原料和配方，提供充足的营养支持，也是栽培种生产成功的关键。通过科学的栽培种生产技术，可以培育出优质、高产的食用菌栽培种，为后续的栽培工作奠定坚实基础。栽培种的质量直接关系到食用菌的产量和品质，因此，在栽培种生产过程中，必须严格遵守技术规程和操作标准，确保生产出符合要求的优质栽培种。

本次任务将学习食用菌菌丝体如何在最佳环境条件下快速、健康地生长，为后续的栽培阶段提供强壮、高产的菌种。通过精确控制温度、湿度、光照和通风等关键环境因素，以及优化培养基的配方和营养供给，对于提高食用菌的产量、改善其品质以及推动食用菌产业的持续发展具有至关重要的作用。

● 任务目标

知识目标	能力/技能目标	思政目标
① 掌握栽培种生产的基本原理和方法。 ② 了解不同食用菌的生长特性和营养需求。 ③ 学习培养基的制备技术、接种操作以及环境条件的控制等关键知识点。	① 能够熟练掌握栽培种生产过程中的各项技术。 ② 能够严格按照无菌操作要求，独立完成。 ③ 能够解决实际生产中遇到的问题。	① 引导学生树立正确的价值观和职业观，增强其社会责任感和使命感。 ② 培养学生的团队合作精神和集体荣誉感。 ③ 培养学生的创新意识和环保意识，鼓励其在食用菌栽培中进行绿色、可持续的技术探索和实践。

任务相关知识

一、栽培种的概念

栽培种也称为三级菌种,是由原种转接、扩大到相同或相似培养基上培养而成的菌种,直接应用于生产。从母种到栽培种,菌丝由弱到强,菌丝体数量由少到多,菌丝的生命力也不断增强。

二、培养基配方的选择

栽培种由原种扩大而成,所有的原种培养基均可用于制备栽培种。栽培种培养料的制备与原种基本相同,只是在接种时接的菌种级别不一样,两菌种培养基的配方可以相同,也可有所区别,由于栽培种经过了母种及原种两次的驯化,其培养基可比原种培养基更粗放些。栽培种常用培养基配方如表2-6所示。

表2-6 栽培种常用培养基配方

培养基种类	配方	适用范围
棉籽皮-麸皮培养基	棉籽皮88%、麸皮10%、蔗糖1%、石膏粉1%	木耳、金针菇、滑菇、平菇等栽培种
木屑-麸皮培养基	木屑76%、麸皮20%、石膏粉1%、蔗糖1%、硫酸镁0.3%、黄豆粉1.7%	银耳、黑木耳等栽培种
棉籽皮-木屑培养基	棉籽皮40%、木屑38%、麸皮或米糠20%、蔗糖1%、石膏粉1%	香菇栽培种

三、栽培种制作

栽培种培养基的配制方法与木屑原种基本相同,只是由于菌种瓶较重,易破损,大规模制种多采用17cm×33cm折角袋,高压灭菌采用聚丙烯折角袋,常压灭菌采用聚乙烯折角袋。其制作方法同原种。栽培种生产工艺流程如图2-23所示。

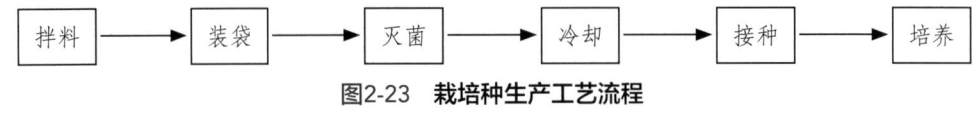

图2-23 栽培种生产工艺流程

四、栽培种质量鉴定

栽培种的质量主要根据菌种外观形态、长势、菌龄、有没有污染和螨害等判断栽培种质量的优劣。对于购买的栽培种,首先要看标签上的接种日期,看菌丝是否老化;如在正常菌龄内,再将菌龄与外观联系起来判断菌种质量。

（1）优质菌种的特征　无感染病虫杂菌，菌丝洁白或具有本品种固有色，菌丝生长健壮、浓密、整齐，均匀布满瓶周，外观颜色一致，无不均匀斑，培养基不能干缩、与瓶（袋）壁分离。

（2）劣质菌种的特征　外观形态不正常，如表面皱缩、长速变慢，甚至表面出现菌皮，气生菌丝雪花状、粉状、凌乱、倒伏，生长势变弱；气生菌丝变多、变少或没有；菌丝不是正常的白色，而是呈现微黄色、浅褐色或其他色泽，或由鲜亮变暗淡；菌体干缩，与瓶（袋）壁分离，还可能有黄水。

（3）污染菌种的特征　栽培种鉴定的重点是判断是否污染了杂菌，凡菌种瓶（袋）中出现红、黄、黑、绿等颜色的孢子群落，或者菌丝生长速度特别快，瓶壁出现两种以上明显不同的菌丝组成的分割区，瓶内散发出酸、臭等异样气味，都是杂菌污染的表现，应予淘汰。

● 任务实施

一、任务所需器材

（1）材料和试剂　菌种（原种）、木屑、麦麸、石膏粉、蔗糖、硫酸镁、黄豆粉、75%的酒精。

（2）器具　接种室（箱）、培养室、高压灭菌锅、水桶、盘秤、搪瓷量杯、锥形木棒、聚丙烯塑料袋或菌种瓶、颈圈、棉花、防潮纸（或牛皮纸）、细线绳、接种勺（或大镊子、接种铲）、小镊子、酒精灯、75%的酒精棉球、火柴、记号笔等。

二、任务实施步骤

（一）培养基的制备

以配制1kg木屑-麸皮培养基为例。称取木屑760g、麸皮200g、石膏粉10g、蔗糖10g、硫酸镁3g、黄豆粉17g。先将木屑、麸皮干拌均匀，然后将石膏粉、蔗糖、硫酸镁、黄豆粉加适量水混合均匀，再洒到干料中一起拌匀，加适量水，用手握法测其含水量。

（二）装袋

培养料拌好后即可装入聚丙烯袋中，装料时将料的底角内插，上下松紧程度要一致，边装袋边压实，每袋可装干料300~375g，湿料700~850g。装好袋后，在培养料中间插一个洞穴，深度距离袋底2~3cm，袋口放一个棉塞，扎紧袋口。装好袋后当天灭菌，以免培养料发霉变质。

（三）灭菌

塑料袋栽培种灭菌时宜卧放，不要摆的过紧，要留有空隙，以便于蒸汽流通。如果用高压灭菌,在0.15MPa压力下灭菌2.5h。如用土蒸锅,温度达到100℃后再继续灭菌8~10h。

(四)接种

基本上和原种相同,所不同的是:原种用试管母种接种,而栽培种用培养好的原种接种。首先将原种的菌种瓶在火焰上拔去瓶塞,用消过毒的镊子去掉原种表面的菌膜,用镊子将洞穴扩大,然后取一块菌种,迅速移入灭过菌的栽培袋内,接种完毕后,迅速将棉塞在火焰上烧灼后塞紧,扎好袋口。

(五)培养

接好菌种后,根据接种食用菌的种类不同,放在适合此菌丝的生长温度下培养。一般食用菌的菌丝体阶段温度以22~28℃为宜,灵芝除外。接种完毕后将栽培袋移入恒温箱,在25℃下培养25~30d,菌丝长满后进行栽培袋小量生产。

> **思政小课堂**
>
> 栽培种是食用菌生产中的重要组成部分,是经过精心选育和培育的优质菌种,具有生长快、产量高、抗病性强等特点。在食用菌栽培过程中,栽培种的选择直接关系到食用菌的产量和品质。优质的栽培种能够提供充足的菌丝体,保证食用菌的健康生长,同时提高产量和品质,满足市场需求。为了实现食用菌的高产栽培,必须选择适宜的栽培种,并掌握其生长特性和营养需求。通过科学的栽培管理,充分发挥栽培种的优良性状,为食用菌产业的可持续发展提供有力保障。
>
> 栽培种生产关乎食品安全,作为从业者必须具备严谨的态度和精益求精的精神、高度的责任心和使命感,确保生产的食用菌高产、优质、健康、安全、无污染。

● 任务考核评价

表2-7 栽培种生产过程考核表

考核内容	考核指标	分值	实得分数
准备工作	培养基配方明确	20	
	各成分称量准确		
拌料装袋	拌料均匀	30	
	含水量掌握准确		
	装瓶(袋)松紧适当		
冷却、接种前的准备	冷却温度适宜,接种工具准备得当	10	

续表

考核内容	考核指标	分值	实得分数
接种	环境消毒彻底	30	
	接种动作规范、迅速		
	接种完毕台面整理干净		
培养	培养温度合理，定期检查污染的菌种瓶（袋）	10	
总分		100	

● 任务巩固与创新

1. 简述在栽培种生产过程中，为什么对环境条件的控制至关重要？并举例说明哪些环境条件对食用菌的生长有直接影响。

2. 栽培种生产中选择合适的培养基对食用菌的生长有何重要性？简述在选择培养基时应考虑的主要因素。

任务六 菌种保藏

● 任务描述

菌种保藏是一种能够保持微生物菌株的生活力和遗传性状的技术，将从自然界分离到的野生型，或经人工选育得到的变异型纯种，使其存活、不丢失、不污染杂菌、不发生或少发生变异，保持菌种原有的各种特征和生理活性。对于保持菌种的优良性状、提高发酵产品的质量和产量、进行菌种选育和遗传学研究等方面都具有重要的作用。通过菌种保藏，可以避免菌种的退化、变异和死亡，从而保证生产和研究的连续性和稳定性。在生产实践中，为了保持菌种的优良性状、提高产品的质量和产量，必须对菌种进行有效的保藏。

本次任务将详细介绍菌种保藏的基本原理、常用方法、操作步骤以及注意事项。通过学习，能够对菌种保藏有更深入的了解和认识，掌握各种保藏方法的原理和操作技巧，提高菌种保藏的成功率和稳定性。

● 任务目标

知识目标	能力/技能目标	思政目标
① 掌握菌种保藏的基本原理、常用方法和操作步骤。 ② 理解菌种保藏的目的和意义。 ③ 了解各种保藏方法的优缺点及适用范围。	① 具有独立进行菌种保藏操作的能力。 ② 熟练操作保藏设备、合理控制保藏条件等。 ③ 能够针对菌种保藏过程中出现的问题提出合理的解决方案。	① 培养学生的劳动精神、科学精神和创新精神，锻炼其吃苦耐劳、勇于担当的品质。 ② 引导学生将个人发展与国家需要、社会进步相结合，为食用菌生产和相关领域的繁荣发展贡献自己的力量。

● 任务相关知识

一、菌种保藏的原理

菌种保藏的原理是通过降低菌种的代谢活力，使其处于休眠状态，减缓衰亡速度，保持菌种原有优良性状，防止杂菌污染，以达到延长生命、减少变异的目的。其中，低温、干燥和隔绝空气是使微生物代谢能力降低的重要因素；当恢复生活条件时，菌种能在很短时间内恢复生机，迅速生长繁殖。

二、菌种保藏的方法

菌种保藏的方法有很多，但其原理大同小异。保藏菌种一般都是以试管的形式进行保存，常用的有斜面低温保藏法、液体石蜡保藏法、砂土保藏法、真空冷冻干燥保藏法、自然基质保藏法及液氮超低温保藏法等。

食用菌菌种的保藏

（一）斜面低温保藏法

斜面低温保藏法也称为低温定期移植保藏法，是最简单、最普通的保藏方法，即将需保藏的菌种在适宜的斜面培养基上培养成熟后，置于4~8℃的冰箱（或冰柜）或3~5℃低温干燥处保藏，每隔3~6个月移接转管一次（具体时间由菌种特性决定）。保藏时要注意环境温度不能太高，以防真菌通过棉塞进入管内。因此，若用棉塞封口，可用干净的硫酸纸或牛皮纸包扎棉塞，这样可以减少污染，也可防止培养基干燥。

低温保藏菌种的培养基一般用天然培养基，如马铃薯葡萄糖琼脂培养基等。为防止菌种在保藏过程中产生酸过多，在配制保藏用培养基时需添加少许缓冲液，如磷酸二氢钾或碳酸钙等。

此种方法适用于除草菇以外的所有食用菌菌种。草菇对低温的忍耐力差，它的菌丝体在5℃下极易死亡，因此，草菇菌种应在10~13℃的环境中保藏，即采用室内常温保藏。若置于4~5℃的低温下保藏，应在草菇菌苔上灌注3~4mL的防冻剂。

斜面低温保藏菌种操作简便，保藏时间较短，需要经常转管，所以容易发生退化现象。在生产上，最好把斜面低温保藏法与其他保藏法结合起来，以减少转管次数。母种在第一次转管时，尽量多移接几个斜面试管，其中部分试管用于第一次生产，保留其余试管菌种进行矿油保藏（或冷冻干燥保藏、液氮低温保藏），作为以后几批生产用的母种，暂存于4~6℃低温处，待低温保存的菌种用完后（或菌种超过储存期后），再从第一代矿油保藏的菌种移出扩繁。这样做能使每批生产使用的菌种都保持在前几代的水平上，有利于菌种优良性状的保持。

（二）液体石蜡保藏法

液体石蜡又称为矿物油，是一种导泻剂，在医药商店有售。将其分装于三角瓶中加棉塞封口，在0.1MPa压力下灭菌1h，再放入40℃恒温箱中2d，以蒸发其中水分，至液体石蜡完全透明为止。将处理好的液体石蜡移接在空白斜面上，于28~30℃下培养2~3d，证明无杂菌生长时方可使用。

用无菌吸管将灭菌液体石蜡加入要保藏菌种斜面试管内，用量要高出斜面尖端约1cm。将棉塞齐口剪平，再用蜡密封管口，直立于低温干燥处保藏。一般可保藏3年以上，最好在1~2年移接一次，即使不移接，室温下可保藏6~8个月。用此法保藏的菌种不必置于冰箱内，在室内比冰箱内保藏效果更好。食用菌菌丝均可用液体石蜡保藏。

（三）砂土管保藏法

砂土管保藏法是将食用菌孢子保藏于干燥的无菌砂土中，保藏期为2~10年。保藏方法如下。

（1）取河砂，用水浸泡、洗涤、过筛（60~80目筛子），除去大砂粒，用10%的盐酸浸泡以除去有机物质。盐酸用量以淹没砂面为宜，浸泡2~4h后，倒去盐酸，用水洗涤几次。直到流水的pH接近中性，烘干或晒干备用。

（2）取菜园土或贫瘠土用水浸泡，使水呈中性，沉淀后弃去上清液，烘干碾细，过筛（用100目筛子），砂与土的比例以（2~4）:1为宜，砂子过多会影响菌种保藏质量，土过多时易结块，接种后抽干困难。

（3）把干砂、土按比例混合，压装于安瓿或小试管内，装入量以0.5~1cm为宜，加棉塞，用纸包扎，进行高压蒸汽灭菌（压力在0.15MPa，1h），灭菌1次，再干热灭菌（160℃，2h）。待无菌检查合格后（取少许干砂土放入牛肉汤培养液中，无菌生长）方可使用。

（4）用接种环将孢子接于砂土管中拌匀即可，或将孢子接于5mL无菌水的试管中，充分摇匀成孢子悬液，然后用1mL无菌吸管吸取孢子悬液，加入砂土管中（每管加0.2mL）即可。

（5）将接种后的砂土管置于盛有干燥剂（氯化钙或硅胶或生石灰）的容器内，接上0.5kW的真空泵抽气约8h，至砂土干燥为止。真空干燥操作需在孢子接入后48h内完成，以免孢子发芽。

（6）经检查，证明无杂菌生长，即可封口进行保藏。制备好的砂土管用石蜡封口。在低温下可保藏2~10年。

（四）真空冷冻干燥保藏法

真空冷冻干燥保藏的基本方法是将已培养、生长丰富的菌体或需要保藏的孢子悬液置于灭菌的卵白、血清、脱脂奶中制成菌悬液，在无菌操作下分装在特制的玻璃安瓿瓶中，然后放在冷冻槽中于-40~-30℃骤然冰冻，并立即抽成真空，使培养物以固体形态升华脱水熔封后在低温或室温下保藏，此法保藏食用菌孢子可存活8~10年。

（五）自然基质保藏法

1. 麦粒菌种保藏法

首先取无瘪粒、无杂质的小麦淘洗干净，浸泡12~15h，加水煮沸15min，继续热浸15min，使麦粒胀而不破，沥干水分摊开晾晒，使麦粒的含水量在25%左右。这样的麦粒，在灭菌后种皮不会破裂。然后将碳酸钙、石膏拌入熟麦粒中（麦粒、碳酸钙、石膏比例为10kg∶133g∶33g），拌和均匀后装入试管中，每管为2~3g，即装入量为小试管高度的1/3，然后塞棉塞，进行高压蒸汽灭菌（121℃，灭菌30min）后。用石蜡涂封棉塞，放在低温处保藏。此方法可保藏菌丝1~2年，约2年再转接一次。

2. 麸曲保藏法

麸曲保藏法也称麸皮保藏法。首先取新鲜麸皮，过60目筛除去粗粒。将麸皮和自来水按0.8∶1的比例混合拌匀，装入小试管，每管装试管高度的1/3~2/5加棉塞，用纸包扎，然后在121℃下高压蒸汽灭菌30~40min，经无菌检查合格后备用，将生长在斜面培养基上的健壮菌种，移接至无菌麸曲管中，移种时注意尽量捣匀小试管中的麸皮，使其呈疏松状态，在适温下培养至菌丝长满麸皮为止，将麸曲小管置干燥器中，在低温或适温下保藏。

3. 木屑保藏法

此法多用于原种保藏，也可作母种保藏法。配方：阔叶树木屑78%，麸皮20%，蔗糖1%，石膏1%，料水比1∶0.8。首先按配方准确称量后，配制培养基，装入试管中，培养基占试管的3/4。然后利用高压灭菌锅在121℃下灭菌1h，取出后降温，在无菌条件下接入菌丝，于24~28℃培养，当菌丝长到管深的1/2时，用接种钩挑去老化的接种块，用石蜡熔封管口，包上塑料薄膜，放在暗光的冰箱中或常温下保存，1~2年转接1次。启用时，先将菌种活化培养12~24h，再挑取木屑内菌丝使用。此方法适用于香菇、黑木耳的菌丝体保藏。

（六）液氮超低温保藏法

首先，将要保藏的菌种制成菌悬液备用。其次，准备安瓿瓶，每瓶加入0.8mL冷冻保护剂，体积比为10%甘油蒸馏水溶液，塞棉塞，灭菌（0.1MPa，5min）。无菌检查后，接入要保藏的菌种，火焰熔封瓶口，检查是否漏气，将封好口的安瓿瓶放在冻结器内，以每分钟下降1℃的速度缓慢降温，使保藏品逐步均匀地冻结，直至降温到−35℃，以后冻结速度就无须控制，安瓿瓶冻结后立即放入液氮罐超低温冰箱内，在−196~−150℃保藏。

● 任务实施

一、任务所需器材

（1）材料　试管母种、木屑、麸皮、麦粒培养基固体石蜡、液体石蜡等。

（2）器具　手提式高压灭菌锅、接种箱或超净工作台、恒温培养箱、冰箱、试管、棉塞、接种工具、无菌镊子、胶塞、酒精灯、坩埚、试管架或试管筐、塑料薄膜、牛皮纸、捆扎绳、标签、火柴、干燥器等。

二、任务实施步骤

（一）培养基的配制和灭菌

1. PDA培养基

马铃薯（去皮）200g，葡萄糖20g，琼脂15~20g，水1000mL，pH自然。制作方法同前斜面培养基的制作。

2. 麸皮保种培养基

选取新鲜麸皮，过60目筛去粗粒。将麸皮和水按1∶1拌匀，试管装量1/3，0.15MPa灭菌30min。

3. 木屑培养基

阔叶树木屑78%，米糠20%，石膏1%，蔗糖1%，水120%。将配方中各物质按比例混匀，装入18mm×180mm试管中，0.15MPa灭菌1.5h。

4. 麦粒培养基

小麦粒、碳酸钙和石膏比例为300∶4∶1。去除小麦粒中的干瘪粒和杂质，浸泡12~15h，加水煮沸约20min（麦粒胀而不破），摊开，晾去多余水分，使麦粒含水量达25%，再拌入碳酸钙和石膏，试管装量1/3，0.15MPa灭菌1.5h。

（二）接种

1. 接种环境及用具的消毒

将试管母种（用报纸包好，避免紫外线照射）、斜面培养基、木屑、麸皮和麦粒培养基、接种工具、酒精灯、火柴等用品放入接种箱内或超净工作台上。接种前必须对接种室、接种箱或超净工作台进行消毒，以保证接种操作是在严格无菌的条件下进行的。

2. 接种

方法同转管技术。

（三）培养

在菌种适宜的温度和湿度下，避光培养。培养过程中注意检查污染情况，及时清除并处理污染菌种。

（四）保藏

1. 斜面低温保藏法

菌丝长至斜面2/3时，选择菌丝生长粗壮整齐的母种试管，将试管口的棉塞用剪刀剪平，利用酒精灯在坩埚里熔化固体石蜡，用以密封试管口。也可在外扎一层塑料薄膜，或在无菌条件下换胶塞。最后将试管斜面朝下，置于4℃冰箱保存。

2. 木屑保藏法

菌丝长至1/2时，剪平试管口棉塞，用蜡密封，包扎牛皮纸，置于4℃冰箱保存。

3. 麸皮保藏法

菌丝长满麸皮后，将菌种置干燥器中放置一个月，无菌条件下换胶塞，置冰箱中或低于20℃干燥条件下保存。

4. 麦粒保藏法

菌丝长满基质后，将菌种置干燥器中放置一个月，无菌条件下更换胶塞，置于冰箱中或低于20℃干燥条件下保存。

5. 液体石蜡保存法

把液体石蜡灌注在菌种（菌丝体菌种）斜面上来保藏菌种。使菌种与空气隔绝，抑制细胞代谢，同时防止培养基中水分的蒸发，可延长保藏时间。

（1）方法　选用化学纯液体石蜡，分装于三角瓶中，塞好棉塞，包扎，于0.1MPa下灭菌1h。放入40℃恒温箱中，蒸发水分至石蜡油完全透明为止。进行杂菌检测后方可使用。按照无菌操作的方法把液体石蜡注入待保藏的试管菌种中，注入量以高出培养基斜面顶端1~1.5cm为宜，塞上橡皮塞，用石蜡密封，直立于低温干燥处保藏。

（2）注意事项　取用保藏的菌种时，只要用接种针挑取一小块菌丝块至于新的培养基上即可，原菌种可继续保藏。从液体石蜡中第一次移出的菌丝体，由于沾有较多的油，生长较弱，需要再转接一次才能恢复正常生长。

思政小课堂

食用菌的菌种资源是食用菌栽培生产的核心竞争力，菌种质量的优劣直接关系到食用菌栽培的成败和栽培者的经济利益。把好菌种质量关是食用菌生产中最重要的关键环节之一，也是食用菌生产中的首要一关，没有高质量的优良菌种，就无法获得食用菌的高产和稳产，从而无法取得良好的经济效益。通过菌种保藏，我们可以保存珍稀、濒危的菌种资源，防止它们因环境变迁或人为因素而灭绝，这既是对自然的负责，也是对未来的担当。

任务考核评价

表2-8　菌种保藏过程考核表

考核内容	考核指标	分值	实得分数
实验前的准备工作	实验材料和用具准备齐全	20	
	接种室的消毒彻底		
培养基的配制和灭菌	能够合理选择配方	30	
	能够熟练配制培养基		
	灭菌方法得当		
冷却、接种	冷却后再接种	30	
	无菌操作规范		
保藏条件的选择	菌种保藏前的处理得当	20	
	保藏方法合理、准确		
总分		100	

● **任务巩固与创新**

1. 简述菌种保藏的主要目的，并列举两种常用的菌种保藏方法。

2. 在进行菌种保藏时，为什么需要严格控制保藏条件？请说明控制保藏条件的重要性，并举例说明哪些环境因素会影响菌种的存活和稳定性。

任务七 液体菌种制作技术

● **任务描述**

液体培养基能够为菌种提供适宜的生长环境，通过特定的发酵条件，实现微生物的快速繁殖和优良菌种的制备。它替代传统的固体培养基，为食用菌的生长提供了更为均匀且营养丰富的环境。

液体制种技术的核心在于精确控制培养基的成分、pH、温度及通气量等关键因素，确保食用菌菌丝在最佳状态下快速生长。相较于固体菌种，液体菌种具有萌发快、生长周期短、菌丝分布均匀且活力强等优势。此外，液体制种技术还易于实现自动化和规模化生产，显著提高了食用菌的生产效率。通过现代生物反应器的应用，可以实现大规模、连续性的液体菌种生产，满足市场对食用菌日益增长的需求。

本次任务重点介绍液体制种技术过程中培养基的配制、灭菌处理、接种操作以及发酵条件的精确控制等多个环节。通过深入了解这些技术，更好地掌握液体制种技术的精髓，为食用菌产业的持续发展和创新提供有力支持。

任务目标

知识目标	能力/技能目标	思政目标
① 掌握液体菌种制作的基本原理和方法。 ② 了解不同微生物在液体培养基中的生长特性和营养需求。 ③ 学习液体菌种的质量检测方法和标准。	① 能够独立进行液体菌种制作。 ② 能够针对液体菌种制作过程中出现的问题提出合理的解决方案。 ③ 能够熟练使用液体菌种发酵罐。	① 引导学生树立科学精神，确保实验结果的准确性和可靠性。 ② 培养学生的团队协作精神和创新意识，鼓励其在团队中相互协作、共同完成任务。 ③ 培养学生的劳动精神、环保意识和节约意识。

任务相关知识

一、液体菌种的概念

液体菌种是用液体培养基，在生物发酵罐中，通过深层培养（液体发酵）技术生产的液体形态的食用菌菌种。取代了传统、朴素的固体制种；利用生物发酵原理，给菌丝生长提供一个最佳的营养、酸碱度、温度、供氧量，使菌丝快速生长，迅速扩繁，在短时间达到一定菌球数量，完成一个发酵周期，即培养完毕。

近年来，日本、韩国等亚洲国家对香菇、金针菇、平菇液体菌种的研究应用已经很深入，已有许多菇厂开始用中小型发酵罐生产液体菌种进行栽培。我国较早从事食用菌液体深层发酵研究的是上海植物生理研究所孙美聿等人，于1960年进行了香菇液体培养研究。1979年上海师范学院的杨庆尧教授开始对香菇、金针菇等培养液体菌种，并进行栽培试验。自20世纪80年代至21世纪，我国许多科研院所的专家教授前辈开始对食用菌深层发酵、液体菌种及中小型发酵设备进行了反复、深入和刻苦的研究。这为我国液体菌种的社会化推广应用，不论在发酵设备、工艺技术还是在栽培应用上，都提供了宝贵的经验，奠定了坚实的基础。目前已见的液体菌种生产与应用的食用菌品种，包括平菇、香菇、黑木耳、双孢蘑菇等常规品种和白灵菇、杏鲍菇、真姬菇等珍稀品种约五十多个品种。

二、液体菌种的特点

传统固体菌种生产工艺，一般是由试管母种扩繁成二级菌种、三级菌种，生产周期长、污染率高、成本高、用工多、管理困难。液体菌种与固体菌种相比有以下优、缺点。

（一）优点

1. 生产周期短

在液体菌种培养罐内菌体细胞处于最适温度、酸碱度、氧气、碳氮比等条件下，以动态方式培养，菌丝分裂迅速，在短期内能获得大量菌丝体（球）。固体菌种培养，其菌丝体是以自然数的速度自上而下匀速生长；而液体菌种培养，其菌体细胞是以几何数字的倍数加速增殖。液体菌种一般2～4d完成一个培养周期，而固体菌种，从原种到栽培种，至少需要1个月。可以说，液体菌种制种的时间只有固体菌种制种时间的1/10左右。

2. 菌种活力强

液体菌种不仅营养、温度、氧气、酸碱度等环境通过控制，最大限度地满足了菌体的生长需求，而且呼吸作用产生的代谢废气能及时排除，新陈代谢旺盛，所有菌球菌龄基本一致，因此菌丝活力强。而固体菌种菌体细胞代谢物积留在培养基营养物中间，自然影响菌体质量。况且固体菌种往往是瓶（袋），上下菌龄不一致，下面刚长好，上面可能老化，并失去活力。

3. 菌种纯度高

液体菌种所用的母种一般需经筛选纯化制备而成，种源纯度高。而固体菌种所用斜面母种经一些商家无限转代后纯度降低。液体菌种培养是在密闭罐体内运行，供氧系统空气经过滤，最高可以达到99.99%，从而保证所培养的液体菌种是纯种。

4. 自动化程度高，污染少

液体菌种采用发酵工程技术，通过特定的制种设备，进行自动化的生产，几乎不需要人工参与到太多的技术环节，自动化程度非常高。而固体菌种制作完全依靠手工经验，自动化程度低，机械设备使用率小。另外，由于液体菌种萌发时间短速度快，接种后最短只要6h就可以萌发，所以杂菌污染的机会很小。固体菌种萌发的时间比较长，速度比较慢，一般需要5～7d，所以非常容易受到杂菌感染。

5. 生产成本低

液体菌种很大程度上依靠机械设备，实现自动化制种，而固体菌种主要依靠劳动力，很多情况下都是家庭手工作坊式生产。现在劳动力成本非常昂贵，根据实际测算，液体菌种的制种成本只有固体菌种成本的1/30。

（二）缺点

1. 不方便运输和储存

因菌种的容器、菌种的使用等问题，又因菌种在运输过程中产生新的气体，以及菌种在储存过程中会使菌球加大甚至会结出菌皮等，故较之固体菌种，现有技术条件下，液体菌种的运输和储存都无法与之相比。

2. 产量不稳定

液体菌种对培养料的要求相对固体菌种要严格很多，如果选用原材料的质量不合格，可能会造成菌丝不吃料或吃料慢、出菇品质差、产量低等后果。

3. 设施、技术要求高

液体菌种需要专门的液体菌种培养器，并且对操作技术要求极高，一旦污染，则整批全部污染，必须放罐、排空后进行清洗、空罐灭菌，然后方可进行下一批生产。

4. 适用范围窄

液体菌种适应于连续生产，尤其是规模化、工厂化生产。我国的食用菌生产多为散户生产，其投资水平、技术水平等条件的先天不足，决定了固体菌种在我国适用范围广，液体菌种适用范围窄。

总之，液体菌种的推广是可行的，而且液体菌种现阶段技术日趋完善，工厂化生产发展是必然趋势。

三、液体菌种的生产

液体菌种生产与固体培养不同，是用液体作培养基，通过多级发酵培养得到菌液，发酵菌液中含有大量的菌丝体，可直接用作液体菌种。目前，液体菌种发酵生产的工艺流程：一是摇瓶培养工艺；二是深层发酵罐培养工艺。少量可用摇瓶振荡培养，大量的才用发酵罐通气培养。在农村庭院菇场，一般规模场及有条件的专业户都可采用摇瓶培养，这种方式培养设备简单，投资较少，技术不太复杂，有一般技术的人员均可采用，易于推广应用。

（一）摇瓶培养

摇瓶培养，也称振荡培养，是指把微生物细胞接种于液体培养基中，并放置在摇床、摇瓶或振荡器上不停振荡的一种培养方法。振荡能使培养基与氧气充分接触，提高溶解氧的供应量。

采用摇瓶液体培养食用菌菌种，培养效率高，具有生产条件稳定、菌丝体的菌龄整齐一致、生产周期短、产量高、成本低、污染少等优点，广泛应用于菌种筛选和微生物扩大培养，是食用菌产业实现机械化、自动化的基本保证，是食用菌行业规模化和产业化生产的发展方向。

常用的摇瓶有往复式和旋转式两种：①往复式摇瓶机的振荡频率是80～120次/min，振幅（往复距）为8～12cm。来回冲击的噪声较大，装料稍多时培养液易溅湿瓶塞而引起染菌，但从通气效果来看，优于旋转式。②旋转式摇瓶机的振荡频率为

180~220次/min。虽然结构比较复杂，造价也较贵，但氧的传递好，功率消耗低，培养基一般不会溅到瓶口纱布上。因此，应根据不同的菌种及工艺要求来选用摇床或摇瓶。

摇床液体菌种的工艺流程：培养基配制→分装灭菌→冷却→接种→静置培养→摇床培养→使用。

（二）发酵罐培养

1. 发酵罐的概念

发酵罐是食用菌液体菌种生产流程的主要设备，发酵罐为液体菌的生长提供均匀、恒定的营养条件，主要包括提高溶氧浓度，对培养基进行充分混匀。用液体深层发酵法生产菌种，就是将纯正优良的菌种，接入液体培养基，使菌丝繁殖形成大量小菌球，然后将液体菌种接入木屑或棉籽皮料内，制成菌块、培养其形成子实体。

食用菌发酵过程中，菌丝体相互纠结成球状，所以在食用菌液体菌种发酵生产流程上发酵罐需保持干净、清洁，没有污染物。发酵罐深层培养具有生产周期短、产量高、效益好等优点，是食用菌大量生产的重要途径。还可用于制原种、栽培种。

2. 发酵罐的构造

食用菌液体发酵罐的发酵设备由温度控制系统、供气系统、冷却系统、搅拌系统组成。

3. 液体发酵罐培养的工艺流程

液体发酵罐培养的工艺流程：发酵罐的清洗和检查→发酵罐的消毒、灭菌→配料、上料→培养基灭菌→冷却→菌种接入发酵罐→液体菌种培养。

（1）发酵罐的清洗和检查　发酵罐在每次使用后或者再次使用前都必须进行彻底的清洗，除去发酵罐内壁的菌球、料液及其他的污染物。清洗后的发酵罐应达到罐内壁没有悬挂物，无残留的菌球，清洗后排放的水清澈没有污染物。

（2）发酵罐的消毒灭菌　发酵罐的消毒就是对罐体进行高温的煮罐，新的发酵罐罐体在使用时必须煮罐消毒。在更换不用品种的物料和长时间不用时等情况下也必须煮罐消毒。先向夹层注入洁净的水，水位至夹层试镜的2/3，再向发酵罐里注入一定量的洁净自来水，水位至试镜内胆的1/2，加水完毕，关闭所有进水阀。空消时一般维持罐压为0.15~0.2MPa，罐温125~130℃，保持30~45min，要求总蒸汽压力不低于0.3~0.35MPa，使用气压不低于0.25~0.3MPa。

（3）配料、上料　玉米粉0.75kg，豆粉0.5kg均过80目筛。首先用温水把玉米粉、豆粉搅拌均匀，不能有结块，通过吸管或漏斗加入罐体，液体量以占罐体容量的80%为宜；然后加入20mL消泡剂；最后，拧紧接种口螺丝。

（4）培养基灭菌　打开电源，给罐体加热，向罐内投入按一定比例配比的培养原料后扣上罐盖，锁好安全螺丝，使罐内温度达到121~123℃，压力到0.15MPa时开始计时30~40min，保压完成后及时关闭进气开关切断电源。

（5）冷却　打开夹层放水阀，夹层进水阀通过硅胶软管接入水管，进行冷却。当罐体压力表压力降至0.05MPa时，打开气泵以防止罐体在冷却过程中产生负压造成污染。

（6）菌种接入发酵罐　检查所有操作阀门是否处于工作状态，然后通过接种口向已经处理好的培养液内注入摇瓶菌种。接种前一定要检查摇瓶菌种是否合格，接种时接种口要用75%的酒精消毒，然后再向接种口内部及火焰圈上注入95%~99%的酒精，在接种口点燃火焰圈，使接种口内的酒精同时燃烧，大概1min之后将浸过酒精的摇瓶管口与接种口连接，将火焰熄灭，再用酒精冷却接种口至适宜温度，打开接种阀接菌，关闭接种阀取下摇瓶，用注射器将接种口边缘的残留菌种冲洗干净，用酒精棉塞好接种口。

（7）液体菌种培养　通过气泵充气和调整放气阀调节罐体压力表压力至0.02~0.03MPa，温度控制在24~26℃进行液体菌种培养。液体菌种在上述条件下培养5~6d可达到培养指标。

接种后第四天进行检测，首先用酒精火焰球灼烧取样阀30~40s后，弃掉最初流出的少量液体菌种，然后用酒精火焰封口直接放入经灭菌的三角瓶中，塞紧棉塞，取样后用酒精火焰把取样阀烧干，以免杂菌进入造成污染。

将样品带入接种箱，分别接入试管斜面或培养皿的培养基上，放入28℃条件下恒温培养2~5d，采用显微镜和感官观察菌丝生长状况和有无杂菌污染。若无细菌、真菌等杂菌菌落生长，则表明该样品无杂菌污染。

任务实施

一、任务所需器材

（1）材料　斜面母种、可溶性淀粉、黄豆粉、氯化钾、维生素B_2等。

（2）器具　高压灭菌锅、超净工作台、恒温培养箱、摇床、冰箱、棉塞、接种工具、无菌镊子、酒精灯、75%酒精、三角瓶、牛皮纸、捆扎绳、标签、火柴等。

二、任务实施步骤

以金针菇为例，介绍液体摇瓶培养的方法。

（一）确定培养基配方

食用菌液体摇瓶培养应先选择适合菌种生长的液体培养基配方。食用菌常用的液体菌种培养基配方主要有以下8种，如表2-9所示。

表2-9 食用菌常用的液体菌种培养基配方

配方	配方中各物质的量	使用范围
1	葡萄糖3%，豆饼粉2%，玉米粉1%，蛋白胨0.5%，磷酸二氢钾0.1%，碳酸钙0.2%，硫酸镁0.05%，pH自然	适宜多种食用菌的液体培养
2	可溶性淀粉3%~6%，蔗糖1%，酵母膏0.1%，磷酸二氢钾0.1%，硫酸镁0.05%，pH自然	适宜多种食用菌的液体培养，特别是平菇。可溶性淀粉增加了菌丝球的分散性，有利于发菌
3	麸皮5%，葡萄糖2%，硫酸铵0.1%，硫酸锌0.02%，硼酸0.01%，石膏粉1%，维生素B_{12} 1mg/L，琼脂0.05%，pH自然	适宜香菇的液体培养
4	马铃薯20%，葡萄糖2%，碳酸氢铵0.2%，磷酸二氢钾0.1%，硫酸镁0.05%，维生素B_1 10mg/L，琼脂0.05%，pH自然	适宜多种食用菌的液体培养
5	豆饼粉2%，玉米粉1%，葡萄糖3%，酵母粉0.5%，磷酸二氢钾0.1%，硫酸钙0.2%，pH自然	适宜多种食用菌的液体培养
6	玉米粉20%，豆饼1.5%，磷酸二氢钾0.15%，硫酸镁0.1%，pH6	适宜多种食用菌的液体培养
7	可溶性淀粉3%，黄豆粉4%，氯化钾0.15%，维生素B_2 7.5mg/800mL，pH自然	适宜多种食用菌的液体培养，特别是金针菇
8	马铃薯20%，葡萄糖1%，麦芽糖1%，硫酸镁0.15%，磷酸氢二钾0.1%，pH6.8	适宜多种食用菌的液体培养

（二）培养基的制备

液体培养基的制作流程：计算→称量→熬制→定容→分装→包扎→灭菌。

1. 计算

按照选定的培养基配方，计算各种成分的用量。

2. 称量

用电子天平或托盘天平称取各种物质。

3. 熬制

将称好的黄豆粉加入总量2/3的水中，煮沸约30min，一般过滤三遍纱布分为4、6、8层；将可溶性淀粉加入少量冷水中调成糊状，加入煮沸的黄豆粉滤液中，搅拌均匀。

4. 定容

继续小火加热,准确称量其余药品,加到滤液中搅匀,使其完全溶解,补足水量。注意搅拌防止溢出或焦底。

5. 分装

将培养基小心分装到各输液瓶中。装液量约为容器容积的1/5,装量保持一致。注意勿污染瓶口,如有应及时清理干净。并在每瓶培养基内加入1~2粒小玻璃珠或直径在0.8cm内的玻璃碎片。

6. 包扎

一般以8cm×8cm的8层纱布封口,并用油纸或牛皮纸包扎。注明菌种名称和接种日期等。

7. 灭菌

0.12~0.15MPa压力下,灭菌30~40min,取出冷却后,放入无菌室中备用。

(三)接种

1. 接种环境及用具的消毒

将试管母种(用报纸包好,避免紫外线照射)、液体培养基、瓶架、接种工具、酒精灯、打火机等用品放入接种箱内或超净工作台上。接种前必须对接种室、接种箱或超净工作台进行消毒,以保证接种操作是在严格无菌的条件下进行的。

2. 接种

接种方法与转管技术相似,都必须严格遵守无菌操作规程,不同的是:液体菌种的接种,需从斜面母种中挑取4~5块黄豆粒大小的菌块,并使母种气生菌丝一面向上悬浮于液面,每支母种可接(2~3)瓶;或接入1%~5%的液体菌种。

(四)培养

1. 培养方法

在24~26℃下避光、静止培养1~2d(72h)后,菌丝在液面延伸1cm左右,再置于摇床上培养。摇床室温控制在24~25℃,培养时间因菌种不同而异,一般是在7d左右。培养结束的标准:培养液清澈透明,液中悬浮着大量小菌丝球,并伴有各种菌种特有的香味。

摇床室温度控制在24~26℃,培养3~4d即可。培养结束时,因菌种不同,培养液出现不同的色泽,菌球的形态不同,气味也不同。金针菇的培养液呈浅黄色,清澈透明,液体中悬浮着大量的小菌丝球,并伴有芳香气味;香菇的培养液呈褐色,清澈透明,并伴有清香气味,即可判断培养结束。如果培养液浑浊,大多是细菌污染所致。

2. 摇瓶菌种培养过程中应注意的问题

(1)摇床培养时,旋转速度不宜过大,否则菌丝球较大,表面绒毛菌丝少,不适宜作菌种使用。

（2）培养结束时，因菌种不同，培养液出现不同的色泽，平菇、金针菇的培养液呈浅黄色，香菇、猴头菇的培养液呈红褐色，木耳的培养液呈青褐色，黏稠有甜香味。

（3）影响摇瓶培养菌丝体及次生代谢产物的因素有培养温度、摇床的振荡频率、装液量、酸碱度、菌龄、接种量、培养液黏度、光照等。找出这些因素的最佳条件，才能生产出优质的液体菌种。

（五）菌种检验

液体菌种培养结束，必须经过检验才可以用于生产，常用的检验方法有如下几种。

1. 感官检验

一看：将样品静置桌上观察（表2-10）。

表2-10　菌种检验的观察指标（一）

观察指标	正常状态	非正常状态
菌液颜色和透明度	呈黄色或黄褐色，清澈透明	颜色变深（老化），浑浊不透明（染杂菌）
菌丝形态和大小	呈黄色或黄褐色，清澈透明	菌丝纤细，轮廓不清（染菌）
上清液与沉淀比例	菌丝大小一致，呈球状、片状、絮状或棒状，菌丝粗壮，线条分明	沉淀比例大
pH指标是否变色	经3~5d颜色改变（说明培养液pH达4.0左右，为发酵点）	24h内变色（因杂菌快速生长而使培养液酸度剧变）
有无酵母线	无	有（酵母菌污染）

注：①pH指标是指在培养液中加入甲基红或复合指示剂；②酵母线是指培养液与空气交界处的瓶壁上的灰色条状附着物。

二旋：手提样品轻轻旋转一下，观察菌丝体的特点（表2-11）。

表2-11　菌种检验的观察指标（二）

观察指标	正常状态	非正常状态
菌种的黏稠度	黏稠度高（菌种性能好）	稀薄（菌球少，不宜使用）
菌丝的悬浮力	放置5min不沉底（菌种生长力强）	易沉淀（菌丝老化或死亡）
上清液与沉淀比例	菌丝体所占比例较大，可达80%	沉淀比例大
菌丝状态	菌丝大小一致，呈球状、片状、絮状或棒状，菌丝粗壮，线条分明	大小不一，毛刺明显（供养不足）；菌球缩小且光滑，或菌丝纤细并有自溶现象（染杂菌或老化）

三嗅：在旋转样品后打开瓶盖闻气味。培养好的优质液体菌种，均具有菌蕈特有的芳香气味；而染杂菌的培养液则散发出酸、甜、霉、臭、馊等异味。

2. 取样检验

可取液体菌种进行称重检查和黏度检查；生长力测定和出菇试验；化学检验包括测pH、含糖量和含氧量等；显微检查包括细胞分裂状态观察、普通染色和特殊染色；还可用PDA斜面培养基进行检查，置于25℃的条件下24~48h可判断其检测结果。

但一般使用比较普遍的检测方法是显微镜检查与酚红肉汤检查。可以通过酚红肉汤颜色的改变判断菌种中微量的细菌，而显微镜检测通过取样可以快速、直观、精确地判断出杂菌的类型等。

思政小课堂

液体菌种是标准化、工厂化、周年化生产食用菌的必要条件。液体菌种能够促进菌体的分裂和增殖，从而加速菌丝的生长速度，提高食用菌的生长率，缩短生长周期，最终提高食用菌的产量。其中含有的多种生物活性成分，可以提高食用菌的抗病性，降低病害的发生率，从而提高产量和品质。另外，使用食用菌液体菌种，能够降低菌种成本、减少污染、保证质量。

这种技术变革使食用菌生产从过去高污染、周期长、高风险的作坊式，向高质量、标准化、工业化的生产方式迈进。不仅推动了食用菌产业的快速发展，也为食用菌的科研工作提供了更为便捷、高效的工具。随着技术的不断完善和创新，食用菌液体制种技术将在食用菌产业中发挥更加重要的作用，正逐步成为食用菌产业的主流生产方式，为食用菌产业的可持续发展注入了新的活力，为人们提供更多优质、健康的食用菌产品。

通过本任务的学习，可体会科研技术的创新发展对于生产力的推动作用，培养学生的科研创新意识。

任务考核评价

表2-12　液体菌种摇瓶培养过程考核表

考核内容	考核指标	分值	实得分数
培养基的配制和灭菌	正确选择配方	25	
	能够熟练配制培养基		
	灭菌方法得当		

续表

考核内容	考核指标	分值	实得分数
无菌操作	接种前的消毒和准备工作	40	
	无菌操作技术规范		
摇瓶培养条件的选择	摇床培养条件控制得当	20	
	菌球生长状态良好		
菌种的检验	感官检验	15	
	理化检验		
	微生物检验		
总分		100	

● **任务巩固与创新**

1. 请简述食用菌的一般形态结构特点，并举例说明两种常见的食用菌及其特征。

2. 食用菌的子实体通常由哪些部分组成？这些部分在食用菌的生长和繁殖过程中分别起到什么作用？请简要说明。

自我分析与总结

学生改错	学生学会的内容
学生总结	

项目三　食用菌栽培技术

● 项目导读

食用菌，作为大自然赐予人类的宝贵食材，不仅味道鲜美，而且富含多种营养成分，被誉为"健康食品"。随着人们对健康饮食的日益关注，食用菌的市场需求也在不断增长。为了满足这一需求，掌握食用菌栽培技术显得尤为重要。

本项目将带领大家走进食用菌的奇妙世界，探索平菇、香菇、黑木耳等几种常见食用菌的栽培技术。我们将从食用菌品种的生物学特性入手，深入了解它们的生长习性和对环境的要求。在此基础上，我们将学习菌种制备、培养基配制、接种等关键技术，为推动食用菌产业的发展打下坚实基础。在学习的过程中，还要及时关注生态环境保护，合理利用资源，实现食用菌产业的可持续发展。

● 项目目标

知识目标	能力/技能目标	思政目标
① 了解常见食用菌的生物学特性。 ② 掌握常见食用菌的营养价值。 ③ 掌握食用菌的栽培技术和栽培条件。	① 了解常见食用菌的生物学特性。 ② 掌握常见食用菌的营养价值。 ③ 掌握食用菌的栽培技术和栽培条件。	① 强调食用菌栽培过程中的环保意识，引导学生关注生态环境保护，合理利用资源。 ② 通过食用菌栽培的实践活动，培养学生的团队协作精神和创新意识。 ③ 培养学生对食用菌产业的热爱和责任感，认识到食用菌产业的重要作用。

● 项目实施

食用菌作为营养丰富的健康食品，其栽培技术受到人们的日益关注。对于黑木耳、香菇、平菇、金针菇等常见食用菌，其栽培技术已相对成熟。

常见食用菌的栽培技术包括菌种选择、培养基配制、环境控制、病虫害防治以及采收加工等多个环节。掌握这些技术，对于提高食用菌的产量和质量，推动食用菌产业的发展具有重要意义。

本项目主要介绍了黑木耳、香菇、平菇、杏鲍菇、猴头菇、蛹虫草等常见食用菌的栽培技术。这些食用菌具有较高的营养价值和药用价值，并以其独特的口感和风味赢得了消费者的青睐。在栽培这些食用菌时，要根据它们的生长习性和需求，科学制订栽培计划，精心管理，以确保食用菌的健康生长和高产高质。通过掌握这些栽培技术，可以更好地满足市场对食用菌的需求，为人们的健康生活贡献力量。

任务一　黑木耳栽培技术

● 任务描述

黑木耳（*Auricularia auricula*）是我国重要的食用菌之一，其呈黑褐色，质地柔软，营养丰富，含有大量碳水化合物、膳食纤维、蛋白质以及多种维生素和矿物质。黑木耳不仅具有独特的口感和风味，被誉为"黑色黄金"，在烹饪中广泛应用，还可作为药用，有助于降低胆固醇、改善心血管健康、增强免疫力等多种功效。因其显著的食用与药用价值，黑木耳在市场上深受消费者喜爱，成为人们健康饮食的重要组成部分。

通过科学的栽培方法，包括选择适宜的栽培场地、制备优质的培养基、精细的接种与管理技术，能够获得高产量且品质优良的黑木耳。栽培过程中需注意温度、湿度和光照等环境条件的调控，以确保黑木耳的健康生长。黑木耳栽培技术的发展不仅满足了市场需求，也为农民提供了可观的经济收益。

本次任务将重点介绍黑木耳的生物学特性、栽培技术、管理措施和采收加工等工艺流程，为黑木耳栽培技术提供科学依据。

● 任务目标

知识目标	能力/技能目标	思政目标
① 了解黑木耳的生物学特性。 ② 了解黑木耳栽培的发展历史。 ③ 知道黑木耳的营养价值和药用价值。 ④ 熟悉黑木耳栽培的工艺流程。 ⑤ 掌握黑木耳栽培的技术要点。	① 能够描述黑木耳菌丝体和子实体的形态结构。 ② 学会配制黑木耳栽培的培养基。 ③ 能够按照生产流程规范操作。 ④ 学会控制出耳的环境条件。	① 培养学生的劳动观念和劳动精神。 ② 增强学生的科学素养和科学探究能力。 ③ 培养学生的创新精神和实践能力。 ④ 增强学生的食品安全意识和食品质量意识。 ⑤ 培养学生的社会责任感和环保意识。

任务相关知识

一、黑木耳的生物学特性

黑木耳的生物学特性

黑木耳又名木耳、云耳、桑耳、松耳，属真菌类担子菌纲、银耳目，木耳科，木耳属。主要种类有皱木耳、黑皱木耳、毡盖木耳、褐毡木耳、毛木耳和光木耳。

（一）形态特征

黑木耳是一种胶质腐生菌，由菌丝体和子实体组成。

1. 菌丝体

菌丝体无色透明，由许多粗细不匀、具有横隔和分支的管状菌丝组成，是黑木耳的营养器官。

2. 子实体

子实体黑褐色，干后色泽更深，呈胶质片状，初生时如杯状，逐渐长大如耳状或不规则状。新鲜时为半透明，胶质，有弹性，直径一般为4～10cm，大的可达到18cm，干燥时强烈收缩，硬而脆，吸水后仍可恢复原状。子实体分背腹两面：背面（又称不孕面）有皱纹，长有许多毛；腹面（又称孕面），光滑，色深，有子实层，长有担孢子，担孢子呈肾形，大小为（9～17.5）μm×（5～7.5）μm无色透明。黑木耳干燥收缩时，许多担孢子聚集在一起，好像是落上了一层白霜。

（二）生活条件

1. 营养

黑木耳是一种木质腐生菌，对营养的需求以碳源和氮源为主。碳源主要有葡萄糖、蔗糖、淀粉、纤维素、半纤维素、木质素等。氮源主要有蛋白质、氨基酸、蛋白胨等。此外还需少量维生素和无机盐，如B族维生素、钙、磷、钾、铁、镁等。黑木耳菌丝在生长发育过程中，能分泌多种酶，对木材有很强的分解能力，能充分利用木材中的纤维素、半纤维素和木质素等。因此，木材中的碳源基本能满足黑木耳对碳源的需求。黑木耳也能利用木材中的蛋白质和其他含氮物，这也正是人们长期利用段木栽培黑木耳的原因之一。当人们认识到黑木耳对营养物质的需求后，便开始采用锯木屑、棉籽壳、玉米芯、农作物秸秆等作为主料，添加适量的麦麸、米糠、石膏粉、碳酸钙等辅料，进行黑木耳代料栽培。

2. 温度

黑木耳属中温型恒温结实性菌类，对温度反应相当敏感，所以温度是影响黑木耳生长及子实体产量和品质的主要因素。菌丝体在5～36℃范围内均可生长，最适温度为

22～28℃，低于14℃时生长缓慢，28～36℃时生长快，但易衰老，高于36℃则不能生长。子实体在15～30℃范围内都能分化和生长，最适温度为20～25℃，低于15℃时子实体不易形成或生长不良，高于30℃时子实体停止生长或自溶。在5～15℃时子实体能产生孢子，在22～32℃时能产生大量孢子，高于36℃时孢子不再形成。

3. 湿度

水分是黑木耳生长发育所必需的生活条件之一，培养料含水量以55%～60%为宜[料水比为1∶（1.3～1.4）]。含水量过多则通气不良，使菌丝生长受到抑制。菌丝体生长阶段要求培养室空气相对湿度在60%～70%，子实体生长阶段要求空气相对湿度在80%～90%。若湿度太低，已经形成的幼小子实体，会因水分不足而干缩；若湿度太高，容易产生流耳，感染杂菌。

4. 空气

黑木耳是好气性真菌。在整个生长发育过程中，如果不注意通风换气，菌丝体的生长发育和子实体的分化、生长都会受到影响。在制作黑木耳原种和培养菌袋时，棉塞不能塞入得太紧，以利于换气，满足菌丝对氧气的需求，这样才能使菌丝健壮生长。在出耳期间，耳房内需要经常通风换气，不断补充新鲜空气，排除过多的二氧化碳和其他有害气体，以满足黑木耳新陈代谢中对氧气的需要，保证子实体正常的生长发育。

5. 光照

黑木耳菌丝体生长阶段一般不需要光照，在黑暗环境中生长发育。但给予一定的微弱光，对菌丝体的发育有促进作用。如果在发菌阶段光线太强，则对发菌不利，不但会使菌丝提早老化，而且过早进入生殖生长，菌丝还未吃透培养料时就产生菌蕾，影响丰产。在菌丝长满后，出耳之前应增强光照，以诱导原基的形成和分化。黑木耳子实体的形成不仅需要大量的散射光，而且还需要一定量的直射光。因为黑木耳有胶质保护，在太阳下能照常生长，在直射光下也不会被晒死，但在黑暗环境下，黑木耳子实体难以形成，微弱光的环境下，子实体发育不良、色淡质薄、产量低。

6. 酸碱度

黑木耳适宜微酸性环境，菌丝体在pH为4～7的范围内都能生长，但最适pH为5～6.5。段木栽培时很少考虑这一因素，因为耳木经过架晒后会呈微酸性，适宜黑木耳的生长发育。在代料栽培时，必须将pH调整适宜，一般培养料经高温灭菌后，pH会有所下降。因此，在配制黑木耳培养料时，pH应调至7～8。另外，为了防止培养料pH大幅度变化，在配料时可加入1%的石膏粉或碳酸钙，对pH的变化有缓冲作用。

二、黑木耳的营养价值

黑木耳是我们生活中常见的一种食用菌，有素中之荤的美称。据历史记载，黑木耳曾作为远古时代帝王独享的佳品，由此可见黑木耳的营养十分丰富。黑木耳蛋白质中不仅含有人体所必需的8种氨基酸，而且赖氨酸和亮氨酸含量特别高，是一种高蛋白、低脂肪食品。据分析，每100g干木耳中含蛋白质10.6g、氨基酸11.4g、脂肪1.2g、碳水化合物65g、纤维素7g，还有钙、磷、铁等矿物质元素和多种维生素。黑木耳中铁的含量比肉类高100倍，钙的含量是肉类的30～70倍，磷的含量是番茄、马铃薯的4～7倍，维生素B的含量是大米、面粉和蔬菜的10倍。黑木耳作为一种保健食品，有着很高的栽培价值，深受众多种植户的喜爱。

三、黑木耳的药用价值

黑木耳不仅营养丰富，还是一种珍贵的药材，具有极高的药用价值。经常食用具有清肺益气、补血活血、镇静止痛作用，同时还能预防冠心病、动脉硬化以及心脑血管的产生，对痔疮出血、产后虚弱、寒湿性腰腿疼痛有明显改善作用。

（1）预防冠心病的发生和发作　据西方医药的研究发现，经常食用黑木耳，会使血液黏稠度降低，防止血栓形成，能有效预防或溶解血栓，缓和冠状动脉粥状硬化等相关症状，对延缓中年人动脉硬化的发生发展十分有益。

（2）清润肠胃、防止肥胖　黑木耳含有丰富的植物胶原成分，它具有较强的吸附作用。常吃黑木耳能起到清理消化道、清胃涤肠的作用。黑木耳是矿石开采、冶金、水泥制造、理发、面粉加工、棉纺毛纺等空气污染严重工种工人良好的保健品。黑木耳能够促进胃肠蠕动，促进肠道脂肪食物的排泄，其中所含的酸性多糖体成分也是降血胆固醇和降血脂的好帮手，减少食物中脂肪的吸收，从而防止肥胖。

（3）优质天然补血食品　每百克黑木耳中含铁185mg，它的含铁量比菠菜高出20倍，相当于鲫鱼的70倍，是各种荤素食品中含铁量最高的食品，所以它是一种优质的天然补血食品。

（4）化解结石　黑木耳中含有发酵素和植物碱，能够促进消化系统及泌尿系统各种腺体的分泌，协助催化结石分解、润肠管道、及时排除结石。

（5）抗癌食品　科学家研究发现，黑木耳具有一定的抗癌作用，它含有丰富的维生素和植物胶原，这两种物质能促进胃肠蠕动，防止便秘，有利于体内有毒物质的及时清除和排出，从而起到预防直肠癌及其他消化系统癌症的作用。

四、黑木耳行业发展现状

世界上生产黑木耳的国家以中国产量最高，占世界总产量的96%以上。黑木耳栽培在我国已有1400多年的历史。20世纪50年代前，主要通过自然接种法生产黑木耳；20世纪50年代，我国科学工作者经过艰苦的努力，成功地培育出纯菌种，并应用于生产，改变了长期以来的半人工栽培状态，不仅缩短了黑木耳的生产周期，使其产量也获得了成倍的增长，质量也有显著提高。20世纪70年代末开始采用代料栽培黑木耳，现在，代料栽培已经成为黑木耳最主要的生产方式。2022年，我国黑木耳产量达到749万t，同比增长6.48%；2023年，产量进一步增长到817.3万t；2024年，我国黑木耳的产量将继续保持增长态势。

由于黑木耳生产的地区的不同，对市场需求有所影响。我国是黑木耳的主要生产国，产区主要分布在吉林、黑龙江、辽宁、内蒙古、广西、云南、贵州、四川、湖北、陕西等地，其中黑龙江省海林市和吉林省蛟河市黄松甸镇是我国最大的黑木耳基地。国内有9个品种，黑龙江有8个品种，云南有7个品种，河南卢氏县有1个品种。野生黑木耳主要分布在大小兴安岭林区、秦巴山脉、伏牛山脉、辽宁桓仁等。湖北房县、随州、四川青川、云南文山、红河、保山、德宏、丽江、大理、西双版纳、曲靖等地和河南省卢氏县是我国黑木耳的生产区。

我国人工栽培黑木耳，历来都是利用栎树、枫树、榆树等阔叶树的段木进行栽培，生产周期长，产量低。随着国家天然林保护工程的实施，木材产量逐年削减，段木栽培木耳受到了限制，代料栽培黑木耳已成为黑木耳生产的主要方式。与段木栽培比较，黑木耳代料栽培有以下特点：充分利用自然资源，节省木材；产量高，生产周期短，经济效益显著；产品质量好，营养价值高；适合广大农村家庭栽培，又可集中进行工厂化生产。

五、黑木耳的栽培方法

黑木耳栽培方式目前有段木栽培、立式地栽和吊袋栽培等，其中塑料袋立地栽培和吊袋栽培技术，产品质量好，产量高，是目前较好的栽培模式。

黑木耳栽培种的制作

（一）黑木耳段木栽培

段木栽培方法主要是将黑木耳适生的阔叶树枝干截成适宜的木段，将黑木耳菌种接种在木段上，放在适宜的生长环境中培养。

1. 耳场的选择与清理

耳场是人工栽培黑木耳的场地，其条件应以满足黑木耳的生活条件为依据。只有满足黑木耳生长发育所需要的温度、水分、光照条件才能获得丰收。

（1）耳场的选择　耳场要选在耳树资源丰富，温暖、潮湿的地方，位置应坐北朝南，海拔高度以500～1000m的半高山地区为宜，地面有短草，空气流通和靠近水源的缓坡地，这样的场地比较暖和，云雾多，湿度大，冬暖夏凉，有利于黑木耳的生长发育，管理也省工方便。

（2）耳场的清理　耳场选好之后，要割去刺藤杂草，保留地皮草、浅草和苔藓等，既有利于通风透光，又利于耳场保湿，还可以避免泥土污染木耳。郁闭度过大的要剃掉部分树枝，创造合理的透光条件。上方和两边要挖排水沟，以防耳场积水。场地清理结束后撒些石灰和杀虫剂，进行耳场消毒。

2. 段木的准备

耳树包括耳树的种类、树龄与树径和立地条件等内容。

（1）耳树的种类　耳树的种类很多，但不同的树种或同一树种在不同环境中生长，由于质地和养分不同，产耳量也有很大的差距。耳树一般选用树皮厚度适中，不易剥落，边材发达，树木和黑木耳亲和力强，不但能出耳，且能获得高产的树种为宜。常用的有麻栎、栓皮栎、青杠栎、朴树、枫香、白杨、枫扬、榆树、椴、赤杨、白桦、槭树、刺槐、桑树、山拐枣、洋槐、黄连木、悬铃木等。凡含有松脂、醇醚类杀菌物质的阔叶树（如樟科、安息香料等树种）不能用来栽培黑木耳。在适宜栽培黑木耳的树种中，木质疏松，通透性能好，又容易接收水分和贮藏水分的树种，接种后出耳早、多、长得快。当年秋天便可长较多的子实体，能采收数次。第二年盛产，但第三年就基本无收了，而木质坚硬的树种接种当年产量较少，但产木耳的年限长。

（2）树龄与树径　壳斗的树木如栓皮栎、麻栎等，砍伐的树龄以8～10年为宜，树径为10cm最好。生产实践证明，以直径6～10cm的小径木产量最高，经济效益好。树龄过小，虽能早出耳，但由于树皮薄、平滑、保湿和吸水性差，木质中养分少产量低；反之，树龄过大，皮层厚，心材大，产量也低。

（3）立地条件　选用生长在阳坡、土质肥厚的山地上的树木为好，因为长在阳坡及土质肥厚的山地上的树木生长速度快，木质疏松，养分多；反之，长在阴坡、土质瘠薄的山地上的树木生长速度慢，木质较硬，养分也不足。

3. 砍树

段木砍伐时间在冬至到立春之间为好，这段时间树木进入"冬眠"阶段，树中汁液处于凝滞状态，营养丰富，含水量少，皮层与木质之间结合紧密不易脱皮，病虫害少。砍伐时为了使营养集中于树干，应尽可能使树干倒向上坡。为了使树干内水分快速蒸发，砍后保留枝叶一段时间再剃枝，一般保留10～15d。含水量高的大树树种留枝时间宜长一点，反之则短一些。剃枝时要适当留一点凸出的杈子，也不要留得太长剃枝时，粗一点的枝仍可留作耳木用。剃枝后将树干锯成1~1.2m的段木，然后按"井"字形堆叠在地势高、通风向阳的地方干燥。堆叠时，应将粗细不同的段木分开堆叠。堆与堆之间要留有空隙以利通风架晒。在架晒过程中每隔10~15d翻堆一次，将段木上下、内外对调，以利均匀干燥。架晒时不能让阳光暴晒和淋雨，所以应遮盖。待段木两端变色，敲击声音变脆，就应接种栽培。初学者经验不足，不易掌握时，可采用称重法，先将湿木称重，每50kg湿木干燥到35~40kg时接种为宜。若段木干燥过度，接种后菌种水分很快被段木吸收，会影响段木透气性，阻碍菌丝向内伸展；但段木太湿又容易产生霉菌。

4. 人工接种

人工接种就是把培养好的菌种移接到段木上的一道工序，它是人工栽培黑木耳的重要环节，也是新法栽培的特点。

（1）接种季节　根据黑木耳菌丝生长对温度的要求，当温度稳定在5℃以上时即可进行接种。一般都把接种季节安排在"惊蛰"期间为宜，因此，老区有"进九砍树，惊蛰点菌"之说。在此期间，杂菌处于不活跃状态，而黑木耳菌丝又能生长，既减少污染又保证了充足的营养生长。近年来有的单位把接种时间提前到二月，效果也很好，且更有利于劳力安排。即便遇上低温菌丝也不会冻死，温度回升菌丝又继续生长。

（2）接种密度　接种密度一般为穴距10~12cm，行距6cm，穴的直径1.2cm，穴深1.5cm，"品"字形排列。

（3）接种方法　黑木耳菌种分木屑种和木塞种。木屑种制种容易、接种麻烦，而木塞种制种麻烦、接种容易。

①木屑种的接种法：先用1.3cm冲头的打孔锤、皮带冲或电钻按接种密度和深度要求打孔，然后将木屑种接入一小块，以八分满为度，然后将用1.4cm皮带冲打下的树皮盖或木塞盖在接种穴上，用小锤轻轻敲平。

②木塞种的接种法：木塞种是事先将木塞和木屑培养基按比例装瓶制成菌种。接种时不必另外准备木塞或树皮盖。接种时先将木屑种接入少许种植孔，然后敲进一粒木塞种即可。

（4）注意事项　为了保证接种质量，接种时应注意：①雨天耳木表面湿润时不能接种，若耳木是堆放在避雨处，树皮不湿，可在避雨处接种；而晴天则应在荫蔽处接种。②盛装菌种的器皿和接种工具及手都要事先消毒，场地要清洁卫生。③接种应流水作业，专人打孔，专人接种，打完一根孔就马上接种，不能久放，以免接种穴干燥或污染杂菌。④选用适合本地气候的优良品种和菌丝洁白、粗壮、无污染、不老化的优质菌种。⑤用于封穴的树皮盖要当天打当天用，若用木塞应在接种前用开水煮沸再用，也可用石蜡80%、松香15%、猪油5%溶化混合均匀涂在接种穴上封口。

5. 黑木耳的发菌管理

黑木耳接种后，为了使其尽快定植及菌丝迅速在耳木中蔓延生长，应采取上堆发菌。方法如下：

（1）在栽培场内选择向阳、背风、干燥而又易于浇水的地方，打扫干净，做好场地消毒。

（2）铺上横木或石块砖头，把接好的耳木按树径粗细分类堆成"井"字形。堆高1m左右，耳木之间留有一定间隙，便于通气。上堆初期气温较低，空隙可留小一点，堆的高度可高一点。后期随着气温上升，结合翻堆应增加间隙，降低堆高，堆面上盖薄膜或草帘保温保湿。

（3）为了使菌丝生长均匀，发菌期间每隔7~10d要翻一次堆，使耳木上下、内外对调。因耳木含水量较高，第一次翻堆一般不必浇水，第二次酌情浇少量水，第三次及以后翻堆都要浇水，且每根耳木都应均匀浇湿。若遇小雨还可打开覆盖物让其淋雨，更有利于菌丝的生长。发菌期间应注意温、湿、气的调节工作以满足菌丝生长条件，提高菌丝成活率。发菌20~30d，应抽样检查菌丝成活率，方法是用小刀挑开接种盖，如果接种孔里菌种表面生有白色菌膜，而且长到周围木质上，白色菌丝已定植，表明发菌正常，否则就应补种。

6. 黑木耳的散堆排场

接种的耳木以过4~6周的上堆定植阶段，菌丝开始向纵深伸展，极个别的接种穴处可看到有小子实体，这时应散堆排场，为菌丝进一步向纵深伸展创造一个良好的环境，促使菌丝发育成子实体。排场的方法：先在湿润的耳场横放一根小木杆，然后将耳木大头着地，小头枕在木杆上，耳木之间隔1~2寸（1寸≈3.33cm）间隙，便于耳木接受地面潮气，促进耳芽生长；又不会使耳木贴地过湿闷坏菌丝和树皮，且可使耳木均匀地接收阳光、雨露和新鲜空气。排场后要进行管理，主要是调控水分。菌丝在耳木中迅速蔓延，这时需要的湿度比定植时期大，加上气温升高，水分蒸发快，需要进行喷水。开始时2~3d喷一次水，以后根据天气情况逐渐增加次数和每次喷水量。排场期间需要翻排，即每隔7~10d把原来枕在木杆上的一头与放在地面的一头对换；把贴地一面与朝天的一面对翻，使耳木接触阳光和吸收水分均匀。

7. 黑木耳的起架管理

排场后一个月左右，耳木已进入"结实"采收阶段。当耳木上大约占半数的种植孔产生耳芽时便应起架。方法是用一根木杆作横梁，两头用支架将横木架高30~50cm。耳场干燥宜架低一点，反之，则架高一点。然后将耳木两面交错斜靠在横木上，形成"人"字形耳架。为了方便计算和管理，一般每架放50根耳木。起架后子实体进入迅速生长和成熟阶段，此时水分管理最为重要。耳场的空气相对湿度要求在85%~95%，因此需要喷水管理。喷水的时间、次数和水量应根据气候条件灵活掌握。晴天多喷，阴天少喷，雨天不喷；细小的耳木多喷，粗大的耳木少喷；树皮光滑的多喷，树皮粗糙的少喷；向阳干燥的多喷，阴暗潮湿的少喷。喷水时间以早晚为好，每天喷1~2次。中午高温时不宜喷水。在黑木耳生长发育过程中若能有"三晴两雨"的好天气，对菌丝生长和子实体发育都极为有利。每次采耳之后，应停止喷水3~5d，降低耳木含水量，增加通气性，使菌丝复壮，积累营养。然后再喷水，促使发出下一茬耳芽。

（二）黑木耳立式地栽

黑木耳立式地栽是利用木屑及棉籽壳、玉米芯、甘蔗渣等农副产品作为栽培基质，以塑料袋作为容器，进行室内养菌、室外出耳的栽培技术。培养料经过灭菌、接种、养菌，摆在田间大地、果园林下出耳，拓宽了黑木耳栽培原料与栽培区域，大大缩短了生产周期，回归自然的栽培方式实现了天然无公害产品，提高了生物转化率和产品商品性，更利于规模化、机械化、标准化生产，发展前景广阔。

1. 栽培场地

可选择蔬菜大棚、空闲场地、阳台、楼顶、果园林下、树阴下等场地，临近水源，通风好，远离污染源。

2. 栽培季节

黑木耳子实体适宜温度为20~26℃。温度低于15℃出耳困难，温度高于27℃耳片薄，色也淡；温度再高，子实体发生自溶，造成失败。所以，地栽黑木耳宜在春、秋季进行。

春季在3月底至4月底培育菌袋，5月初至6月初长耳。秋季在8月培育菌袋，9月长耳。地栽黑木耳先培养菌袋，需要40d左右；出耳期（子实体生长期）需50d左右。所以，各地安排栽培地栽木耳时，要充分考虑两大要素：菌袋培育时的最适宜温度和长耳时期的最适宜温度。要错开三伏天，躲过高温期，防止高温高湿造成减收、绝收。

3. 配制培养料

袋栽黑木耳的培养料来源广泛，各地都可就地取料选用。目前，常用的培养料配方如下。

（1）木屑培养料　粗阔叶树木屑78%，麦麸20%，石膏粉1%，蔗糖1%。

（2）复合培养料　玉米芯40%，木屑30%，碎稻草20%，麦麸8%，糖、石膏各1%。

（3）玉米芯培养料　粉碎的玉米芯79%，米糠20%，石膏粉1%。

配制培养料要注意以下关键技术：一是避免杂菌污染。事先要精心选料，确认原料无霉变再用，并在烈日下暴晒3~5d，杀灭原料中杂菌。拌料要选择晴天，阴雨天杂菌活力增强，容易感染。拌料后要抓紧装袋，特别是气温高时更要注意，若拖延时间，培养料会发酵变酸。二是培养料含水量60%左右。含水量过高过低对黑木耳生长均不利。培养料用力握在手中，手指间有水渗出又不成滴，伸开后料在手中成团，为合适的含水量。

4. 装袋

塑料袋主要有聚乙烯和聚丙烯两种。聚乙烯袋柔软，但不耐高温，只用于常压灭菌；聚丙烯袋柔韧性差，但可耐高温，可用于高压灭菌。塑料袋大小以18cm×30cm为宜。聚丙烯袋厚度0.04~0.05mm为好，聚乙烯袋厚度0.06~0.065mm为好。装料时，要注意松紧适当。太松菌袋易变形，保水性也差；太紧透气性差，菌丝伸延困难。

装料时要力求装紧，塑料袋与物料之间不能有空隙，扎口要紧，以防形成水袋，使栽培失败。

5. 灭菌

目前，常用常压蒸汽灭菌，也有采用高压蒸汽灭菌。料袋装入常压灭菌锅后，用旺火猛烧，一直持续10h灭菌才能有效。在整个10h灭菌过程中，锅内温度必须达到100℃。灭菌前，锅内要加足水，锅要盖严实。灭菌过程中锅内水量不足时，要及时加足，严防烧干锅；锅盖下漏气和底火燃烧部位不均都可产生灭菌死角，要随时排除。

6. 接种

经过灭菌的袋料，料温降到30℃以下时，移到接种室或接种箱内开始接种。接种室要严格消毒灭菌，每立方米空间用5g高锰酸钾、10mL甲醛熏蒸灭菌2h。

接种前，操作人员将手用75%的酒精棉球仔细擦洗双手一遍，从接种箱套袖处伸入箱内。接种工具要在酒精灯上反复灼烧，达到无菌状态。需要注意的是，一次要将所有菌袋全部接完，中间不可随意出入。

接种工具有多种。一般采用不锈钢及竹质的长柄两头勺。每瓶二级种可接17~20袋。

7. 发菌管理

接菌后的料袋，称为菌袋。这时，菌袋要移入培养室进行发菌培养。培养室采用空屋、塑料大棚均可。保持温度在25~28℃。前5d不要通风，棚内可利用增光或遮光的方法升降温度，增光时，袋堆要用黑膜或草帘遮光。5d后适量通风，保持湿度在70%以下。经过40~50d的培养，菌丝长满袋后可转入出耳管理。

在发菌管理期间，要经常检查杂菌。正常菌块应为纯白色，如发现黄、绿、黑等颜色斑块，即为杂菌，应挑出放另室培养。如发现红色链孢菌，要剔除烧掉或深埋。

8. 出耳管理

（1）场地管理　如果出耳场地选择在棚内，可在棚内做成15cm宽、15～20cm高的小土埂，土埂间距80cm，在室外也可以按这种方法制作土埂。

（2）菌袋开口　准备好场地后，就可以对菌袋割出耳口。先将菌袋用1%的高锰酸钾溶液或0.2%克霉灵溶液清洗袋的表面，然后用锋利的刀片在两端分别划开8～10个"V"形口，口的上部直径为2cm左右，划口整齐，划后因塑料袋表面的拉力，划口微张，喷水时对耳根有保护作用，有利于提高出耳率。

（3）菌袋摆放　菌袋划穴后，以10cm的袋距均匀直立摆在床面上。每平方米床面摆袋22～24个，每公顷摆放135000～150000袋。划穴后的菌袋在棚内，要求湿度保持在85%～90%。棚内可放一支湿度计，经常检视。每天进行两次通风，每次30min。使空气流通，排除棚内的二氧化碳，以保证有足够的氧气满足子实体的需要。拱棚上遮盖草帘，使棚内光照适合子实体的生长，使耳片肥厚、朵大。需要注意的是：在夏季高温期，日照强烈，草帘要盖严实，这样既可减少光照又可降温；秋季日照渐弱，草帘可盖稀疏些，这样既可增加光照又可升温。

9. 采收加工

当木耳腹面出现有白色孢子时，边缘稍有内卷，说明木耳已成熟，要及时采收。木耳成熟后，采收前应停止两天喷水，使木耳缩水增强拉力，便于采收和耳根的带出。采收后及时晒干，以免腐烂。最好选晴天上午采收，采收后及时摊晒于竹帘趁烈日一次晒干，一般情况下，摊晒2～3d即可。摊晒时应注意不能翻动，以免耳片卷曲或破碎。如遇阴雨天采收，应及时烘干（烘干温度一般在45℃左右，不可过高），烘干时应注意不断通气换气，排除湿气以免造成质量下降，干后装入塑料袋，以防潮湿变质。

（三）黑木耳吊袋栽培

棚室吊袋栽培生产黑木耳不受天气影响，保温保湿性好，空间利用率高；省力、省地、省工、省时；免受污染，质量好、效益明显。

1. 效益分析

吊袋栽培黑木耳在大棚内以串为单位，每串挂8～12袋进行成行栽培，与同等面积的大地栽培相比，可增加4～5倍摆放量。立体养殖提高了木耳产量、质量、售价，降低了生产成本，实现了土地生态效益最大化。

以每亩（1亩≈667m^2）为单位，地面栽培为1万袋左右，每袋产量40～50g，每千克售价60元左右；立体化栽培为8万袋之多，每袋产量为65g，每千克售价80元以上，按每亩8万袋保守统计，即亩产值可达41.6万元，成本13.2万元，实现利润28.4万元，当年即可收回大棚建设投资（10万元）。

以牡丹江市东宁市一个农户为例，利用大棚吊挂技术栽培木耳3.5万袋，通过大棚控温，营造木耳生长环境，利用市场规律，提前木耳产出时间，平均以每千克140元售价，销售新鲜木耳2300kg，收入32.2万元，扣除生产成本5万元，实现利润27.2万元，效益回报率巨大。

2. 棚室建造

大棚建造不宜过大，棚的结构要合理，棚架要牢固，大棚两端要留有宽门，最好是对开门，保证棚内通风顺畅，防止菌袋缺氧形成畸形耳。生产3万袋木耳的吊袋棚室规格为：12m宽，30m长，中间高度3.4m，边角高度2.2m，架设7条雾化微喷水管。

3. 栽培技术要点

（1）菌种选择　选择黑厚、无根、抗病性好、耐热的菌种。

（2）菌袋选择　选择薄的菌袋，菌袋一般选择聚乙烯袋，每1000个约2.6kg，这样的袋子比较薄，收缩性好，不易出现袋料分离现象。因袋子薄容易损坏，故装袋机应选用防涨的，尽量将物料装紧实。

（3）配料　粗细锯末比为70∶30；水分65%；辅料比地摆栽培多10%~15%，配比如下：按每生产5000袋为一个记数单位，豆饼粉60kg、麦麸160kg、稻壳粉140kg、玉米面40kg、石膏16kg、白灰（石灰）14.5kg。

4. 挂袋方法

把三根绳子的两头系好，然后把木耳袋一个一个套进去，中间用塑料片或者自制的小铁圈进行隔离，用这种方法挂袋便于操作，省力，而且不易滋生杂菌。即使某个菌袋出现杂菌污染，也便于更换，不易传染上下相邻的菌袋。挂袋时密度不要过大，中后期在高温、高湿季节，通风不良，耳片会变薄、变黄，腹面弹射孢子停止生长，易出现流耳、烂耳。

5. 挂袋初期管理

吊袋木耳进棚的时间要根据本地大棚内温度情况合理安排。当地下0.3m深的地方化冻即可进行挂袋。菌袋运到大棚后需要先让菌丝恢复生长几天，棚内菌垛间要留有空隙，防止"烧菌"现象发生。打孔后需要等菌袋封口后才可以挂袋，否则容易感染杂菌。划口以"T"形或三角口为好，每袋划口数在160个左右，上下距离1.8~2.0cm为宜。

为了黑木耳原基快速形成，棚内湿度80%为最佳（即手摸菌袋有湿润感）。此期，昼夜温差刺激可使原基快速形成，禁止棚内昼夜恒温，棚内白天温度保持在20~24℃，夜间温度可下降到6~10℃。

6. 中后期管理

中后管理期间应形成一个干、湿交替式环境。原基形成到耳芽长出袋外需7d左右，干旱季节，菌袋上层部位，靠近棚四周外的菌袋内耳芽会干卷，这些部位要多喷水、勤喷水；低温时，挂袋下层、中间部位积水会发生烂耳和杂菌污染等现象，应少喷水或不喷水。要保持地面5cm内水分饱和，根据实际情况可喷水3~5次，每次喷水15~20min，使棚内湿度达到85%以上。当耳芽直径达到0.5cm时，地面砖中禁止存水，待耳芽直径长至1cm时，白天棚内温度在22℃以上时，加强通风换气。之后，覆盖遮阳网，当幼耳整齐、逐渐增大时，停止浇水，打开所有遮阳物品。同时，在每个菌袋上竖向扎2个孔，给袋内增氧，待菌袋全部打孔后，菌袋暴晒3~4d，菌丝体重新愈合后再开始喷水。当白天温度达到25℃时，大棚四周和棚顶的塑料膜、遮阳网全部打开并加长夜间喷水时间。温度达到27℃时，必须加大棚内通风，增加足够的直射光照，白天停止浇水，下半夜自然温度最低，如连续浇凉水，菌袋内高湿低温，孢子不易弹射，耳片会加黑、加厚。

7. 采摘期管理

提前做好大棚防雨措施，加强大棚四周及内部通风换气，必要时在棚内中心管道上安装换风扇，往上加大吹风，降低高温高湿环境。耳片腹部出现白粉层，基本展开变软，停水1d，使耳根收缩，当耳片全部展开，直径长到2.5~3cm时，即可集中采收，禁止耳片过大采收。采收应采大朵留小朵，如耳片大小均匀时，可一次性采摘。采后停止浇水，待新耳芽形成继续喷水，一般每批料可采摘2~3茬。

● 任务实施

一、任务所需器材

（1）材料　黑木耳二级菌种、木屑、麦麸、豆粉、玉米粉、石膏、石灰、稻糠、聚乙烯塑料袋等。

（2）器具　高压蒸汽灭菌锅、装袋机、窝口机、超净工作台或接种箱、酒精灯、酒精棉球、接种钩、接种勺、培养箱、塑料大棚、尼龙绳等。

二、任务实施步骤（以吊袋栽培黑木耳为例）

（一）栽培季节的选择

春季栽培：菌袋接种期一般在1~2月，或前一年11~12月，培养期30~40d，后熟期15~25d，2月下旬~3月上旬扣大棚塑料薄膜增温，3月中下旬菌袋进棚划口催芽，4月上旬开始挂袋出耳管理，4月下旬~5月初开始采摘，6月下旬~7月上旬采收结束。

秋季栽培：栽培菌袋接种期在3~4月，菌袋培养期及后熟期在5~6月，7月下旬~8月上旬进棚划口催芽和出耳管理，10月下旬~11月上旬采收结束。

（二）菌种选择

棚室立体吊袋栽培黑木耳的菌种一般选择中早熟品种，早生快发、出耳齐，品质优，黑、厚、单片、耐水抗逆性强。

（三）菌袋生产

1. 原料配方（干重百分比）

配方一：木屑86.5%，麦麸8%，豆粉2%，玉米粉2%，石膏1%，石灰0.5%；料的含水量60%~65%。

配方二：木屑69.5%，玉米芯20%，麦麸（米糠）8%，豆粉1%，石膏1%，石灰0.5%；料的含水量60%~65%。

2. 装袋

装袋时，在菌袋中间打孔，将料面上部的菌袋塞入中间的孔中，然后将菌棒插入中间的孔中。

3. 灭菌、接菌

（1）灭菌　采用常压灭菌，时间必须保持在10h以上，再焖锅3h。出锅时要趁热将灭菌筐搬到接菌室或培养室，待菌袋稍微变凉变硬后拣出。

（2）接菌　在无菌条件下，将菌种接到培养基上，并用固体菌种或无菌棉塞封闭袋口。

4. 菌袋培养

菌袋培养过程一定要控制好温度，坚持低温育菌。室温初期控制在25~28℃，菌丝封盖或透袋后，降低袋温至24℃，近似恒温培养。每天通风1~2次，保持培养室空气清新。

（四）栽培前准备

1. 场地选择

栽培场地选择在通风良好、向阳、水源洁净、充足、周围污染源少、不存水、不下沉、地面平整的地块。立体吊袋大棚可用钢架结构（又分镀锌钢管和钢筋材料）或木结构搭建。大棚宽度8~12m，长度依据栽培场地和栽培数量而定，一般要求为南北走向，大棚两头开门，门宽2m以上，利于通风和降低棚内的湿度，南北走向的大棚，菌袋受光较好。

2. 棚架结构

大棚顶高2.8~3.5m，肩高1.8~2.0m。钢架结构大棚又分为棚架一体式与棚架分体式，棚架一体式是指吊绳就拴在大棚主体框架上。棚架分体式是指大棚与拴绳的框架分开，棚是棚，架是架。从稳固性的角度，目前比较提倡采用棚架分体式的大棚进行吊袋生产。棚式立体吊袋钢筋一体式结构框架，每万袋需投资1~1.5万元。镀锌钢管分体式结构框架，每万袋需投资2~2.5万元。每平方米的大棚可挂70~80袋。早春栽培应在大棚的顶部及四周全部覆盖一层塑料膜，塑料膜上再盖上一层遮阳网（遮阳度85%~95%），用于保温、保湿、遮阴和防止降雨过量。

3. 棚内设施及消毒

根据大棚的宽度，棚内框架上放置若干横杆，用于拴绑吊绳。每两个横杆为一组，组内横杆间距25~30cm，每组横杆之间留出"过道"（距离一般60~70cm）。每组横杆长度依大棚的长度而定。在"过道"上、下各铺喷水管线一条，上部微喷管每隔120cm处按"品"字形扎眼安上雾化喷头，下部放微喷水带。待立体吊袋大棚框架搭建完毕后，在地面上撒一层生石灰，防止杂菌发生。可在地面上垫一层草帘、遮阳网，防止浇水时泥沙溅到子实体上影响产品质量。处理完地面后，将大棚密闭，用消毒剂熏蒸消毒。

（五）出耳管理

1. 开口封口管理

将培养好的菌袋运进棚后，用开口机开口，一般开"1""Y"或"O"形小口，开口直径0.3~0.4cm，开口数量180~220个。开"1"形口，单片率高、出耳齐。开口后将菌袋摆放在大棚内，一般堆4~5层菌袋高为好，避免堆温过高。大棚覆盖遮阳网遮阴，要求散光照射，加大棚内空气相对湿度，达到80%左右，持续5~7d，使菌袋菌丝封住出耳口，形成耳线，可挂袋进行出耳管理。

2. 挂袋

在棚内框架横杆上，每隔20~25cm处，按"品"字形系紧两根（或三根）尼龙绳，并底部打结。然后把已割口的菌袋袋口朝下夹在尼龙绳上，然后在两根尼龙绳上扣上两头带钩的细铁钩（长度以5cm为宜），即可吊完一袋，第二袋按同样步骤将菌袋托在细铁钩上，以此类推一直吊完为止。

一般每组尼龙绳可立体吊8袋。菌袋离地面高30~50cm，利于通风，防止产生畸形木耳，提高产量。吊绳底部用绳链接在一起，这样风再大，菌袋可以随风共同摆动，不相互碰撞。

3. 催芽管理

菌袋开始挂袋2~3d内，不可以浇水，温度要靠遮阳网和塑料薄膜调节，使温度控制在20~25℃。往地面上浇水，使棚内空气相对湿度始终保持在80%左右，待2~3d菌袋菌丝恢复后可以往菌袋上浇水，每天进行间歇喷水，使湿度达到90%，这阶段切忌浇重水，以保湿为主，每天通风2次，持续7~10d，耳芽成绿豆大小。

4. 耳片生长期管理

子实体边缘分化出耳片，并逐渐向外伸展。这阶段应逐渐加大喷水量，加大通风量，喷水时尽量喷雾状水，原则上棚内温度超过25℃不喷水。早春一般在下午3点至次日9点这段时间进行间歇喷水；5月份后一般在下午5点至次日7点这段时间喷水，使空气相对湿度始终保持在90%~95%。采取间歇式喷水，喷水30~40min，停水15~20min，重复3~4次。根据气温情况，一般喷水时放下棚膜，不喷水时将棚膜及遮阳网卷到棚顶进行通风和晒袋。正常情况下，喷水后通风，每天通风3~4次，天热时早晚通风，气温低时在中午通风。温度高、湿度大时还可通过盖遮阳网、掀开棚四周塑料膜进行通风调节，严防高温高湿。

（六）采收及转潮管理

当黑木耳耳片长到3~5cm，耳边下垂时就可以采收（5~6分熟），大棚内吊袋栽培黑木耳一般在4月下旬即可采收第一潮黑木耳，5月上旬采收第二潮黑木耳，比立式地栽黑木耳提前25~30d采收。采收木耳后，将大棚的塑料薄膜和遮阳网卷至棚顶，晒袋5d左右，然后再浇水管理，即"干干湿湿"水分管理。

晒袋管理是避免耳片发黄的关键措施。不见光、温度高、耳片生长速度过快是耳片黄、薄的主要原因。一般第一潮黑木耳每袋可采干耳20~25g，耳片圆整、正反面明显、耳片厚。第二潮黑木耳管理方法与第一潮大致相同，大湿度大通风是关键技术。一般可采收三潮耳，每袋产干耳40~60g。

思政小课堂

2017年12月28日，习近平总书记在中央农村工作会议中提出：把提高脱贫质量放在首位。中国工程院院士李玉带领团队力推"南菇北移""北耳南扩"等食用菌产业扶贫战略，探索出一套独特的食用菌科技扶贫模式。金米村地处秦岭腹地，当地种植木耳历史悠久，却始终只能"靠天吃饭"，沿用原始技术。2017年，到当地考察的李玉为金米村开出改变栽培技术、更换菌包的"药方"。半年后，木耳增产30%，农民完全掌握技术后增产100%。当年产值可达2100万元，户均可增收1.5万元以上。2020年4月20日，习近平总书记来到柞水县金米村考察，走进村培训中心、智能联栋木耳大棚，同村民亲切交流。了解木耳品种和种植流程，询问木耳价格、销路和村民收入等，夸奖他们把小木耳办成了大产业。金米村的脱贫经验表明即使是看似微不足道的农产品，只要通过科技创新、精细管理和市场拓展，也能发展成为具有巨大潜力的产业。

任务考核评价

表3-1 黑木耳栽培技术考核表

考核内容	考核指标	分值	实得分数
培养料的选择与配制	能够选择正确的培养料配方	15	
	称量准确		
	拌料均匀、含水量适当		
装袋与灭菌	装袋操作熟练，装袋量适中，松紧适当	25	
	分工合理，相互协作，桌面整洁，完成速度快		
	灭菌条件控制得当		
接种	操作熟练	20	
	能够按照无菌操作要求完成接种		
黑木耳生长管理	温度、湿度等生长条件控制得当	30	
	菌丝体生长旺盛		
	无杂菌污染		
病虫害防治	无病虫害，生长状态好	10	
总分		100	

任务巩固与创新

1. 简述黑木耳的生物学特性及其在栽培过程中的重要性。

2. 在黑木耳栽培过程中，如何预防和控制常见的病虫害？

任务二　香菇栽培技术

● 任务描述

香菇，起源于中国，是世界第二大食用菌，具有悠久的历史和深厚的文化底蕴。香菇肉质肥厚、香气独特，富含蛋白质、维生素和多种矿物质，营养价值极高。它不仅是一种美味的食材，还是一种珍贵的药用菌，被誉为"山珍之王"。在中医理论中，香菇具有扶正补虚、健脾开胃、祛风透疹、化痰理气等功效。现代研究也证实，香菇含有多种活性成分，具有抗氧化、抗炎、抗肿瘤等作用。因此，香菇深受人们喜爱，是健康饮食的重要组成部分。

本次任务包括菌种选育、培养基配制、接种、发菌管理、出菇管理等多个环节。其中，菌种选育是栽培成功的关键，优质菌种能确保香菇的产量和品质。培养基的配制则需根据香菇的营养需求进行科学配比。在接种和发菌管理阶段，需严格控制温度、湿度和光照等环境条件，以促进菌丝的生长。出菇管理则要注重通风和湿度控制，确保香菇的顺利生长。通过掌握香菇栽培技术，人们能够实现香菇的规模化、标准化生产，满足市场需求，推动香菇产业的持续发展。

● 任务目标

知识目标	能力/技能目标	思政目标
① 了解香菇的生物学特性。 ② 了解香菇栽培的发展历史。 ③ 知道香菇的营养价值和药用价值。 ④ 熟悉香菇栽培的工艺流程。 ⑤ 掌握香菇栽培的技术要点。	① 能够描述香菇菌丝体和子实体的形态结构。 ② 学会配制香菇栽培的培养基。 ③ 能够按照生产流程规范操作。 ④ 学会控制出菇的环境条件。	① 培养学生吃苦耐劳精神和团队协作意识。 ② 树立认真严谨的实验态度和安全规范的实验操作意识。 ③ 培养学生"劳动创造美"的劳动价值观思想。 ④ 引导学生"物尽其用"，"绿水青山就是金山银山"的生态价值观理念。

● 任务相关知识

一、香菇的生物学特性

香菇[*Lentinus edodes* (Berk.) Sing.]，又名香菌、香蕈、香信、冬菇、花菇等，隶属于真菌门、担子菌纲、无隔子菌亚纲、伞菌目、白蘑科、香菇属。

香菇的生物学特性

（一）香菇的形态结构

香菇是由营养器官菌丝体和繁殖器官子实体组成，两者均由无数的菌丝交织而成。

1. 菌丝体

菌丝体由孢子萌发而成，白色，绒毛状，有横隔和分支。细胞壁厚2~3μm，气生菌丝少，略有爬壁现象，老熟菌丝分泌褐色素，形成有韧性菌皮，生长较慢，12~14d长满试管，斜面上形成原基的多为早熟品种。

菌丝体是香菇的营养器官，由许多菌丝体连接而成，互相结合呈蛛网状，可以在枯木、木屑和秸秆培养基中蔓延生长，不断繁殖，聚合菌丝体。在适宜的温度、湿度、空气、光线条件下，菌丝体会扭结成盘状组织，继而分化出菇蕾，逐渐形成子实体，这是香菇菌丝体的重要特征之一。

2. 子实体

子实体是香菇的繁殖器官，单生、丛生或群生，由菌盖、菌褶和菌柄等部分组成。菌盖圆形或肾形，直径通常5~10cm，有时达20cm，表面茶褐色、暗褐色，有深色的鳞片。幼时边缘内卷，有白色或黄色的茸毛，随生长而消失。表面淡褐色或黑褐色，被有同色或黄白色易脱落的鳞片；干燥后有菊花状或龟甲状裂纹。菌盖下面有菌幕，后破裂，形成不完整的菌环。老熟后菌盖边缘反卷，开裂。菌肉厚，白色，柔软而有韧性，干菇具特有的香味。菌褶弯生，白色，自菌柄向四周放射排列，表面被以子实层，子实层上有许多担子和囊状体，每个担子有4个担子梗着生4个不同极性的孢子。菌柄中生或偏生，常向一侧弯曲，白色、坚韧、中实、纤维质，长3~10cm，粗0.5~1cm。菌环以上部分白色，菌环以下部分带褐色。

（二）香菇生长条件

香菇栽培始源于中国，至今已有800年以上的历史。香菇的砍花栽培源于中国，现行的段木纯菌丝接种栽培则源于日本。至1989年，中国香菇总产首次超过日本，成为世界香菇生产第一大国。

1. 温度

在潮湿的状态下，担孢子萌发的最适温度为22~26℃。菌丝生长的温度范围在5~32℃，最适宜温度24~27℃，但由于木材的保护作用，在气温低于-20℃的高寒山地或高于40℃的低海拔地区，菇木也能安全生存，菌丝不会死亡。

香菇是低温和变温结实性的菇类。香菇原基在8~21℃分化，在10~12℃分化最好。子实体在5~24℃范围内发育，8~16℃为最适温度。同一品种，在适宜范围内，较低温度（10~12℃）下子实体发育慢，菌柄短，菌肉厚实，质量好；在高温（20℃

以上）上子实体发育快，菌柄长，菌肉薄，质量差。在恒温条件下，香菇不形成子实体。

2. 水分

（1）菌丝生长阶段　代料栽培培养料含水量以60%左右为宜；空气相对湿度以60%~70%为宜（空气湿度大易导致霉菌流行）。

（2）子实体生长阶段　培养料的含水量以55%左右为宜，采收第一茬菇后，培养料含水量低于30%，子实体原基难形成，菌棒培养基内需要注水。必须每采收一茬菇后注一次水，一般注水15d左右香菇子实体原基开始形成，并保持空气相对湿度在85%最为适宜。但空气相对湿度长期低于60%，会形成大批菇丁；长期高于90%，则往往发生病害而烂菇等。

3. 营养

香菇是一种木腐菌，主要的营养成分是碳水化合物和含氮化合物，以及少量的无机盐和维生素等。菇木和培养基中的各种营养物质，只有溶解在水里才能被香菇吸收利用。

（1）碳源　香菇菌丝能利用广泛的碳源，包括单糖类、双糖类和多糖类，糖浓度在1%~5%比较好。

（2）氮源　香菇菌丝能利用有机氮和铵态氮，不能利用硝态氮和亚硝态氮。在香菇菌丝营养生长阶段，碳源和氮源的比例以（25~40）:1为好，高浓度的氮会抑制香菇原基分化。在生殖生长阶段，要求较高比例的碳。

（3）矿质元素　除了镁、硫、磷、钾之外，铁、锌、锰同时存在能促进香菇菌丝的生长，并有相辅相成的效果。钙和硼能够抑制香菇菌丝生长。

（4）维生素类　香菇菌丝的生长必须吸收维生素B_1，其他维生素则不需要。适合香菇生长的维生素B_1浓度大约是每升培养基100mg。在段木栽培中，香菇菌丝分泌多种酶类分解木质素、纤维素、淀粉等大分子物质，从菇木的韧皮部和木质部吸收碳源、氮源和矿物质元素。

4. 空气

香菇属好气性菌类，足够的新鲜空气是保证香菇正常生长发育的重要环境条件之一。氧气不足会抑制菌丝生长和子实体的发育。因此出菇场所要求适度通风，但如果经常有较大的风经过，也会使空气湿度降得太低而影响香菇的生长。

5. 光线

香菇是需光性真菌，强度适合的漫射光是香菇完成正常生活史的一个必要条件。但是，菌丝生长不需要光线，完全黑暗情况下都可生长，以微弱光为好。子实体生长阶段，催菇时要求有充足的散射光，这样有利于子实体形成和香菇生长，但光线过强时要注意棚内温度，需适度遮阴降温。

6. 酸碱度

适于香菇菌丝生长的培养液的pH是5~6。pH3.5~4.5适于香菇原基的形成和子实体的发育。在段木腐化过程中，菇木的pH不断下降，从而促进子实体的形成。

二、香菇的营养价值

香菇含有一种特有的香味物质——香菇精，形成独特的菇香，所以称为"香菇"，素有"菇中之王""蘑菇皇后""蔬菜之冠""植物皇后"的美称。

每100g香菇干品中蛋白质含量在18g左右，高于平菇、蘑菇、银耳等其他食用菌，每100g香菇干品中脂肪含量在18g左右，而碳水化合物含量在54g左右，由此可见，香菇具有高蛋白低脂肪的特点，这是动物性食品无法比拟的。在组成香菇蛋白质的16种氨基酸中，有7种是人体必需氨基酸，对幼儿和儿童的生长发育有利。它所含的碳水化合物以半纤维素为最多，此外还有多糖、海藻糖、葡萄糖、糖原、戊聚糖和甘露醇等。

同时香菇干品中矿物质含量较多，钙、磷是骨齿的重要组成部分，铁是血红蛋白的重要组成部分，这些都是人体机能不可缺少的矿物质，而香菇可以作为很好的补充来源。此外，据报道香菇还含有锰、锌、铜、镁、硒等微量元素，对某些矿物质缺乏地区儿童的生长发育具有良好的预防和治疗作用。香菇成分中还含有大量钾盐及其他矿物质元素，被视为防止酸性食物中毒的理想食品。

香菇中含有多种维生素，与常见食物相比较其中硫胺素、核黄素、烟酸的含量均较高，这三种微量元素不仅与人体的能量代谢有密切关系，而且对人体也起一定的生理作用：硫胺素（维生素B_1）有助于防止多发性神经炎，核黄素（维生素B_2）有利于防止口角炎，烟酸具有预防皮炎的作用。据研究，香菇还含有麦角固醇和菌固醇，前者在阳光下可转变为维生素D，所以香菇是抗佝偻病的重要食物之一。

综上所述，香菇具有较高的营养价值，是一般食品所不能比拟的。在人们日常的饮食结构中适当增加香菇的摄入量，能够增进食欲，平衡营养，维持人体正常的健康水平。

三、香菇的药用价值

香菇的药用价值如下所述。

（1）香菇可以提高机体的免疫功能。香菇多糖可以提高小鼠腹腔巨噬细胞的吞噬功能，还可促进T淋巴细胞的产生，并提高T淋巴细胞的杀伤活性。

（2）香菇具有和胃健脾、补气益肾的功效，可缓解久病气虚、食欲不振等病症；

延缓衰老,香菇的水提取物对过氧化氢有清除作用,对体内的过氧化氢有一定的消除作用。

(3)可以防癌、抗癌,香菇菌盖部分含有双链结构的核糖核酸,进入人体后会产生具有抗癌作用的干扰素。

(4)可以降血压、降血脂、降胆固醇。香菇中含有嘌呤、胆碱、络氨酸、氧化酶以及某些核酸物质,能够起到降血压、降胆固醇、降血脂的作用,还可以预防动脉硬化、肝硬化等疾病。

(5)香菇对糖尿病、肺结核、传染性肝炎、神经炎等有治疗作用,又可用于消化不良、便秘等。另外,香菇所含的核酸类的物质,还具有防治艾滋病的功用。

四、香菇产品的开发

香菇保健品食品的开发主要是使用子实体和菌丝体制作成即食食品、面食、饮品、调味品等。香菇药用制剂的开发主要是利用香菇多糖,开发出片剂、胶囊、注射液等。

(一)香菇多糖提取

1. 材料用品

香菇菌丝液体深层发酵液、纱布、85%酒精、纯净水、2mol/L氢氧化钠、滤纸。蛋白酶、活性炭等。

2. 仪器用具

量筒、量杯、烧杯、培养皿、托盘天平、电热恒温干燥箱、小型粉碎机、100目筛子、恒温水浴锅、离心机、真空浓缩罐、无水酒精、烘箱、pH计、层析柱、低温冷冻干燥机、包装机等。

3. 方法步骤

(1)过滤 用2层纱布将香菇发酵液过滤2次,并反复洗涤得到香菇菌丝体,称量质量。

(2)烘干 将香菇菌丝体盛装在培养皿中,于95~100℃下烘干,称量质量。

(3)粉碎 将烘干的香菇菌丝体放入小型粉碎机中粉碎,并过100目筛。

(4)水提 将粉碎过筛后的香菇菌丝体加入为其质量20倍的纯净水,水浴恒温70℃,保持5h。

(5)离心 将水浴加热后的液体离心(4000r/min,10min),收集上清液;沉淀物再次加水,于70℃水浴加热再次浸提25h,离心收集上清液,合并2次的离心上清液。

（6）浓缩　使用真空浓缩罐将离心所得的上清液真空浓缩至稀糖浆状。

（7）醇沉　向浓缩液中加入其4倍体积的无水乙醇，混匀，静置过夜。

（8）酶解　将醇沉后过滤所得的香菇多糖粗品溶于5倍体积的蒸馏水中，并加入蛋白酶，水浴恒温35℃，保温3h之后过滤。向酶解后所得滤液中加入2mol/L的氢氧化钠，并调节pH至中性，加热沸腾，加入活性炭，保温15min，过滤。

（9）柱层析　调节滤液至中性，分别通过阴离子柱和阳离子柱，收集流出液。

（10）醇沉　在流出液中加入无水乙醇，使溶液中含醇量达70%，混匀，静置过夜。

（二）香菇挂面制作

香菇挂面是利用香菇的菌丝体与面粉混合制成的营养食品，其蛋白质含量比普通精面约高6%，还含有钙、铁、磷及维生素等多种营养成分。

1. 原料

香菇菌丝体、面粉、豆浆、葡萄甘聚糖。

2. 制作方法

以小麦作培养基。麦粒经过浸泡及高压灭菌后，在无菌的接种室或箱内接入香菇菌种，放置培养室中，在22～26℃进行菌丝体培养。当麦粒长满菌丝体后，可以烘干或晒干，烘烤时要严防烧焦。将菌粒粉碎成菌粉，细度要求通过140目筛，否则成品面条的光洁度和柔韧度达不到质量标准。配料严格控制比例，豆浆与面粉以3∶10为宜，再加入1%葡萄甘聚糖和10%香菇菌粉，拌料要均匀，并要多次揉压，然后加工成面条。

（三）香菇多糖片

香菇多糖（香菇多糖片）是一种具有免疫调节作用的抗肿瘤辅助药物，能促进T淋巴细胞、B淋巴细胞增殖，提高自然杀伤（NK）细胞活性，对肿瘤有一定抑制作用，用于恶性肿瘤的辅助治疗。益气健脾、补虚扶正，是用于慢性乙型迁延性肝炎及消化道肿瘤的放疗、化疗辅助药。

（四）香菇多糖注射液

香菇多糖注射液主要成分为香菇多糖，无色澄明的液体，其化学名称为β-（1-3）（1-6）-D-葡萄糖。它是一种具有免疫调节作用的抗肿瘤辅助药物，能促进T淋巴细胞、B淋巴细胞增殖，提高NK细胞活性，对肿瘤有一定抑制作用，用于恶性肿瘤的辅助治疗。

（五）香菇多糖胶囊

香菇多糖胶囊为处方中成药，用于治疗各种肝炎，也可作为各种脑瘤患者治疗的辅助药物，对于因免疫功能失调带来的各种疾病也有很好的疗效。能够预防各种病毒性感染，如感冒、麻疹、病毒性肝炎等；对吸烟口苦、肝脏衰弱者也有良好效果；对消化系统疾病，如脾、胃虚弱、食少滞呆、食后脘腹胀满、呕吐反胃、四肢倦怠乏力、面色萎黄、形体消瘦、肠风下血、痔疮出血、小儿麻疹等均有良好疗效，并能有效促进人体对钙的吸收。

● 任务实施

一、任务所需器材

（1）材料　香菇二级菌种、木屑、麸皮、棉籽壳、豆粉、玉米粉、石膏、石灰、糖、过磷酸钙、尿素、硫酸镁、聚乙烯塑料袋等。

（2）器具　高压蒸汽灭菌锅、装袋机、窝口机、超净工作台或接种箱、酒精灯、70%的酒精棉球、接种钩、接种勺、培养箱、塑料大棚、尼龙绳等。

二、任务实施步骤

全熟料代料栽培虽然要消耗一定的燃料用来灭菌，但是菌袋污染率小，生物转化率高，病虫害发生率低，选用全熟料代料栽培生产周期短，而且可以利用各种农作物秸秆，林木废料，有利于保护生态环境，能够在城乡广泛推广。

香菇栽培种的制作

（一）培养料配制

1. 配方（干重百分比）

配方一：木屑78%、麸皮（细米糠）20%、石膏1%、糖1%。料的含水量55%~60%。

配方二：木屑78%、麸皮16%、玉米面2%、糖1.2%、石膏2%、尿素0.3%、过磷酸钙0.5%。料的含水量55%~60%。

配方三：木屑78%、麸皮18%、石膏2%、过磷酸钙0.5%、硫酸镁0.2%、尿素0.3%、红糖1%。料的含水量55%~60%。

配方四：棉籽壳50%、木屑32%、麸皮15%、石膏1%、过磷酸钙0.5%、尿素0.5%、糖1%。料的含水量60%左右。

配方五：豆秸46%、木屑32%、麸皮20%、石膏1%、糖1%。料的含水量60%。

配方六：木屑36%、棉籽壳26%、玉米芯20%、麸皮15%、石膏1%、过磷酸钙

0.5%、尿素0.5%、糖1%。料的含水量60%。

2. 拌料

配方一至三的配制，先将石膏和麸皮干混拌匀，再和木屑干混拌均匀，把糖和尿素先溶化于水中，均匀地泼洒在料上，用锹边翻边洒，并用竹扫帚在料面上反复扫匀。

配方四至六的配制，按量称取各种成分，先将棉籽皮、豆秸、玉米芯等吸水多的料，按料水比为1:（1.4~1.5）的量加水、拌匀，使料吃透水；把石膏、过磷酸钙与麸皮、木屑混合均匀，再与已加水拌匀的棉籽皮、豆秸或玉米芯混拌均匀；把糖、尿素溶于水后拌入料内，同时调好料的水分，用锹和扫帚把料翻拌均匀，不能有干的料粒。

（二）装袋

使用装袋机。5人一组，1个人往料斗里加料，2个人轮流将塑料袋套在出料筒上，一手轻轻握住袋口，一手用力顶住袋底部，尽量把袋装紧，越紧越好，另外2个人整理料袋扎口，一定要把袋口扎紧扎严。

手工装袋，边装料边抖动塑料袋，并用粗木棒把料压紧压实，装好后把袋口扎严扎紧。在高温季节装袋，要集中人力快装，一般要求从开始装袋到装锅灭菌的时间不能超过6h，否则料会变酸变臭。料袋装锅时要有一定的空隙或者"井"字形排列垒放在灭菌锅里，这样便于空气流通，灭菌时不易出现死角。

（三）灭菌

快速升温至100℃，当温度到100℃后，要用中火维持8~10h，中间不能降温，最后用旺火猛攻一会儿，再停火焖一夜后出锅。出锅前先把冷却室或接种室进行空间消毒。把刚出锅的热料袋运到消过毒的冷却室里或接种室内冷却，待料袋温度降到30℃以下时才能接种。

（四）接种

1. 打穴接种

香菇料袋多采用侧面打穴接种，要几个人一组同时进行，所以在接种室和塑料接种帐中操作比较方便。具体做法是：先将接种室进行空间消毒，然后把刚出锅的料袋运到接种室排放好，再把接种用的菌种、胶纸，打孔用的圆锥形木棒、75%的酒精棉球等接种工具准备齐全。关好门窗，打开臭氧消毒器，消毒40min；关机15min后开门，接种人员迅速进入接种室外间，关好外间的门，穿戴好工作服，向空间喷75%的酒精消毒后再进入里间，接种按无菌操作（同菌种部分）进行。

侧面打穴接种一般用长55cm塑料筒作料袋，接4穴，3人一组，第一个有先将打穴用的木棒用75%的酒精消毒，再将要接种的料袋搬一个到桌面上，手用75%的酒精棉纱擦抹料袋朝上的侧面消毒，一手用木棒在消毒的料袋侧面平均距离打穴4个。第二人打开菌种瓶盖，将瓶口在酒精灯上转动灼烧一圈，长柄镊子也在酒精灯火焰上灼烧灭菌；冷却后，把瓶口内菌种表层刮去，然后把菌种放入用2%来苏水消过毒的塑料筒里；双手消毒后，直接用手把菌种掰成小枣般大小的菌种块迅速填入穴中，菌种要把接种穴填满，并略高于穴口。注意，第二人的双手要经常用酒精消毒，双手除了拿菌种外，不能触摸任何地方。第三人则套外袋，并把料袋翻转180°，将接过种的侧面朝下。

用接种箱接种，因箱体空间小，密封好，消毒彻底，所以接种成功率往往要高于接种室。但单人接种箱只能一个人操作，只适用于在短的料袋两头开口接种。如果是侧面打穴接种，最好采用双人接种箱，由两个人共同操作，一个人负责打穴，套外套带，另一个人将菌种按无菌程序转接于穴中。

2. 菌袋接种环节应注意的问题

（1）操作人员在接种前做好个人卫生，洗净手、更换干净衣服。

（2）用菌种封口时，菌种要与接种穴膜吻合，即菌种与接种穴口靠紧，以防水分蒸发，并注意防止种块脱落。

（3）对于含水量低的栽培种，压入穴口，压力可以大一些，对含水量高的要注意轻压，防止压力太大，导致水渍死种而感染霉菌。接种穴一定要侧放，否则，种块上易滋生霉菌或死种。

（4）接种应避开一天的高温期，接种温度以不超过28℃为好，温度低时接种可在白天进行，夏季或秋季高温时接种最好选择晴天的早晨或午夜，可以提高成活率。

（五）发菌管理

刚接完种的菌袋，3个袋一层呈三角形或"井"字形垒成排，接种穴朝侧面排放，每排垒的菌层数要看温度的高低而定，温度高可少垒几层，排与排之间要留有走道，便于通风降温和检查菌袋生长情况。发菌场地的气温最好控制在28℃以下。开始7-10d内不要翻动菌袋，13-15d进行第一次翻袋，这时每个接种穴的菌丝体呈放射状生长，直径在8~10cm时生长量增加，呼吸强度加大，要注意通气和降温。在翻袋的同时，用直径1mm的钢针在每个接种点菌丝体生长部位中间，离菌丝生长的前沿2cm左右处扎微孔3~4个；或者将外套袋的袋口打开进行通气，同时挑出杂菌污染的袋。这时由于菌丝生长产生的热量多，要加强通风降温，最好把发菌场地的温度控制在25℃以下。菌袋培养到30d左右再翻一次袋。在翻袋的同时，用钢丝针在菌丝体的部位，离菌丝体生长的前沿2cm处扎第二次微孔，每个接种点菌丝生长部位扎一圈4~5个微孔，孔深约2cm。为了防止翻袋和扎孔造成菌袋污染杂菌，装袋时一定要把料袋装紧，料袋装得越紧杂菌污染率越低。凡是封闭式发菌场地，如利用房间、温室发菌，在翻袋扎孔前要进行空间消毒，可有效地减少杂菌污染。发菌期还要特别注意防虫灭虫。

由于菌袋的大小和接种点的多少不同，一般要培养45～60d菌丝才能长满袋。这时还要继续培养，待菌袋内壁四周菌丝体出现膨胀，有褶皱和隆起的瘤状物，且逐渐增加，占整个袋面的2/3，手捏菌袋瘤状物有弹性松软感，接种穴周围稍微出现红褐色时，表明香菇菌丝生理成熟，可进菇场转色出菇。

（六）出菇管理

1. 转色管理

常采用脱袋转色法。准确把握脱袋时间，即菌丝达到生理成熟时脱袋。脱袋时的气温要在15～25℃，最好是20℃。脱袋前，先将出菇温室地面做成30～40cm深、100cm宽的畦，畦底铺一层炉灰渣或沙子，将要脱袋转色的菌袋运到温室里，用刀片划破菌袋，脱掉塑料袋，把柱形菌块按5～8cm的间距立排在畦内。如果长菌柱立排不稳，可用竹竿在畦上搭横架，菌柱以70°～80°的角度斜靠在竹竿上。脱袋后的菌柱要防止日晒和风吹，这时温室内的空气相对湿度最好控制在75%～80%，有黄水的菌柱可用清水洗干净。脱袋立排菌柱要快，排满一畦，马上用竹片拱起畦顶，罩上塑料膜，周围维持保湿保温。待全部菌柱排好后，温室的温度要控制在17～20℃，不要超过25℃。如果温度高，可向温室的空间喷冷水降温。白天温度高，加遮光物，夜间去掉遮光物、加强通风来降温。光线要暗些，前3～5d尽量不要揭开畦上的罩膜，这时畦内的相对湿度应在85%～90%，塑料膜上有凝结水珠，使菌丝在一个温暖潮湿的稳定环境中继续生长。应注意在此期间如果气温过高、湿度过大，每天还要在早、晚气温低时揭开畦的罩膜通风20min。在揭开畦的罩膜时，温室不要同时通风，将二者的通风时间错开。在立排菌柱5～7d时，菌柱表面长满浓白的绒毛状气生菌丝时，要加强揭膜通风的次数，每天2～3次，每次20～30min，增加光照（散射光），拉大菌柱表面的干湿差，限制菌丝生长，促其转色。当7～8d开始转色时，可加大通风，每次通风1h。结合通风，每天向菌柱表面轻喷水1～2次，喷水后要晾1h再盖膜。连续喷水2d，至10～12d转色完毕。在生长实践中，由于播种季节不同，转色场地的气候条件特别是温度条件不同，转色的快慢不大一样，具体操作要根据菌柱表面菌丝生长情况灵活掌握。

2. 转色管理中易出现的问题

（1）菌袋转色不良　菌袋白色，或者白色与褐色相间，色泽不均匀，菌袋易失水干燥，出菇量减少，感染杂菌或烂袋。其原因：一是菌龄不足，脱袋过早，菌丝没有达到生理成熟；二是菇床保湿条件差，湿度偏低；三是脱袋时气温偏高，喷水时间太迟，或脱袋时气温低于12℃。预防措施如下：

①香菇菌丝达到生理成熟后才进行脱袋转色：即菌丝长满袋后要进行后熟，菌袋表面出现黄褐色水珠和瘤状物，接种孔附近菌丝开始变为褐色，菌袋由硬变软时，才

可进行脱袋转色。

②控制好转色期的环境条件：脱袋后3~4d，菇床罩膜内的温度控制在25℃内，不必揭膜通风，目的是让脱袋的香菇菌丝在适温中复壮。4d后每天通风1~2次（时间为30~40min），拉大温差，使气生菌丝受到抑制，不至于过分旺长。一般脱袋后7~8d菌丝开始吐出黄水珠，此时要及时处理，否则会引起菌体自溶而易感染杂菌，或造成菌被增厚。为此，必须及时喷水冲洗。第一天用喷雾器轻喷于菌棒上，冲淡黄水珠；第二天用压力喷雾器重水冲洗，待菌棒稍干时，覆盖薄膜。

③转色太淡或不转色的处理方法：一是喷水保湿，结合通风。连续喷水2~3d，每天一次。二是检查菇床罩膜，修理破洞，置紧薄膜，增强菇床保湿性能。三是将菌袋卧倒在地面上，利用地湿，促进一面转色，转色后再翻另一面。四是若因低温影响，可把菇棚覆盖物揭开，透光增温，中午通风；若是由高温引起的，应增加通风次数，中午将菌袋两头薄膜打开，早晚通风换气，每次30min。

（2）菌丝徒长不倒伏　表现为菌丝持续生长，密集成团，结成菌块或组成白色菌皮，难以形成子实体。发生原因：一是湿度过大；二是缺乏氧气，菌丝开始洁白后，没有适当进行通风换气，或掀动膜次数太少；三是培养料配方不合理，营养过量，菌丝生长过盛。

管理措施：一是加大通风量，选中午气温高时，揭膜1~1.5h，让菌棒接触光照，达到干燥，促使菌丝倒伏，待菌棒表面晾至手摸不黏时，盖紧薄膜，第二天表面出现水汽，菌丝即已倒伏。采取上述措施仍未能解决倒伏问题的，可用3%的石灰水喷洒菌棒一次，晾至不黏手后盖膜，3d后菌丝即可倒伏。二是如果10~15d仍不转色，以至菌棒脱水，应连续喷水2~3d，每天2次，通风时间缩短至30min，补水增湿促进转色。

（3）菌膜脱落　表现为脱袋2~3d，菌袋表面瘤状菌丝膨胀，菌膜翘起，局部片状脱落，部分悬挂于菌袋上。一般发生菌膜脱落现象时，出菇会推迟10d左右。发生原因：一是脱袋太早，菌丝没有达到生理成熟；二是脱袋后温度突变（高温或低温），表面菌丝受刺激，缩紧脱离，使菌袋内菌丝增生，迫使外部菌膜脱落；三是管理失误，一般脱袋后3d，在25℃条件下不揭膜通风，但有的因当时气温较高，中午揭膜通风，致使菌丝对环境条件不适应。

管理措施：一是温度以25℃为宜，让恢复生长的菌丝迅速增长；二是选择晴天喷水加湿，相对湿度保持在80%；三是每天保持通风2次，每次30~40min，经过4~6d管理，菌棒表面可产生新的菌丝。

（4）转色太深，菌膜过厚，出菇困难　一是脱袋的时间过晚，菌龄太长，体内的养分不断向表层输送；二是菌丝扭结，菌膜逐层增厚；三是通风没做好，脱袋后没有按照要求揭开膜通风，或者通风的次数与时间太少；四是菇场过于隐蔽，缺乏光照。

预防措施：一是加强通风，每天至少通风2次，每次1h；二是合理调节光照，菇棚要求保持"三分阳七分阴"；三是增大菇棚的干湿差和温差，促使菌丝从营养生长顺利转为生殖生长。

3. 催蕾

出菇温室的温度最好控制在10~22℃，昼夜之间能有5~10℃的温差。如果自然温差小，还可借助于白天和夜间通风的机会人为地拉大温差。空气相对湿度维持90%左右。条件适宜时，3~4d菌柱表面褐色的菌膜就会出现白色的裂纹，不久就会长出菇蕾。此期间要防止空间湿度过低或菌柱缺水，以免影响子实体原基的形成。出现这种情况时，要加大喷水，每次喷水后晾至菌柱表面不黏滑但却潮乎乎的为止，然后盖塑料膜保湿。也要防止高温、高湿，以防止杂菌污染，烂菌柱。一旦出现高温、高湿时，要加强通风，降温降湿。

4. 子实体生长发育期的管理

菇蕾分化出以后，进入生长发育期。不同温度类型的香菇菌株子实体生长发育的温度是不同的，多数菌株在8~25℃的温度范围内子实体都能生长发育，最适温度在15~20℃，恒温条件下子实体生长发育很好。要求空气相对湿度85%~90%。随着子实体不断长大，呼吸加强，二氧化碳积累加快，要加强通风，保持空气清新，还要有一定的散射光。

（1）间歇期管理　整个一潮菇全部采收完后，要大通风一次，晴天气候干燥时，可通风2h；阴天或者湿度大时可通风4h，使菌柱表面干燥，然后停止喷水5~7d。让菌丝充分复壮生长，待采菇留下的凹点菌丝发白，就给菌柱补水。补水后，将菌柱重新排放在畦里，重复前面的催蕾出菇的管理方法，准备出第二潮菇。当第二潮菇采收后，再浸泡菌柱补水。浸水时间可适当长些。以后每采收一潮菇，就补一次水。

（2）产生畸形菇的原因及预防措施　香菇子实体生长过程中，常常出现"蜡烛菇"（有柄无盖）"松果菇""荔枝菇"（菌盖结团无菌柄或不开伞）等畸形菇，属生理性病害。发生的原因如下：

①品种选择不当：如高温型品种在低温下栽培，冬季现蕾时，遇低温便萎缩不长，形成"松果菇"。

②发菌管理不当：发菌期间，如果发菌室光照过强，靠近窗口的菌袋原基提早形成，袋内菇蕾早现，受袋壁挤压，无法正常伸展，因此脱袋后第一批菇容易出现畸形。

③脱袋转色不合标准：如果仅凭菌龄，而未掌握菌丝成熟的条件，因此，脱袋转色差，菇态畸形。

④菌棒浸水不适宜：菌棒处于原基形成时期，一遇水分刺激，迫使原基提早分化，只长菌柄，形成了"蜡烛菇"。

⑤控湿保温不合理：冬季气温低，菇床上薄膜罩不严，受寒风袭击，正在生长的菇蕾就萎缩干枯成畸形；相对湿度低于70%时，则会出现菇柄柔软或空心。

预防措施如下：

①了解菌种品性，防止引种失误：栽培前首先需弄清菌种特性，选用合适的品种，以此安排接种季节，推算预定的接种时间。

②了解菌丝成熟特征，防止盲目脱袋：菌丝生理成熟应掌握"一个菌龄，三条标准"。"一个菌龄"即从接种之日起，经过60d左右；"三条标准"是袋内瘤状突起的泡状菌丝占整个袋面的2/3，局部出现棕褐色，手握菌袋有松软弹性感，此时脱袋才适宜。

③掌握转色规律，防止温度失控：转色要求温度不低于12℃，不高于25℃。出菇最佳温度为15℃。转色期间要注意气温变化，前3d在25℃以内，菇床上的盖膜不必揭开通风。在正常情况下12d转色结束，3d后出现第一潮菇。

④掌握变温原理，防止温差刺激不够：在转色后连续变温3~4d，正确的变温法是白天用薄膜罩住菇床，24∶00后揭开薄膜1h，使日夜温差在10℃以上。

⑤及时适量浸水，防止培养料含水过高过低：当菌棒含水量低于40%时，出菇难，小型菇多，一般以菌棒的质量比原来下降30%，即可进行浸水，以吸水后达到制袋时质量的95%为宜。若吸水过饱易造成菌丝呼吸困难，影响正常长菇。

⑥催菇方法要适当，防止偏干偏湿：每采完一批菇后，必须揭膜通风6~7d，使菌丝吸收足够的氧气，以恢复生长能力，然后转入喷水保湿，干湿交替，促使下一潮菇蕾发生。

⑦适时采收，防止过熟：在菇盖有卷边、菇柄适中时采收，每天采菇一次，产菇高峰期，有时每天要采两次。

思政小课堂

我国是栽培香菇最早的国家，至今已有800多年的历史。据不完全统计，我国每年因蘑菇栽培而消耗的木料达400万m^3，过量的采伐严重威胁森林生态系统平衡，对于环境的破坏日益显著，"菌林相争"也就成了制约食用菌产业发展的问题。为了解决这一问题，国家菌草工程技术研究中心首席科学家林占熺教授带领团队开展利用芒萁等草本植物替代木材基质栽培香菇等食用菌的研究，发明了菌草技术。帮助宁夏、福建、甘肃、内蒙古等多地农户走上了脱贫致富之路。

目前，为了扩大生产规模，满足人们的生活需求，香菇的栽培模式主要是代料栽培。它是利用各种农副产品，如木屑、蔗渣、棉籽壳、秸秆等作为主要原料，添加一定量的麸皮、米糠、饼粉等辅助料，配制成培养基，以代替传统的木材。具有方法简便、生产周期短、原料来源广、成本低、收益快等优点。代料栽培节约了木材资源，有助于保护生态环境，资源节约，推动绿色农业的发展。

● 任务考核评价

表3-2　香菇栽培技术考核表

考核内容	考核指标	分值	实得分数
菌种的选择与制备	识别和选择适合当地气候和土壤条件的香菇菌种	10	
	能按照标准流程进行菌种的制备和保存		
培养基制备与接种	能够选择正确的培养料配方	30	
	装袋操作熟练，装袋量适中，松紧适当		
	灭菌条件控制得当		
	能够按照无菌操作要求完成接种		
发菌管理	温度、湿度等生长条件控制得当	25	
	菌丝体生长旺盛		
转色管理	转色的色泽均匀，生长状态好	15	
	子实体生长发育良好，无畸形菇		
	无杂菌污染		
采收后处理	采收方法准确	20	
	储存条件适当		
总分		100	

● 任务巩固与创新

1. 香菇的代料栽培技术的基本工艺是什么？

_____

_____

_____

2. 香菇栽培过程中对环境条件有哪些要求？简述温度和湿度的影响。

_____

_____

_____

任务三 平菇栽培技术

任务描述

平菇是一种常见的食用菌,因其形状扁平而得名。它的营养丰富,富含蛋白质、纤维素及多种维生素和矿物质,深受人们喜爱。平菇栽培容易,适应性强,生长周期短,因此也是菇农广泛种植的菌类之一。

平菇栽培还有助于实现农业资源的循环利用,推动绿色生态农业发展,为农民带来可观的经济效益。具有良好的市场前景。

本次任务主要介绍平菇栽培的相关知识。深入了解平菇的生长条件、栽培基质的选择与处理,以及菌种的接种与管理等关键步骤。通过学习和实践,能够熟练掌握平菇栽培的基本技能,并能够独立完成平菇的栽培工作。此外,通过介绍平菇栽培的市场前景和经济效益,为食用菌创业或农业发展提供参考。

任务目标

知识目标	能力/技能目标	思政目标
① 掌握平菇的基本生长条件,如温度、湿度、光照、空气和酸碱度等。 ② 了解平菇的生长周期和各个生长阶段的特点。 ③ 熟悉平菇栽培的基质选择和处理方法。 ④ 学习平菇的菌种制作、接种、管理技术。	① 能够独立进行平菇的基质配制和消毒处理。 ② 能够熟练掌握平菇的接种技术,确保接种成功率。 ③ 能够根据平菇的生长情况,合理进行养护管理。 ④ 能够熟练进行平菇的适时收获和采后处理,保证平菇的品质和产量。	① 培养学生科学的探究精神。 ② 鼓励学生养成健康的饮食习惯。 ③ 让学生了解农民的辛勤劳动,尊重劳动,培养勤劳精神。 ④ 激发学生的创新思维和创业精神。

任务相关知识

平菇(*Pleurotus ostreatus* Fr.),在分类学上属于真菌门、担子菌亚门、层菌纲、伞菌目、侧耳科、侧耳属,又称杨树菇、北风菌、冻菌、蚝菌、天花菌、白香菌等,通常所说的平菇是泛指侧耳属里的众多品种,如金顶侧耳、桃红侧耳、美味侧耳、紫孢侧耳等。

一、生产概况

分布在世界各地的侧耳约30多种，绝大部分都可供食用。其中较著名的为糙皮侧耳、美味侧耳和晚生侧耳等。目前各地普遍栽培的平菇，大多为糙皮侧耳。人工栽培起源于德国，始于1900年。20世纪初，欧洲的一些国家和日本开始用锯木屑栽培平菇获得成功。目前，世界上生产面积较大的国家，除中国和韩国外，还有德国、意大利、法国和泰国等。日本已进行平菇的工厂化生产。

平菇的适应性强，在我国分布广泛，云南、福建、浙江、江西、湖南、湖北、贵州、四川、山西、河北、黑龙江、吉林、辽宁、内蒙古等省（自治区），自秋末至冬后，甚至初夏均有生长。在自然情况下，平菇多生长在杨树、柳树、枫香、榆树、槭树、槐树、栎树、橡树等多种阔叶树的枯枝、树桩或活树的枯死部位，常重重叠叠成簇生长。

我国栽培平菇始于20世纪40年代，1972年由河南省刘纯业用棉籽壳生料栽培成功后，栽培生产迅速发展。棉籽壳在平菇栽培中的成功利用，是食用菌栽培技术的重大突破和改进。

近年来，由于各种代料的成功利用，使平菇生产得到迅速发展。目前人工栽培已遍及全国各地，由过去的少数几个栽培品种发展到现在能适应各种条件的上百种栽培品种，是食用菌中最易栽培的菌类。具有生活力强、抗逆性好、能利用多种农副产品下脚料进行栽培，方法简便，管理粗放，生长周期短，产量高，见效快。平菇是我国目前食用菌生产中生产量最大、发展最快、产量最高、分布最广的一个菌类。总产量已超过双孢蘑菇和香菇，跃居第一位。

二、平菇的生物学特性

（一）平菇的形态结构

平菇由菌丝体和子实体两部分组成。

平菇的生物学特性

1. 菌丝体

平菇菌丝体白色，是由无数纤细的菌丝所组成的网状体结构。菌丝体大量繁殖，在适宜条件下发育成子实体。平菇菌丝体通常呈白色或浅黄色，有时也可能呈淡粉红色。菌丝的颜色取决于菌株的品种和培养条件。菌丝体呈细长的丝状，通常直径为3~5μm。在适宜的温度和湿度条件下，菌丝体的生长速度相对较快，可以迅速扩展并覆盖整个培养基或菌床。

2. 子实体

平菇子实体由菌盖、菌柄和菌褶三部分组成。

（1）菌盖　形似扇形、贝壳形，有时稍微呈扁平状，表面光滑。侧生或偏生于菌柄上，颜色有近白色、青灰色、灰黑色、棕色、红色、浅黄色或浅褐色等，其深浅随品种、发育程度、温度和光照强弱而异。菌盖的直径一般在5～12cm。

（2）菌柄　相对较长，通常比菌盖高出一些，圆柱形。肉质白色、中实、圆形、长短不一，下部生于基质上，常呈单生、丛生或叠生，上部与菌盖相连，有输送营养、支撑菌盖生长发育的功能。

（3）菌褶　位于菌盖的底部，垂直于菌盖呈放射排列的片状结构，一直延伸到菌柄，密集排列在一起。菌褶长短不一，是菇类孕育担子、产生后代——担孢子的场所。初生时，菌褶是白色的，随着菌盖的成长，逐渐变为粉红色，并最终变为黑褐色。

（二）平菇的生活史

平菇的生活史：孢子→初生菌丝→次生菌丝→子实体→孢子的生长发育。平菇的生殖属于异宗结合，双因子控制，四极性类型。孢子在一定温度、水分和营养条件下萌发，形成菌丝体。平菇在子实体生长发育过程中，有明显的形态变化和发育时期，根据肉眼观察可将子实体发育分为以下四个时期（图3-1）。

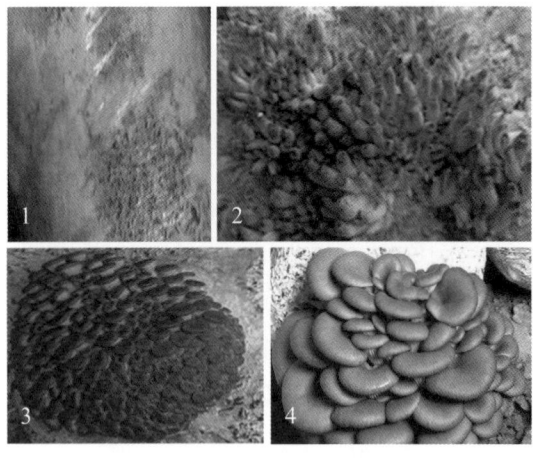

图3-1　平菇子实体生长发育时期

1—原基期　2—珊瑚期　3—幼蕾期　4—成熟期

（1）原基期　成熟菌丝体在培养基表面扭结形成一堆堆白色的小凸起。

（2）珊瑚期　原基分化形成菌柄，即小凸起各自伸长，参差不齐，形似珊瑚。

（3）幼蕾期　菌盖已形成，菌褶开始出现。

（4）成熟期　菌盖展开，光泽减少，盖边沿变薄，孢子成熟，弹射。

（三）平菇的生长条件

1. 营养

平菇属腐生性菌类，依靠菌丝体从基质中分解和摄取养料进行生长。平菇需要的营养物质包括碳源、氮源、无机盐、水和生长素。

（1）碳源　它是平菇生长发育最重要的营养物质，既是平菇合成碳水化合物和氨基酸的原料，也是平菇生命活动的能量来源。平菇的碳素营养都来自有机物，如纤维素、半纤维素、木质素、淀粉、糖类、果胶等。平菇分解纤维素和木质素的能力很强，几乎所有的植物性物质都能作为栽培原料，如棉籽壳、各种作物秸秆、木屑、糠醛渣等。

（2）氮源　它是平菇合成蛋白质和核酸的必需营养物质，平菇对氮源的利用以有机氮比无机氮好，所以常在培养料中加入米糠、麸皮、豆饼粉等富含氮的有机物。平菇菌丝也能直接吸收尿素、铵态氮等含氮物质。

（3）无机盐　它是平菇生命活动不可缺少的营养物质，钙、镁最为重要。此外，还需要铁、锌、锰、硫、硼等元素，但需要量很少，一般培养料中都有，不必另加。

（4）生长素　它是平菇菌丝生长不可缺少的调节物质，又称生长因子。维生素B_1为一般菌丝所必需。此外，还有维生素B_2、烟酸等。维生素在马铃薯、麸皮、麦芽、酵母中含量较高，用这些天然培养料配制培养基时可以不必添加。

2. 温度

温度是影响平菇生长发育的重要生活条件之一（表3-3）。平菇孢子的萌发、菌丝生长和子实体形成对温度要求不一样。菌丝生长温度范围为6~35℃，最适温度为20~27℃。平菇菌丝具有耐低温、不耐高温的特点，能在-30℃时不死亡，但在40℃高温下，超过2h，死亡率就达90%。

我国幅员辽阔，在同一季节南北气温悬殊，各个地区可以在不同季节根据当地气温选择不同温型的平菇品种。子实体形成的温度，因品种不同而有所差异。低温型的品种子实体形成温度范围为4~25℃，最适温度10~18℃；中温型品种子实体形成温度5~28℃，最适温度15~25℃；高温型子实体形成温度16~37℃，最适温度24~28℃；广温型品种子实体形成温度4~35℃，最适温度12~26℃。子实体形成需要温差刺激，保持10℃以上的温差，能加速菇蕾形成；维持恒温，子实体难以形成。

表3-3　平菇常见栽培品种生长阶段对温度的要求　　　单位：℃

种类、品系		原基分化温度	子实体发育温度	最适温度	备注
低温型	粗皮侧耳	2~20	2~22	10~16	熟料
	冻菌	5~20	7~22	13~17	
	美味侧耳	5~20	5~22	10~18	
	阿魏平菇	0~13	5~20	15~18	

续表

种类、品系		原基分化温度	子实体发育温度	最适温度	备注
中温型	紫孢平菇	15~24	17~28	20~24	熟料
	佛罗里达平菇	6~25	6~26	10~22	
	凤尾菇	15~24	8~26	18~22	
	金顶菇	15~27	17~28	20~24	
高温型	鲍鱼菇	25~30	25~33	25~30	熟料
	红平菇	15~30	20~28	25~28	
	盖中侧耳	22~30	22~34	25~32	

3. 水分和湿度

平菇是耐湿性菌类，野生的常在多雨、阴凉、潮湿的环境中发生。菌丝生长阶段，培养料的含水量60%~70%比较合适。含水量过大，基质透气不良，菌丝呼吸、代谢作用受阻，菌丝长势慢、弱，且易遭杂菌污染。含水量太低也不利于菌丝生长。子实体发育期对空气相对湿度的要求比较严格，最适相对湿度是85%~90%。相对湿度在40%~50%时，幼菇很快干枯；55%时生长慢；超过95%时菇丛虽大，但菌盖薄，易腐烂，并易感染杂菌。

4. 光线

平菇菌丝体生长阶段在黑暗中正常生长，不需要光线，有光线照射可使菌丝生长速度减慢，过早地形成原基，不利于提高产量。子实体的分化和发育必须有散射光，光线不足，原基数减少，不能形成子实体。已形成子实体的，其菌柄细长，菌盖小而苍白，畸形菇多，不会形成大菌盖。但是直射光及光照过强也会妨碍子实体的生长发育。研究证明，蓝色光对子实体形成有促进作用。

5. 空气

平菇是好气性真菌，在正常情况下，空气中氧的含量为21%（体积比），CO_2的含量为0.03%，当空气中CO_2的浓度增高时，氧分压就势必降低，过高浓度的CO_2直接影响到平菇的呼吸活动，而有碍生长发育。菌丝体阶段，可以在通气不良的半兼气条件下生长。但子实体形成阶段必须在通气良好的条件下发育，通气不畅，CO_2积累过多，O_2不足，就不能形成子实体；通气条件差时，只形成菌蕾不长菇，或是菌柄基部粗、上部细长，菌盖薄小、有瘤状凸起、畸形，严重时造成窒息死亡。

6. pH

平菇同其他真菌一样，喜欢在微酸性基质中生长，适宜pH5~6.5，有一定耐碱性。由于培养料在灭菌或堆积发酵过程中，pH有下降趋势，且菌丝体及子实体生长过程中产生有机酸，使培养料的酸度增加，所以配料时加石灰或石膏进行调节。石灰具有供给钙素营养、提高培养料的pH、杀菌和促进秸秆软化的作用。配料时可适当偏碱些，一般pH8左右。

三、平菇的营养价值

平菇在世界各地均有分布，在中国绝大部分地区均有生产，尤以河南、河北、山东、黑龙江等省最多。平菇是一种食用菌，含丰富的营养物质，具有补充营养、促进新陈代谢的作用。

平菇的营养价值是富含菌多糖、膳食纤维、烟酸、维生素A、维生素E、维生素C、维生素D、维生素B_1、维生素B、维生素B_6、叶酸等，及多种矿物质（钾、钙、镁、硒）等营养成分。其中，平菇干品中蛋白质含量占20%左右，是鸡蛋的2.6倍，猪肉的4倍，菠菜、油菜的15倍。蛋白质中含有18种氨基酸，其中8种必需氨基酸8.38%，占氨基酸总量的35%以上。

四、平菇的药用价值

平菇性平，味甘，归脾、胃经，具有健脾开胃、益智健脑、舒筋活络、补虚等功效。据元代《日用本草》记载，平菇有益气、杀虫作用。平菇的药用价值如下：

（1）抗肿瘤　平菇含有多种免疫活性成分，如多糖、β-葡聚糖等，这些成分被认为具有免疫调节作用，可以增强机体的免疫功能，提高抗肿瘤的能力。相关研究表明，平菇热水提取物对肿瘤抑制率达70%左右。平菇中的多酚类化合物和其他抗氧化物质具有抗氧化和抗炎效果，可以减少氧化应激和炎症反应对细胞的损伤，有助于预防肿瘤的发生和发展。平菇中的一些活性物质可能具有直接的抗肿瘤作用，如平菇多糖、甲基香豆素和香菇多肽等，它们可以抑制肿瘤细胞的增殖和侵袭，促进肿瘤细胞凋亡。

（2）增强免疫力　平菇富含多种抗氧化物质，如多酚类和维生素C，能够有效中和体内自由基，减少氧化应激对身体的损害。这些抗氧化物质可以增强免疫系统功能，提高机体对抗疾病的能力。

（3）降低胆固醇　平菇中的可溶性膳食纤维可以帮助降低血液中的胆固醇水平。膳食纤维通过结合胆固醇，阻止其被吸收，从而减少胆固醇在体内的积累。平菇子实体还含有微量牛磺酸，牛磺酸是胆汁酸的成分，对脂类物质消化、吸收和胆固醇溶解有重要作用，这有助于预防心血管疾病，维护心脏健康。

（4）促进消化　平菇中的膳食纤维还可以促进肠道蠕动，增加粪便体积，改善便秘问题。此外，平菇还含有一种特殊的多糖物质，被称为β-葡聚糖，可以增加有益菌的数量，改善肠道菌群平衡，有助于维持良好的消化功能。

任务实施

一、任务所需器材

（1）材料　平菇二级菌种、玉米芯、木屑、稻草、豆秸、米糠或麸皮、棉籽壳、石膏、石灰、蔗糖、过磷酸钙、尿素、聚乙烯塑料袋等。

（2）器具　高压蒸汽灭菌锅、装袋机、窝口机、超净工作台或接种箱、酒精灯、酒精棉球、接种钩、接种勺、培养箱、塑料大棚、尼龙绳等。

二、任务实施步骤

平菇栽培方式主要有熟料栽培、生料栽培、阳畦生料栽培等。其中，熟料栽培杂菌污染少，产量较高，可周年进行栽培，是大规模生产采用的主要栽培方式。

平菇栽培种的制作

在平菇生长发育过程中，因其新陈代谢而产生的有机酸，会使培养料pH下降，另外，培养基在灭菌后pH也要下降，所以，在配制培养料时，应适当提高pH，使其偏碱性为好，一般用1%~3%的石灰水来调节pH，偏碱的环境还有利于防止杂菌的发生。

（一）确定生产时间

根据平菇生长发育对温度的要求，春秋两季是平菇生产的旺季。平菇有各种温型的品种，设施栽培可一年四季进行。确定栽培季节时，不但要考虑到当地的气候条件和出菇要求的温度，而且还要考虑到各季节平菇的市场行情或销售价格。只有综合考虑，才能取得好的经济效益。

（二）菌种准备

依据栽培季节选择抗逆性强的低温型品种，要多选几个品种，同一品系的菌种要实行轮换栽培。有条件的最好自制栽培种，以降低成本。栽培种的菌龄在30~45d为宜，为了得到适龄菌种，必须切实做好制种时间与栽培时间上的衔接。

在菌种培养过程中，由于平菇菌丝生长粗壮、速度快，如果不注意及时检查杂菌，就可能出现菌丝体将杂菌覆盖的现象，导致培养结束后菌种从表面上看纯正健壮，其实已经被杂菌污染了，最终给生产带来损失。

（三）料袋制备

1. 配制培养基

不同原料栽培平菇的产量有所不同。在制定配方时应注意针对平菇对营养的需求特点，合理搭配碳素营养和氮素营养，做到碳素和氮素营养平衡。常用的培养料配方（干重百分比）如下。

配方一：玉米芯50%，豆秸47%，麸皮2%，石灰1%。

配方二：玉米芯60%，米糠或麸皮37%，石膏1%，过磷酸钙2%。

配方三：稻草76%，蔗糖1%，石膏1%，麸皮20%，过磷酸钙2%。

配方四：棉籽壳70%，麸皮12%，过磷酸钙1%，稻草15%，糖1%，石膏1%。

配方五：阔叶树木屑82%，石膏3%，石灰2%，麸皮（玉米面）10%，过磷酸钙2.5%，尿素0.5%。

配方六：玉米芯78%，麸皮20%，蔗糖1%，石膏1%。

按配方比例称取各物质，把粉碎后的玉米芯与麦麸、石膏等不溶性的干料先混匀，再将糖等可溶性辅料溶解于水中制成母液，分批洒入培养料中，充分搅拌，力求均匀。配制好的培养基用手紧握时，手指间有水溢出而不下滴为宜，即含水量约为60%。准确测定料堆含水量并非易事，需经长期实践才能掌握。为了防止培养料过湿，先按料水比1∶1加水，随后逐渐调湿。配好料后略放置10～20min，让水分从表面吸入颗粒内部后，再酌情洒些水，即可开始装料。

2. 装袋

塑料袋可选用23cm×40cm×0.05mm的聚乙烯筒膜。手工装袋，要边装料边振动塑料袋，把料压紧压实，做到外紧内松，使料和袋紧实无空隙，用橡皮圈或绳扎紧；为了减少灭菌前微生物自繁生物量，配好料后，尽可能在上午结束装袋，否则料会发热、泛酸。有条件的可用装袋机装料，最好有周转筐，装好一袋放入筐内一袋。料袋放入筐中进行灭菌，既避免了料袋间挤压变形，又利于彻底灭菌。

3. 灭菌

用简易常压灭菌包灭菌时，在平地安放木排，下面插入蒸汽管道，在木排上铺垫透气材料，上面码放需要灭菌的料袋，上面用保温被盖严，四周与地面压牢、压严。开始灭菌时，先留出离蒸汽管最远的一个角不压，用砖头或木棒撑起来，以便排除冷气，待排出的蒸汽到90℃时，再过10min，撤去支撑的砖头或木棒，并将此角压严。继续供汽，直到太空包鼓起来，等到料袋中心温度升至100℃开始计时，需要灭菌12～14h，也要遵循"攻头、促尾、保中间"的原则。太空包灭菌最适合在日光温室内就地灭菌，就地接种，可减少搬运过程，在节省劳力的同时，也降低料袋的破损率，提高了成功率。

出锅前先把冷却室或接种室进行空间消毒。把刚出锅的热料袋运到消过毒的冷却室里或接种室内冷却，待料袋温度降到28℃以下时才能接种。

（四）接种

1. 菌种瓶（袋）的预处理

菌种期间，瓶肩（袋口处）必然黏附大量尘埃颗粒和杂菌。为了减少接种过程中杂菌飞扬、扩散，可将菌种瓶（袋）放在0.2%～0.3%高锰酸钾溶液中浸泡2～3min。接种前将料袋、栽培种及各种接种用具一起放入接种室，熏蒸或喷雾消毒。

2. 接种方法

接种时用灭菌镊子将菌种搅成玉米粒般大小的碎块，两人操作，一人持菌种袋（瓶），一人持料袋。在酒精灯火焰无菌区内，打开料袋，迅速将菌种均匀地撒在袋料表面一层。然后将袋口套上塑料环，将塑料袋口翻下，再在环上盖上牛皮纸或报纸，用橡皮筋箍好即可，按此方法，完成另一端的接种，并封好袋口。操作时，动作要快，防止杂菌污染。熟料栽培用种量，一般为培养料干料重的5%～8%。

（五）发菌管理

采用双区制栽培体系，即发菌和出菇分别在不同的场所进行。发菌室熏蒸消毒，密闭24h就可以将菌袋搬入进行发菌管理。合理排放菌袋，适时进行倒袋翻堆和通风，控制好发菌温度，发菌场所尽量保持黑暗。菌袋的排放形式一定要与环境温度变化紧密配合，菌袋采用单排堆叠的方式排放，菌袋排放在地面上，也可搭床排放，以充分利用空间。堆放层数及排与排之间的距离视气温而定，温度低时，菌袋可堆6～8层，排距20cm左右，气温高时，堆放3～4层，排距50cm左右；菌袋采用"井"字形摆放，以4～6层为宜，当气温升高至28℃以上，以2～4层为好，同时要加强通风换气。正常情况下，每隔7～10d要倒袋翻堆一次，以调节袋内温度与袋料湿度，改善袋内水分分布状况和透气状况，促进菌丝生长一致，经过30d左右，菌丝即可长满袋。

（六）出菇管理

发好的菌袋南北向单行摆放，两头接种的菌袋，解掉袋口的扎绳，将袋两端袋口的塑料膜卷起，露出料面，菌袋可横卧在红砖上（图3-2）。架高的目的是使空气对流性好，利于底层菌袋子实体的生长。菌墙不得超过1.5m。菌墙行间留80～100cm的过道。过道最好对着南北两侧的通风口。菌袋堆放好后，向地面、墙壁、空间喷雾，使环境的相对湿度提高到85%～90%。温度可根据品种的温型需要调控。原基阶段不要直接向袋口内喷水，以免原基萎缩死亡，随着菌盖的形成及长大，可逐步向菇体上喷水，喷水时要结合通风，防止湿度过大而烂菇，每天喷水次数依据天气变化灵活掌握，出菇室要有充足的散射光。

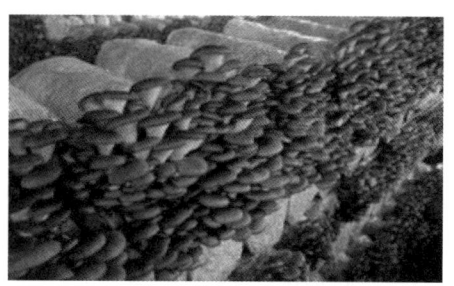

图3-2　平菇墙式出菇摆袋示意图

当子实体长到八成熟时，要及时采收，采收前3～4h应提高出菇室内空气的相对湿度，降低空间孢子量，防止人体吸入过量孢子而引起过敏。菇体上要少量喷水，以保持其鲜度，盖缘不易开裂。

采收时，若是单生菇，则要一手按住菇柄基部，一手捏住菇柄轻轻旋扭；若是丛生菇，则用利刀紧贴菌袋表面，将菇体成丛切割下，以免将培养料整块带下。第一潮菇采收后，清理袋口表面的老菌皮及菇根，停止喷水，加大通风，使袋内菌丝恢复生长。几天后再喷水提高空气相对湿度，促进袋口原基形成，再按上述方法进行出菇管理。

（七）出菇后期高产管理

常规管理出1～2潮菇以后，菌袋内培养料因水分被大量消耗而干缩，并在培养料的表面形成一层较硬的菌膜，降低了培养料的透气性、透水性，造成补水困难，袋栽平菇后期采用覆土或抹泥处理，能显著提高产量。

1. 畦式覆土

将菌袋脱去筒膜后，摆放在日光温室或室外畦床内，覆土后让其出菇。方法是：挖宽0.8～1m、深15～20cm、长5～6m的畦床，室外两侧要设排水沟，畦床做好后，向床内撒石灰，将菌棒立放或平放于畦内，菌棒间隔1cm左右。空隙用处理后的菜园土填满，再覆2～3cm厚的土层，稍后向畦内注清水，以中间存水不渗为止，以后如果土面干燥要继续喷水，以保持湿润而又不积水为度。室外阳畦见有原基出现时，在畦面覆盖一层用石灰水浸泡处理过的稻草，同时起拱搭棚，把塑料薄膜放在拱棚上，再覆盖草帘遮阳。日平均温度控制在15℃左右，并且温差在10℃左右，空气相对湿度在80%～90%，加强通风，当菇蕾有明显菌盖分化后可直接向其喷水，每天2～3次，5～7d形成原基。

2. 双层墙式覆土

将菌袋脱去筒膜，用泥土把菌棒垒成墙让其出菇。双层墙式覆土是将出1～2潮菇的菌袋解开，并将袋口的塑料剪断，使两端露出2cm左右的菌料，再将开口的菌袋卧式沿棚方向摆成两排，菌袋间距3cm，行间距20cm，间隙用处理过的菜园土填实。每卧一横排，覆土1～2cm，上层的摆放方法同第一层，可叠6～8层。在堆顶筑出一小水槽，在双排菌墙中间填土处，依次打3～4个0.5cm深的洞，便于出菇管理过程中灌水。双层墙式覆土见图3-3。

图3-3 双层墙式覆土

3. 单层墙式覆土

封口泥要选用含沙少的黏土，使用时加3%~5%的石灰水和泥。营养土应选用疏松肥沃的菜园土，使用时可拌入2%的过磷酸钙，若能加1/3~1/2的炉灰更好。

筑墙时分段进行。因为筑菌墙是采收1~2潮的菌袋，尤其是采收第一潮的菌袋采收时间不集中，可将3~5d内能采收的菌袋做一批，每批筑一段。筑菌墙时，将菌袋脱去

图3-4　单层墙式覆土

筒膜平摆一层，菌棒间的距离为1~2cm，上面放一层消毒处理过的黏泥，再摆一层菌棒，再放一层黏泥，像砌墙壁一样，逐层垒砌，堆高可达15m以上。堆好后用宽幅地膜跨放在高墙两侧，增加菌墙小区空气的相对湿度。其余管理方法参照出菇期管理。单层墙式覆土见图3-4。

4. 依靠土墙单层墙式

筑墙时要离开土墙一定距离，向上逐层内缩2~3cm，这样可防止菌墙外倾倒塌。菌墙位置确定后，在菌墙位置外缘用泥筑成一条宽、高均为2~3cm的泥埂，在泥埂和土墙间填2~3cm的营养土，用0.5%的尿素液浇透。将出完1~2潮菇的菌袋脱掉筒膜，一边抹上泥环，把泥环对准泥梗，在泥梗和土墙间填满营养土，同样用0.5%的尿素浇透。以此类推，在最后一层的泥梗要加高到5~6cm，泥梗和土墙间填上2~3cm的营养土做水槽，便于出菇管理过程中灌水。

思政小课堂

在中国，平菇栽培技术与地域文化深度融合。早在唐代，白居易笔下"橘子庵种菇"的描绘，不仅是对当时农业生活细腻观察的见证，更是中华民族勤劳智慧、勇于探索自然奥秘的生动体现。揭示了中华民族自古以来就秉持的"天人合一"哲学思想，即在尊重自然规律的基础上，通过智慧与实践，实现人与自然的和谐共生。

随着时代的变迁，平菇栽培技术的不断演进，成为了科技创新推动农业发展的重要例证。20世纪初，日本与欧洲国家在锯木屑栽培平菇上的突破，不仅展示了科学技术在农业生产中的巨大潜力，也体现了国际合作与交流对于促进全球农业技术进步的积极作用。再如，河南省刘纯叶先生创造的棉籽壳生料栽培法，不仅是一项农业技术的革新，更是对传统农耕文化的一次创造性转化和创新性发展。这一过程，启示我们创新是引领发展的第一动力，在传承中创新，在创新中发展，是中华民族文化生生不息、历久弥新的关键所在。

平菇栽培的文化历史背景，不仅是一部农业技术发展的编年史，更是一部人类智慧、勇气、创新与合作精神的赞歌。它启示我们，在新时代的征程上，应继续秉持开放包容、勇于创新的精神，推动农业绿色发展，促进人与自然和谐共生，为实现中华民族的伟大复兴贡献力量。

任务考核评价

表3-4　平菇栽培技术考核表

考核内容	考核指标	分值	实得分数
培养基的制备	配方成分和比例选择正确	15	
	称量准确		
	拌料均匀、含水量比例适中		
装袋与灭菌	装袋操作熟练，装袋量适中，松紧适当	10	
	分工合理，相互协作，桌面整洁，完成速度快		
	灭菌条件控制得当		
冷却与接种	冷却后再接种	25	
	无菌操作规范		
发菌管理	温度、湿度等生长条件控制得当	30	
	菌丝体颜色洁白，生长旺盛		
	无杂菌污染		
出菇管理	菇体大小、颜色均匀，生长状态好	20	
总分		100	

任务巩固与创新

1. 简述平菇栽培过程中培养料的选择和处理要点。

2. 简述平菇生长过程中对温度、湿度和光照的要求，并说明如何调控这些环境因素以促进平菇的生长。

任务四　杏鲍菇栽培技术

● 任务描述

　　杏鲍菇隶属于真菌门、侧耳科、侧耳属。具有独特的生物学特性，它适应性强，能在多种基质上生长。作为一种营养丰富的食用菌，杏鲍菇富含蛋白质、维生素和矿物质，有助于提高人体免疫力，维持健康。在栽培技术方面，杏鲍菇的栽培周期相对较短，且产量高，具有良好的经济效益。通过科学的管理和控制环境条件，如温度、湿度和光照等，可以实现杏鲍菇的优质高产。杏鲍菇的栽培不仅为人们提供了美味佳肴，同时也为农业多样化和可持续发展做出了贡献。

　　本次任务深入了解杏鲍菇的生物学特性、营养价值和栽培技术，重点学习杏鲍菇的生长习性和对环境条件的需求。通过学习，可以更好地进行杏鲍菇的栽培，提高产量和品质，满足市场需求。

● 任务目标

知识目标	能力/技能目标	思政目标
① 掌握杏鲍菇的生物学特性，包括其生长周期、所需环境条件以及繁殖方式。 ② 了解杏鲍菇的营养价值和药用价值。 ③ 熟悉杏鲍菇栽培的全过程，包括培养基的制备、接种技术、发菌及出菇管理等关键环节。	① 能够独立进行杏鲍菇的栽培过程。 ② 具备分析和解决杏鲍菇栽培过程中遇到问题的能力。 ③ 能够探索和优化杏鲍菇的栽培条件，提高产量和品质。	① 培养环保意识，认识到资源循环利用和生态环境保护的重要性。 ② 强化食品安全意识，确保杏鲍菇产品的安全与健康。 ③ 激发对农业科技的兴趣和热情。 ④ 培养团队合作精神和责任感。

● 任务相关知识

一、杏鲍菇的生物学特性

　　杏鲍菇（$Pleurotus\ eryngii$），又名刺芹菇、雪茸，属于侧耳科侧耳属，子实体单生或群生，是近年来开发栽培成功的及食用、药用、食疗于一体的珍稀食用菌新品种。

　　菌盖直径2~12cm，幼时呈淡灰色、弓圆形，成熟时中央浅凹，颜色转为浅棕色或淡黄白色，后期呈漏斗状，表面有丝状光泽、平滑、干燥；盖缘幼时内卷，成熟后逐渐平坦；菌褶向下延生，密集、略宽、呈乳白色、边缘及两侧平滑且有小菌褶，孢子印白色；菌肉白色肥厚，质地脆嫩，有杏仁味，无乳汁分泌，因菌肉肥厚似鲍鱼而得名杏鲍菇。菌柄组织致密、结实、乳白，可全部食用，且菌柄比菌盖更脆滑、爽口。

杏鲍菇是南欧、北非及中亚地区高山、草原、沙漠地带的一种品质优良的大型肉质伞菌，主要生长在秋季末期的腐木上，在中国新疆、青海和四川北部也有分布。

二、杏鲍菇的营养价值及功效

（一）营养价值

杏鲍菇因其具有杏仁的香味和菌肉肥厚如鲍鱼的口感而得名，营养丰富，富含蛋白质、碳水化合物、多种氨基酸、维生素及钙、镁、铜、锌等矿物质，具有增强免疫力、降血脂、抗肿瘤的作用。

1. 蛋白质含量高

杏鲍菇中的蛋白质含量较高，且氨基酸种类丰富，特别是含有人体必需氨基酸。这对于增强免疫力、提高肌肉质量、促进生长发育等都有益处。

2. 富含多种维生素

杏鲍菇富含维生素B_1、维生素B_2、维生素C和维生素D等多种维生素，其中维生素B族对于增强新陈代谢、维持神经系统正常运作有重要作用；维生素C则具有抗氧化、美容养颜等功效；维生素D可促进钙的吸收，有助于骨骼健康。

3. 富含多种矿物质

杏鲍菇富含钾、钙、镁、铁、锌等多种矿物质，其中钾的含量较高，有利尿、降压等作用；钙和镁则对于骨骼健康、心血管健康等有益处；铁和锌则对于血红蛋白合成、免疫调节等有帮助。

（二）主要功效

1. 开胃健脾

杏鲍菇味道鲜美，益气和胃，有健脾开胃的作用，对于食欲不振的人是不可多得的开胃食品。

2. 促进消化

杏鲍菇中含有丰富的寡糖，可与胃中的双歧杆菌一起作用，具有促进消化和吸收的功能，对于通肠排便有一定效果，含有的膳食纤维也可促进肠胃蠕动，吃杏鲍菇可以促消化。

3. 降脂降压

杏鲍菇富含粗纤维、钾、钙、磷等营养素，可以促进人体脂类物质的消化吸收和胆固醇的溶解，是一种降脂、降压的食品。

三、杏鲍菇的栽培历史

法国、意大利、印度先后对进行杏鲍菇的栽培技术进行了研究。1958年，Kalmar第一次进行栽培试验，1970年Henda在印度北部的克什米尔高山上发现了杏鲍菇，并首次在段木上进行栽培；1971年，Vessey分离得到了杏鲍菇菌株；1974年法国科研人员采用孢子分离的方法获得了杏鲍菇菌株；1974年，Cailleux用杏鲍菇子实体的菌褶分离得到了杏鲍菇的菌株，在12～16℃，275lx光照条件下栽培成功；1977年，Ferri成功地进行商业性栽培。近些年，泰国、美国、日本等国都有小批量栽培试验。经过各国科技工作者的不懈努力，杏鲍菇纯菌种的制作技术取得成功，栽培技术也不断完善，现已进入商业栽培阶段。

四、杏鲍菇的生长条件

（一）营养

杏鲍菇生长的营养条件主要是碳源、氮源和无机盐。与其他菇类有所不同的是，杏鲍菇是高营养型的菌类，它所需碳氮比可达10∶1以上，因此在配制培养基时除添加麦麸、细米糠以外，还要添加玉米粉、豆饼粉等物质来补充氮源。

（二）温度

杏鲍菇菌丝生长的温度范围是5～32℃，适宜温度为24～27℃，在25℃生长速度可达峰值。高于或低于25℃菌丝生长速度均下降，并呈一定等值关系，如23～27℃的生长速度，27～15℃的生长速度，2～10℃的生长速度。低温培养菌丝健壮并有利于控制杂菌污染。在生产中要密切注意气温、菌温、堆际温度，并处理好三者间的关系。气温是指室内外自然温度；菌温是指培养料内菌丝体生命活动产生的温度；堆际温度是堆间、袋间周围的温度。高温季节要避免极端高温危害，低温季节要充分利用三种温度效应，提高室温，促进发菌。菌丝在发菌过程中，由于菌丝不断增殖，新陈代谢渐旺，菌温也随之升高，一般比气温高3～5℃。杏鲍菇子实体形成温度为8～22℃，原基形成最适温度16～18℃。

（三）湿度

杏鲍菇菌丝生长和出菇管理对水分的要求与其他菇类稍有不同，配制培养基时含水量要求在66%～68%，含水量偏低会使产量明显降低。但含水量如超过70%则菌丝生长缓慢，易污染杂菌。栽培室空气相对湿度应控制在80%～90%，一般低温季节空气相对湿度可略高些，高温季节可略低些，以免滋生杂菌和害虫。

（四）通风

杏鲍菇是好气性菌类，必须有充足的氧气条件才能正常生长。氧气不足，菌丝体活力下降，长速变慢。在菌丝体生长阶段和出菇阶段必须提供充足的氧气，通风换气良好也是防治病虫害的有效手段。具体做法是结合温度、湿度管理，适当加强室内通风换气，确保空气新鲜。

（五）光照

杏鲍菇在菌丝生长阶段不需要光照，在黑暗条件下也能生长。但子实体在生长发育中要求有一定的散射光，完全黑暗的条件下原基不分化，分化的原基不形成菌盖。但如果光线过强，则会造成柄短盖大的畸形菇。控制好光照强度是生产优质杏鲍菇的重要环节。出菇室的光照强度一般为50~200lx。

（六）酸碱度

杏鲍菇菌丝生长需微酸性培养基，在pH3~12范围内，菌丝皆可生长，适宜pH为5~7，在配制培养基时pH调到7.5左右，灭菌后可降到7以下。

● 任务实施

一、任务所需器材

（1）材料　香菇二级菌种、木屑、麸皮、棉籽壳、豆粉、玉米粉、石膏、石灰、糖、过磷酸钙、尿素、硫酸镁、聚乙烯塑料袋等。

（2）器具　高压蒸汽灭菌锅、装袋机、窝口机、超净工作台或接种箱、酒精灯、酒精棉球、接种钩、接种勺、培养箱、塑料大棚、尼龙绳等。

二、任务实施步骤

杏鲍菇栽培场地应选在干净、通风的房舍、简易菇棚、温室等一些条件较好的靠近水源、电源及交通方便的地方，半地下温室及人防地道也可作为出菇场所。

杏鲍菇为中低温性食用菌，一般利用自然环境条件进行栽培，栽培季节为早春和晚秋季节出菇。栽培所用原材料为硬杂木屑、棉籽壳、玉米芯等培养料，所以在有硬杂木屑、玉米芯和棉籽壳的地区均可以进行杏鲍菇栽培。

（一）原材料的选择

主要材料：我国农林副产品资源丰富，其副产物如木屑、玉米芯、棉籽壳等均是栽培杏鲍菇的主要原料。稻草和豆秸虽然也可作培养料，但稻草或豆秸出菇迟，产量低。

辅助材料：细米糠、麸皮、玉米粉、豆饼粉、石膏、碳酸钙、糖。

（二）配方的选择（干重百分比）

配方一：硬杂木屑73%，麦麸25%，糖1%，石膏1%。

配方二：硬杂木屑40%，玉米芯粉35%，麦麸23%，糖1%，石膏1%。

配方三：硬杂木屑63%，麦麸20%，玉米面10%，豆饼粉5%，磷酸二氢钾0.3%，石膏2%。

配方四：硬杂木屑48%，玉米芯粉20%，石膏2%，麦麸、玉米面各15%，磷酸二氢钾0.3%。

培养基营养丰富，可使子实体朵大，产量高。有棉籽壳的地区可以作为主要原料或掺加部分棉籽壳原料，能提高产量10%~20%，但棉籽壳农药残留量严重超标，尽量不使用棉籽壳。经过灭菌、接种后的栽培袋置于25℃左右培养室中培养，60d左右菌丝即可长满袋。

（三）培养料的配制和装袋

1. 配制和拌料

按配方称取原材料。前一天将木屑、玉米芯混合，加水搅拌均匀，使玉米芯、木屑预湿，让玉米芯吸水。将拌好的料堆成梯形长堆，堆一夜。拌料要求做到"三均匀"，即原料与辅料混合均匀、干湿搅拌均匀、pH均匀。准确掌握含水量，灵活调水，杏鲍菇培养料含水量以60%~65%为适。

2. 装袋

栽培袋可采用17cm×33cm、17cm×38cm、20cm×37cm折角袋或15cm×55cm筒膜装袋时，用撮子将料装入袋内，边装料边抖实，同时，用手压紧，使装的料紧实无空隙，特别是料与膜之间不能留有空隙，光滑均匀。每袋装好料后重0.6~0.7kg，然后左手抓紧袋口，使袋面与料紧贴，以防接种时吸入空气发生污染。折好袋口，用扎绳扎实，使袋口完全密封。扎口前应把袋口部黏着的培养料擦净，防止杂菌从袋口污染。要打活结，以便接种。也可采用套环和无棉盖体封住袋口，而且可以重复使用，方法是先将套环套在菌袋口之后用无棉盖体盖好，4~6h装完袋。也可采用装袋机装袋，速度快、效率高、质量好。

（四）灭菌

一般采用常压灭菌。在菌袋装入锅中后，检查除排气孔外是否漏气。开始生火时，烧大火猛攻，越猛越好，4h必须达到100℃。假如升温较慢，一些高温菌在培养料中活动加剧会使养分受到损失。冷气排净后，立即关闭排气孔。在灭菌过程中，注意观察锅内水位，当水位低于安全线，要及时补充水分以防破锅，要添加开水，不使锅内温度下降，影响灭菌效果。整个烧火过程必须在100℃以上保持12h，中途不能断断续续，不能停火，不能降温，保持文火，保持100℃。如果用钢板池或油桶改制的常压锅炉，用塑料篷布或塑料膜封锅口，篷布薄膜中达到100℃时，蒸气使塑料膜拱起像气球一样，此时减少燃料，文火保持100℃。待拱起的篷布、薄膜要下落时又加大火力，使之重新拱起。停火前用猛火轰一次，再停火保温3~5h。待温度自然冷却下降至60℃时，趁热出锅，起到巴氏杀菌作用，以杀死搬运过程中外界落在袋面的杂菌，搬运热菌袋时应小心轻放，避免料袋变形或刺破，有条件的栽培户可采用周转筐，这样可以避免弄破菌袋和菌袋变形。热菌袋搬入接种室需冷却，待袋内温度达27℃左右时，开始接种。

（五）接种

将灭菌后料袋搬入接种室或接种箱内接种，也可采用离子风机进行接种。接种前，接种室先用2%~3%的来苏尔喷雾消毒，然后每立方米空间再用气雾消毒盒消毒，用火柴点燃，密闭熏蒸30min。菌种、料袋和工具应预处理，菌种必须逐一检查，发现杂菌应坚决清除，可用棉花蘸75%酒精擦洗消毒菌种瓶表面。采用超净工作台接种的，要预先开机30min，净化室内环境。采用紫外线灭菌的，要用纱布把菌种覆盖好，再打开30W紫外线灯照射30min。这样能够杀死菌种、料袋和工具表面的杂菌，达到无菌要求。

接种操作步骤：在点燃的酒精灯灭菌区内将菌种倒放；解开袋口，接种工具用酒精灯火焰灼烧，用大号镊子夹或用小勺盛菌种迅速地通过酒精灯火焰旁无菌区放入菌袋内，动作要迅速，以减少操作过程中受杂菌污染的机会，然后重新扎好袋口或轻轻打开无棉盖体接种后再将无棉塞体盖好，将接种的菌袋叠好，接种室中的全部料袋必须一次性完成接种。

接完种的菌袋要立即移入培养室进行发菌培养。一般每瓶二级种可接栽培袋50~60袋，两头接种只能接25~30袋。由于杏鲍菇的最高生长临界温度为35℃，而接种箱内采用酒精灯火焰灭菌，温度一般要比室温高6~9℃。高温季节箱温高达40℃以上，极易灼伤或烫死菌种。因此，采用接种箱接种要尽量安排在早晨或夜晚进行。

（六）发菌管理

1. 培养室空气和温度管理

菌袋摆到培养室后，调控温度在杏鲍菇的适宜生长范围内是杏鲍菇发菌的重要环节。前3~5d为萌动期，即菌丝恢复和萌发，温度20~27℃最为适宜。培养7~10d后，菌丝呼吸量加大，室内和菌袋内温度都会升高，须经常开门、开窗通风换气，一般每天通风3次，每次通风1h，避免二氧化碳浓度过高。高温天气，利用早晚温度较低的时机，尽量降低室温至20~24℃，低于20℃会造成未长满袋即出菇现象；低温天气，利用晴天中午开窗通风，并注意保温。20~30d，菌丝长到菌袋1/3~1/2时，菌丝生长旺盛，吃料迅速，室内二氧化碳浓度和温度急剧升高，此时，加大通风，两头接种的栽培袋可扎眼通气，侧面打眼接种的栽培袋去掉套袋，以增加氧气进入及二氧化碳等废气排出，促进杏鲍菇菌丝生长蔓延。若气温偏高，室内菌袋堆积较多，应打开排风扇排风降温。严格控制室温升高的另一项措施是"疏袋散热"，疏散一部分菌袋是对付高温的有效措施。

2. 遮光

杏鲍菇菌丝在生长期间不需要光照，黑暗条件有利于菌丝生长。强光下，菌丝生长缓慢，刺激原基过早发生，使菌丝提前老化，造成后期减产。因此，培养室门窗要用黑布或黑塑料布、黑薄膜遮盖好。尤以悬挂遮阳网为好，既遮光又透气，解决遮光与透气之间矛盾。

3. 湿度控制

培养室空气相对湿度70%时，适宜菌丝生长，可通过培养室安装的干湿温度计来观察，适时调节空气相对湿度。空气相对湿度过大，容易滋生杂菌，造成污染。在晴朗干燥的中午结合通风开窗换气降低空气相对湿度。

（七）出菇期管理

菌丝长满袋需后熟10d，菌丝吐黄水即可置于栽培室内进行出菇管理。取掉棉花和套环，把塑料袋口翻转至靠近培养基表面，之后喷水保湿，促其出菇。

1. 温度

以10～15℃较低温度刺激原基形成，一般需10～15d。然后把栽培室控制在15～18℃，让子实体生长和发育。在子实体生长过程中，若遇到低温，注意适当关紧门窗，尽量提高栽培室温度，让子实体正常生长；若气温升高，则多喷冷水降温，尽量减少子实体萎缩死亡。

2. 湿度

初期栽培室空气相对湿度要保持在90%左右，而当子实体发育期间和接近采收时，湿度可控制在85%左右，有利于延长子实体的货架寿命。注意不要把水喷到菇体上。

3. 光照

杏鲍菇子实体发生和发育阶段均需光照，以100～200lx为宜（相当于每平方米放置25～40W白炽灯），气温升高时要注意不要让光线直接照射。光照弱易形成无头菇；光照强则子实体柄短、盖大、易开伞，而且菌柄严重弯曲，降低品质；无光则不分化或不形成正常的子实体。

4. 通气

子实体发育阶段还要求加大通风量。雨天时，空气相对湿度大，房间需注意通风；当气温上升到18℃以上时，在增加喷水降低温度的同时，必须增加通风，每天通风2～3次，每次通风0.5h，避免高温高湿。

（八）采收

杏鲍菇采收标准应根据市场需求而定。出口的杏鲍菇要求菇体长5～10cm，菌盖直径4～6cm。国内市场要求当菌盖平展，孢子尚未弹射时为采收适期。采收第一潮菇后，相隔14d左右还可采收第二潮菇，但产量主要集中在第一潮菇。杏鲍菇生物学效率可达60%～80%，采用覆土措施可以提高杏鲍菇产量。

思政小课堂

杏鲍菇作为绿色食品，其栽培与食用关乎食品安全与健康。在栽培过程中，需要严格遵守食品安全标准，确保产品的安全与卫生。

杏鲍菇的栽培体现了人类对自然界的探索与利用。通过科学研究与实践，人们掌握了杏鲍菇的生长规律，为其提供了适宜的生长环境，这告诉我们，在追求发展的过程中，必须尊重自然、顺应自然，实现可持续发展。

杏鲍菇的产业发展对于推动农业现代化、促进乡村振兴具有重要意义。通过发展杏鲍菇产业，可以带动农村经济发展，提高农民收入，助力乡村振兴。

学生通过参与杏鲍菇的栽培实践，可以深刻体会到劳动的艰辛与收获的喜悦，从而更加珍惜劳动成果，培养勤俭节约、艰苦奋斗的优良作风。

任务考核评价

表3-5　杏鲍菇栽培技术考核表

考核内容	考核指标	分值	实得分数
培养基制备	培养料配方正确	30	
	拌料均匀、含水量适当		
	装袋操作熟练，装袋量适中，松紧适当		
接种	操作熟练	30	
	无菌操作规范		
	接种快、准、稳		
环境控制	温度、湿度等生长条件控制得当	20	
	菌丝体生长旺盛		
	无杂菌和虫害		
采收与后处理	菇体大小均匀	20	
	菌肉洁白		
总分		100	

任务巩固与创新

1. 简述杏鲍菇栽培过程中的关键环境因素及其影响。

2. 简述杏鲍菇的营养价值及经济价值。

任务五 猴头菇栽培技术

任务描述

猴头菇肉质鲜嫩，香醇可口，营养丰富，含有蛋白质、维生素、矿物质和膳食纤维等多种营养成分。它不仅是美味的食材，还具有药用价值，被誉为"山珍猴头，海味燕窝"。猴头菇在自然界中分布广泛，主要生长在北温带的阔叶林或针叶、阔叶混交林中。人工栽培猴头菇已逐渐成为满足市场需求的重要途径，其栽培技术也不断得到发展和完善。

本次任务重点学习猴头菇的栽培技术，包括菌种选择、培养基制备、接种、发菌和出菇管理等环节。首先选择优良菌种，制备适宜的培养基，然后接种并控制好发菌条件。出菇期需精心管理，如调控温度、湿度和光照，确保通风良好。栽培过程中要注意病虫害防治，保证猴头菇健康生长。通过掌握这些关键技术，可实现猴头菇的优质高产。栽培者需具备专业知识和实践经验，才能确保栽培成功。猴头菇栽培技术的发展，为市场提供了更多优质的猴头菇产品。

任务目标

知识目标	能力/技能目标	思政目标
① 掌握猴头菇的生物学特性，包括其生长环境、生长周期、营养需求等。	① 能够按照规范的操作流程完成栽培任务。	① 培养严谨的科学精神，确保实验结果的准确性。

续表

知识目标	能力/技能目标	思政目标
② 了解猴头菇的栽培技术和方法，包括菌种选择、培养基配制、接种、发菌管理、出菇管理等。	② 能够在栽培过程中遇到问题时，迅速找到原因并采取有效措施解决。 ③ 能够对猴头菇生长需要的温度、湿度、光照和通风等环境因素合理控制。	② 强化环保意识，合理利用资源，减少污染排放。 ③ 提升社会责任感，通过参与猴头菇栽培等农业生产活动，增强对农业、农村和农民的感情，为推动农业现代化贡献力量。

● 任务相关知识

一、猴头菇的生物学特性

（一）形态特征

猴头菇（*Hericium erinaceum*），隶属于非褶菌目猴头菌科，又名猴头、猴头菌、猴头蘑、刺猬菌、对口蘑、对脸蘑、花菜菌等。

菌丝体细胞壁薄，具横隔，有锁状联合。在斜面PDA培养基上，菌丝呈绒毛状由接种点向四周放射状扩散，菌丝前期生长缓慢，后期基内菌丝多，有不发达的气生菌丝，并能产生可溶性色素，使培养基变为棕褐色。

子实体肉质、块状、头状，似猴子的头而得名，一般直径为5～20cm，新鲜时白色，肉质松软细嫩。干燥时淡黄色至黄褐色，无柄，基部狭窄，除基部外，均密布菌刺覆盖整个子实体。菌刺的长短和生长条件有密切关系，菌刺下垂生长，呈圆锥形，刺长1～5cm，端尖锐或略带变曲，菌刺粗1～2mm。猴头菇的子实层着生于菌刺表面，孢子印白色。担孢子透明无色，球形或近球形，直径（5.5～7.5）μm×（5～6）μm，表面平滑。

（二）分布

猴头菇在自然界中分布很广。1959年中国对猴头菇开始驯化，并在1960年用木屑瓶培植获得成功，20世纪70年代开始批量栽培推广，20世纪80年代普及。

二、猴头菇的营养价值和药用价值

鲜嫩的猴头菇经特殊烹调，色鲜味美，为一种名贵菜肴，素有"山珍猴头菇，海味燕窝"之称。猴头菇有较高的营养价值，每100g干品中含蛋白质26.3g，脂肪4.2g，碳水化合物449g，粗纤维64g，磷856mg，铁18mg，钙2mg，还有维生素、胡萝卜素等。

猴头菇还具有较高的药用价值，其性平、味甘、有利五脏、助消化的功能。现代研究分析表明，猴头菇含有多糖类、多肽类物质，可增强胃黏膜屏障机能，从而促进溃疡愈合、炎症消退，还具有较高抗癌活性和增强人体免疫功能的疗效作用。近年来已广泛用于临床的猴菇消炎片等药物，对胃溃疡、十二指肠溃疡、慢性胃炎等病症疗效显著，对消化道肿瘤也有一定疗效作用。利用猴头菇制成的各种口服液等保健食品，如猴头菇饮料、猴头菇夹心饼干、猴头菇软糖、猴头菇蜜饯、猴头菇口服液、猴头菇菌片、猴头菇冲剂等，广受消费者的欢迎。

谢斐君等（1982）曾对猴头菇培养物进行了部分的化学分析工作，分离了2类化合物：一类为4-氯-3,5-二甲氧基苯甲酸及其酯类；另一类为齐墩果酸甙类。钱伏刚等（1987）对猴头菇菌丝体培养物，用正丁醇萃取，丙酮沉降，氧化镁脱色后得到总皂苷，收得率为0.01%。经硅胶层析、正丁醇、乙酸乙酯、水混合溶剂展开，得到5个单体。水解后的糖部分经TLC鉴定为葡萄糖、阿拉伯糖、葡萄糖醛酸和木糖。通常认为齐墩果酸皂苷可能是猴头菇用于治疗消化道疾病的有效成分之一。

以猴头菇子实体和菌丝体提取液为试验材料，以小鼠为动物试材，口腔和腹腔注射2种方式给药（给药量以相当于原药量计算）。试验结果表明：猴头菇子实体和菌丝体完全没有毒性，是一种服用安全可靠的菇类和菌丝体。

综上研究结果表明：猴头菇具有提高机体免疫功能，修复胃黏膜、肠溃疡，提高动物耐缺氧能力，抗疲劳、抗氧化、抗突变、降血脂、降血凝、加速血液循环、抗衰老、抑制肿瘤细胞生长等作用。

猴头菇的临床应用主要体现在以下3个方面：

（1）猴头菇对胃肠溃疡及胃炎的疗效　猴头菇能治疗各种胃溃疡、肠溃疡、慢性胃炎、慢性萎缩性胃炎、胃窦炎等多种消化道病症：临床验证227例，病史均在2年以上，总有效率在85.2%~92.5%。

（2）猴头菇对肿瘤的疗效　猴头菇具有抑制肿瘤细胞生长，提高免疫功能，消除化学药物和放射性射线对机体损害的作用，对治疗肿瘤有较好的效果；在住院病人中选取中、晚期的消化道肿瘤病人，同时选取少数其他肿瘤病人进行试验治疗，这些病人大部分曾用其他各种肿瘤药物治疗，但均无效而改用猴头菇片治疗。

（3）猴头菇对冠心病的疗效　猴头菇对治疗冠心病也有良好效果，可使心电图、症状改善，心绞痛减轻。临床验证58人，年龄45~70岁，男女比例6：4随机分成2组，试验组服猴头菇片，对照组服潘生丁。双盲法试验，两组药片外形做成一样，试验组药片编号7562-30，对照组为7562-3，每日服3次，每次服3片，连服3个月，结果表现出良好效果。

三、栽培现状

栽培猴头菇的品种很多,但在生产上通常选择菌丝洁白、粗壮、子实体出菇早、球心大、组织紧密、颜色洁白的品种。目前我国常见的猴头菇栽培品种有常山99号、猴头菇11号、猴头菇88号、高猴1号、猴头菇农大2号、猴杰1号、猴杰2号、猴头菇8905、夏头1号等。其中,高猴1号是广东太阳神集团生产用种,也是高温型品种,猴杰2号适合在松木屑培养料上出菇,猴头菇农大2号和猴头菇96是山西农大食用菌中心培育的优良品种,曾产出41kg的巨型猴头菇。

猴头菇属中偏低温型菌类,子实体最适宜生长温度为15～18℃,栽培季节一般在春、秋两季。我国南北气温差异较大,南方气温适宜猴头菇发育的季节大致为春分至小满(3月下旬至5月下旬)、寒露至小雪(10月上旬至11月下旬)2个时段内,北方则为立夏至芒种(5月上旬至6月上旬)、白露至寒露(9月上旬至10月上旬)。各地的小气候不同,还应根据本地的气象资料综合分析、判断由于猴头菌丝要经过25～30d才能由营养生长转入生殖生长,因此确定猴头菇发育后期,再向前推25～30d作为播种期。

猴头菇子实体的栽培有段木栽培和代料栽培2种方法,段木栽培现仅为少数研究单位试验用和极少数山区栽培,代料栽培主要采用瓶栽法和袋栽法。

猴头菇菌丝体生产采用深层发酵法生产技术,既可进行固体培养,也可在液体培养基中进行通气搅拌培养(又称液体发酵培养)。

四、深层发酵法生产技术

猴头菇菌丝体可进行固体培养,也可在液体培养基中进行液体发酵培养。液体发酵培养菌丝体生长速度较快,可得到除去培养基后的纯净菌丝。发酵培养要在发酵罐中进行,所得菌丝可用于制作药品。

(一)工艺流程

液体发酵法生产猴头菇工艺流程如图3-5所示。

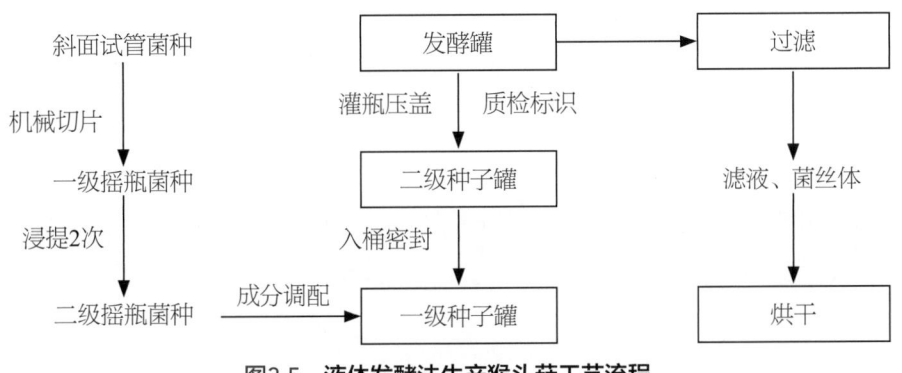

图3-5 液体发酵法生产猴头菇工艺流程

(二)培养过程

1. 摇瓶培养

(1) 一级摇瓶培养基 ①麸皮5g,葡萄糖2g,蛋白胨0.2g,磷酸二氢钾0.1g,硫酸镁0.05g,pH自然;②马铃薯20g,葡萄糖2g,磷酸二氢钾0.1g,硫酸镁0.05g。两种培养基任选一种,装入500mL三角瓶中,装量100~120mL,瓶口用两层纱布包扎,0.1MPa灭菌45min,冷却后接种。

(2) 接种培养 在接种箱或接种室中以无菌操作法接种。方法是用接种刀将斜面菌种割成小块,每块为1粒稻谷样大小,然后接入三角瓶液体培养基中,再放于摇床上振荡培养。摇动瓶子的目的是使培养基中能不断补充空气以利于菌丝生长。摇床有往复式和旋转式等数种。温度24~26℃,5~7d后培养液中充满浅白色菌球,发酵液在短时放置后呈透明状,培养基pH为4~5,这表明菌种已长好,可作为二级摇瓶培养种子用。

二级摇瓶培养方法和一级摇瓶培养方法相同。但瓶子较大,2500~5000mL,用一级摇瓶培养所得菌种接种于二级摇瓶培养基内,接种量10%,发酵条件与一级摇瓶培养相同。

2. 种子罐培养

种子罐培养分一级种子罐和二级种子罐2个过程。二级种子罐培养方法和一级种子罐完全相同。进行二级种子罐培养的目的是扩大菌种数量。

(1) 培养基 葡萄糖2%,淀粉1%,豆饼粉1%(颗粒大小不超过20目),酵母膏0.1%,磷酸二氢钾0.1%,硫酸镁0.05%。种子罐培养液装量70%,蒸汽压力0.12MPa,45min灭菌培养液的温度降至25℃左右时接种。

(2) 发酵培养 一级种子罐大小60~100L,灭菌后按无菌操作方法接入二级摇瓶菌种,接种量3%~5%,然后在24~26℃下通气搅拌培养。通风比$1m^3/(m^3 \cdot min)$,罐压0.5×10^5Pa,培养7d左右。当培养液(发酵液)中充满菌球,培养液变成透明即可用于二级种子罐的菌种。

二级种子罐体积400~500L,培养基与一级种子罐相同,接种量10%,发酵5d左右,发酵条件和发酵终点与一级种子罐相同。发酵结束即可用于发酵罐接种用。

3. 发酵罐培养

发酵罐培养与种子罐培养的基本原理、方法相似,其目的是获得较多的发酵物。因发酵培养目的是要得到大量的菌丝体产品,所以发酵罐体积要大,一般有5000L、1.5万L、30万L等各种规格。发酵成本要求低,发酵周期短,为此采取相应的设备和措施。

(1)培养基 蔗糖3%,黄豆粉或黄豆饼粉1.5%,玉米粉1.5%,蛋白胨0.1%,磷酸二氢钾0.1%,硫酸镁0.05%,pH5.0~6.5,蒸汽0.12MPa,灭菌1.5h。

(2)发酵 条件与种子罐培养相同,接种量10%,发酵周期5d左右,至发酵液呈黄棕色,充满菌球,菌球干重达1%~1.2%,静止后发酵液透明,显微镜下观察菌球开始自溶,pH4.5以下,残糖量大约为0.2%时即可终止发酵。

(三)发酵物处理

终止发酵后放出发酵液,过滤,然后分别将滤液和菌丝体烘干、备用。固体发酵的菌丝制药时,菌丝体无法从培养基中分离出来。所以,菌丝体是和培养基一起投入锅中煎煮的。因此,固体发酵菌丝体所用的培养基必须对人体无毒、无副反应。

五、产品开发

(一)猴头菇制剂

1. 提取

猴头菇子实体粉碎成花生仁大小,称重量后置于锅中,加10~12倍子实体重量的水,煮沸1.5h左右,过滤取汁。重复上述操作,两次滤液合并。冷却后沉淀取上清液,上清液减压浓缩(60℃左右),浓缩至比重1:1.35左右,得到猴头菇流浸膏。以流浸膏为原料,再进一步加工成猴头菇片或猴头菇胶囊。

2. 压片

取一定量1:1.35比重[①]的猴头菇流浸膏,加4~5倍量重的淀粉,拌和后压片、包糖衣即成。

3. 猴头菇胶囊

取一定量的1:1.35比重的猴头菇流浸膏,加2倍重量的淀粉,60℃减压烘干,磨粉(过80目筛孔),制粒装胶囊后装瓶密封保存。

(二)猴头菇罐头

猴头菇罐头加工分选料、漂洗、煮熟、配汤汁、装罐、杀菌、培养检验7道工序。工序如下:

(1)选料 选子实体色白,菌刺短(长度0.5cm左右),孢子未大量散落,形态圆整,无病虫害,含水量85%左右的猴头菇。

(2)漂洗 将选好的猴头菇子实体放于0.02%质量浓度的焦亚硫酸钠中漂白,时间3~5min,捞出,稍沥出水分,再放入0.05%的焦亚硫酸钠液中,时间3~5min;最后

---

① 比重是指相同体积下水和溶液的质量比,余同。

捞出放在流动的清水中迅速冲洗。

（3）煮熟　上述漂白的猴头菇立即倒入0.5%的柠檬酸水中，煮沸8min左右，到中心熟透，无白色为止，后迅速放入清水中冷却、冷透，捞出沥干。

（4）配汤汁　取清水加2.5%质量的精制盐煮沸，加0.05%质量的柠檬酸，使酸度符合pH要求，取滤液备用。

（5）装罐、杀菌　将煮熟冷却的猴头菇，按规定量称好，装入瓶中，向瓶内灌入上述滤液，滤液距瓶口1cm左右，加盖抽真空后灭菌。

（6）培养检验　上述灭菌过的猴头菇罐头放倒在33℃、空气相对湿度80%的培养室中，培养1周后取出，逐瓶检查，凡瓶盖隆起，用棒捶之有浑浊声音，或瓶内有气泡，或有杂菌出现，即表示有杂菌感染，应弃去不用。其余好的罐头即可入库或出售。

（三）猴头菇发酵酒的生产

猴头菇发酵酒可单独用猴头菇制作，也可添加其他成分，如黄芪、当归、红枣、枸杞等和酒配制而成。方法是：用糯米煮成糯米饭，按传统方法酿成甜酒，到酒精度达4%vol、糖度15°左右时取出，放于白布袋中压滤，得到甜酒汁。黄芪、当归、枸杞、红枣、猴头菇等洗净，红枣去核、切碎，称量后加入50%~55%vol白酒中浸泡，容器密封30d后开启，用棉白布过滤，得浸出液。调配时取出一定量的猴头菇和药材酒浸滤液，混合均匀，如口味不好可加蜂蜜等物调整，密封保存3~4个月，然后用白棉布过滤，装入瓶中，即可销售或食用。

（四）猴头露

猴头菇加水（干猴头菇加12倍水，鲜猴头菇加8倍水）煮沸2h，过滤取第1次汁液，再加10倍水，煮沸2h过滤取第2次汁液，2次汁液合并，沉淀8h以上，取上清液，然后加提取液9.5%重量的白砂糖（蔗糖）和0.5%的柠檬酸，充分搅拌至全部溶解，即成猴头露。

猴头露制成后应立即装于玻璃瓶或软包装塑料袋，每瓶或每袋的容积为200mL。灭菌0.5h，软包装也可用紫外线灭菌。

（五）猴头菇袋泡茶

1. 原料

猴头菇3kg，绿茶叶末1kg。

2. 制法

按猴头露生产方法，煮取2次汁液，再加热蒸发浓缩至比重1∶1.25左右，然后取其一半浓缩液和1kg茶叶末拌匀，60℃温度烘至半干程度，再将余下的一半浓缩液拌入半干状态的茶叶中，继续在60℃下烘干。然后用粉碎机粉碎，经茶叶包装机包装成袋泡茶，每袋质量2g。日服1~2包，用热水冲泡，至茶水色泽成白色时弃去，连服2~3个月。治疗消化道溃疡、各种胃炎、食欲不振、冠心病、频繁性感冒等症，本茶还可预防肿瘤。

任务实施

一、任务所需器材

（1）材料　猴头菇二级菌种、棉籽壳、米糠、麸皮、过磷酸钙、石膏粉、蔗糖、棉籽饼、玉米粉、木屑、过磷酸钙、石膏粉、甘蔗渣、玉米芯、酒糟、豆饼、稻草或麦秆、尿素、芦苇等野草、花生壳或葵花子壳、豆腐渣或甘薯粉、豆秆、聚乙烯塑料袋等。

（2）器具　高压蒸汽灭菌锅、装袋机、窝口机、超净工作台或接种箱、酒精灯、酒精棉球、接种钩、接种勺、培养箱、塑料大棚、尼龙绳等。

二、任务实施步骤

目前猴头菇栽培选择袋栽的方法（图3-6）。小袋两头出菇袋栽法就是采用大小（15~18）cm×（33~38）cm、厚0.02~0.03mm的塑料袋筒，每袋能装0.35~0.4kg干料，经拌料、装袋、灭菌后，采用两头接种的方法。发菌和出菇采用堆叠菌墙的方法，其他管理与瓶栽相同。袋栽一般不需要去除多余的菇蕾，这样产生的子实体个体较大，大的一个可达0.25kg左右，最大可达0.5kg。因此袋栽的猴头菇，第一潮菇适于鲜销、干制而不宜制罐头，第二、三潮菇才适合制罐头。

在种香菇、银耳的产区，人们还用长袋子、细袋子，采取侧面打孔接种的方法，让猴头菇在菌筒上周身打眼出菇。袋子的规格一般为（12~15）cm×55cm，厚0.045mm。一般采用装袋机装袋，工作效率高，如福建、浙江等地。

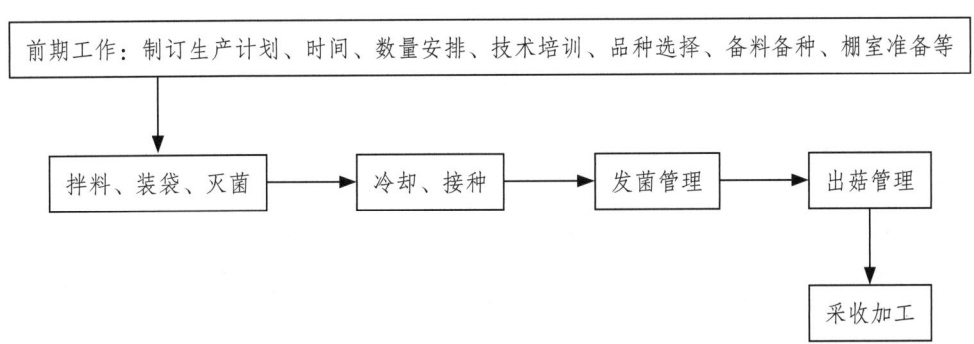

图3-6　猴头菇袋栽工艺流程

（一）菌种制备

因地制宜，就地取材，并根据市场需求选择适于本地栽培的优良品种，然后按常规的制种方法制备原种和栽培种，制种时要注意调pH为酸性。

（二）栽培季节的确定

猴头菇属中偏低温型菌类，子实体最适宜生长温度为15～18℃，栽培季节一般在春、秋两季。由于猴头菇丝要经过25～30d才能由营养生长转入生殖生长，因此确定猴头菇发育后期，再向前推25～30d作为播种期。

（三）场地选择

猴头菇的代料栽培场地一般分室内层架床栽和室内培菌野外荫棚畦床栽培2种，包括发菌室、出菇房和人工荫棚。

1. 发菌室

菌丝培育的场所要求清洁、干燥、无杂菌。选择适合的房间，提前做好消毒灭菌工作。

2. 出菇房

猴头菇子实体发育的场所，为了提高空间的利用率，在出菇房内设置床架，每个床架6～7层，高2.8m，宽90～130cm，层间距30cm。

3. 人工荫棚

猴头菇室外栽培出菇的场所，一般选择冬闲田或林地。要求在水源方便、利于排水的地方搭建荫棚，光照以"七分阴、三分阳"为宜。荫棚周围的环境应喷"农地乐"等杀虫剂或石灰粉，以防害虫的入侵，林地荫棚还应撒呋喃丹等药物，预防白蚁。

（四）培养料的选择

根据当地原料来源就地取材，选择合适的培养料配方。常见的配方（干重百分比）如下。

配方一：棉籽壳86%、米糠5%、麸皮5%、过磷酸钙2%、石膏粉1%、蔗糖1%。

配方二：棉籽壳55%、米糠10%、麸皮10%、棉籽饼6%、玉米粉5%、木屑12%、过磷酸钙1%、石膏粉1%。

配方三：甘蔗渣78%、米糠10%、麸皮10%、蔗糖1%、石膏粉1%。

配方四：玉米芯50%、木屑15%、米糠10%、麸皮10%、棉籽饼8%、玉米粉5%、蔗糖1%、石膏粉1%。

配方五：玉米芯76%、麸皮12%、米糠10%、蔗糖1%、石膏粉1%。

配方六：木屑78%、米糠10%、麸皮10%、蔗糖1%、石膏粉1%。

配方七：酒糟80%、豆饼8%、麸皮10%、蔗糖1%、石膏粉1%。

配方八：稻草或麦秆60%、木屑16%、米糠10%、麸皮10%、蔗糖1%、石膏粉1.5%、尿素0.5%。

配方九：芦苇等野草50%、花生壳或葵花籽壳28%、米糠10%、麸皮10%、蔗糖1%、石膏粉1%。

配方十：豆腐渣或甘薯粉25%、棉籽壳40%、豆秆20%、米糠或麸皮13%、蔗糖1%、石膏粉1%。

以上原料除木屑以外，要求新鲜、无霉变，经粉碎成木屑状，酒糟、豆腐渣、甘薯粉则应晒干备用，稻草、麦秆切成3cm左右的小段，并浸泡于水中8h以上，沥水备用。

（五）拌料

在配制培养料时，要求主料和辅料混合干拌，将蔗糖、过磷酸钙、尿素等先溶于水，再倒入干料中反复拌匀。培养料的含水量应根据料的不同，严格掌握在55%~65%，水宁少勿多。料中的水分含量还与扎瓶口的材料有关，如用牛皮纸或双层报纸封口，则拌料时水分应稍增加，而用塑料薄膜封口，则水分不宜过多。调pH为5.4~5.8，常采用0.2%的柠檬酸调酸，切忌在配料中加入石灰，不能使培养料偏碱，否则不利于猴头菇的生长，也不能加多菌灵、克霉灵等消毒剂，因其会抑制猴头菇菌丝生长。

（六）装袋、灭菌、接种

1. 装袋

使用装袋机。5人一组，1个人往料斗里加料，2个人轮流将塑料袋套在出料筒上，一手轻轻握住袋口，一手用力顶住袋底部，尽量把袋装紧，越紧越好，另外2个人整理料袋扎口，一定要把袋口扎紧扎严。

手工装袋，边装料边抖动塑料袋，并用粗木棒把料压紧压实，装好后把袋口扎严扎紧。在高温季节装袋，要集中人力快装，一般要求从开始装袋到装锅灭菌的时间不能超过6h，否则料会变酸变臭。料袋装锅时要有一定的空隙或者"井"字形排垒在灭菌锅里，这样便于空气流通，灭菌时不易出现死角。

2. 灭菌

快速升温至100℃，当温度到100℃后，要用中火维持8~10h，中间不能降温，最后用旺火猛攻一会儿，再停火焖一夜后出锅。出锅前先把冷却室或接种室进行空间消毒。把刚出锅的热料袋运到消过毒的冷却室里或接种室内冷却，待料袋温度降到30℃以下时才能接种。

3. 接种

（1）打穴接种　料袋多采用侧面打穴接种，要几个人一组同时进行，所以在接种室和塑料接种帐中操作比较方便。

具体做法：先将接种室进行空间消毒，然后把刚出锅的料袋运到接种室排放好，再把接种用的菌种、胶纸，打孔用的圆锥形木棒、75%的酒精棉球等接种工具准备齐全。关好门窗，打开臭氧消毒器，消毒40min；关机15min后开门，接种人员迅速进入接种室外间，关好外间的门，穿戴好工作服，向空间喷75%的酒精消毒后再进入里间，接种按无菌操作（同菌种部分）进行。

侧面打穴接种一般用长55cm塑料筒作料袋，接4穴，3人一组。①第一个人先将打穴用的木棒用75%的酒精消毒，再将要接种的料袋搬一个到桌面上，手用75%的酒精棉纱擦抹料袋朝上的侧面消毒，一手用木棒在消毒的料袋侧面平均距离打穴4个。②第二个人打开菌种瓶盖，将瓶口在酒精灯上转动灼烧一圈，长柄镊子也在酒精灯火焰上灼烧灭菌；冷却后，把瓶口内菌种表层刮去，然后把菌种放入用2%来苏水消过毒的塑料筒里；双手消毒后，直接用手把菌种瓣成小枣般大小的菌种块迅速填入穴中，菌种要把接种穴填满，并略高于穴口。注意：第二个人的双手要经常用酒精消毒，双手除了拿菌种外，不能触摸任何地方。③第三个人则套外袋，并把料袋翻转180°，将接过种的侧面朝下。

用接种箱接种，因箱体空间小，密封好，消毒彻底，所以接种成功率往往要高于接种室。但单人接种箱只能一个人操作，只适用于在短的料袋两头开口接种。如果是侧面打穴接种，最好采用双人接种箱，由两个人共同操作，一个人负责打穴，套外套带，另一个人将菌种按无菌程序转接于穴中。

（2）菌袋接种环节应注意的问题　①操作人员在接种前做好个人卫生，洗净手、更换干净衣服。②用菌种封口时，菌种要与接种穴膜吻合，即菌种与接种穴口靠紧，以防水分蒸发，并注意防止种块脱落。③对于含水量低的栽培种，压入穴口，压力可以大一些，对含水量高的要注意轻压，防止压力太大，导致水渍死种而感染霉菌。接种穴一定要侧放，否则，种块上易滋生霉菌或死种。④接种应避开一天的高温期，接种温度以不超过28℃为好，温度低时接种可在白天进行，夏季或秋季高温时接种最好选择晴天的早晨或午夜，可以提高成活率。

（七）发菌

接种后将料袋移入发菌室，避光黑暗培养。室内温度掌握在20~25℃范围内，空气相对湿度60%~65%为宜。早春气温低，应注意室内升温，秋季则要降温防止"烧菌"。在发菌期间要经常进行翻堆、检杂、通风换气。一般经25~30d，菌丝长满菌瓶，即可进行催蕾出菇。

（八）催蕾

此阶段是猴头菇由营养生长转向生殖生长的关键时期，所以要人为创造良好的温、光、气、湿等条件，满足猴头菇子实体发育的需要，尽可能使菌袋或菌瓶现蕾整齐一致。将长满菌丝的菌瓶转到菇房或室外荫棚，从菌瓶的瓶口处松开薄膜，进行催蕾出菇。此时温度应降至15～18℃，通过空间喷雾、地面洒水及空中挂湿草帘等方法加大湿度，加强通风，并增加散射光，2d后又遮阳。这样人为造成温、光、气、湿等条件的改变，促使菌丝转向生殖生长，几天后从瓶口处出现白色突起物的菌蕾。

（九）出菇

现蕾后要及时将薄膜揭去，采用层架立式出菇或卧式堆叠墙式出菇，瓶栽则将上下两层的菌瓶瓶口交叉放置，有利于扩大子实体生长空间，防止子实体互相粘连。出菇房的适宜温度应在15～20℃，空气相对湿度保持在85%～90%，不能直接对子实体喷水，以防伤水、烂菇。室内或菇棚要求空气新鲜，但不能有强风，否则子实体表面会出现干燥现象。通风不良或湿度过大，易形成畸形子实体。随着子实体从小长大，光照强度可控制在200～500lx，这样子实体生长健壮，圆整，色泽洁白，商品价值提高。光照过强，子实体色泽微黄至黄褐，从而品质下降。

（十）采收

当猴头菇子实体七八分成熟，球块已基本长大，菌刺长到0.5～1cm，尚未大量释放孢子时，即采收最佳期。此时子实体洁白，味清香、纯正，品质好，产量高。采收时用小刀齐瓶口或袋口切下，或用手轻轻旋下，并避免碰伤菌刺。若当子实体的菌刺长到1cm以上时采收，则味苦，风味差，往往是子实体过熟的标志。

猴头菇的苦味来自孢子和菇脚，采收后的子实体应及时切去有苦味的菇脚，浸泡于20%的盐水中，鲜食、制罐、晒干或烘干。

采收后，应立即对料面进行清理和搔菌，即用小刀或小耙子清除料表面残余的子实体基部、老化的菌丝、出过的废料、有虫卵的部分，并防止病虫害的发生。覆盖瓶口，停止喷水1～2d，加强通风换气，然后再喷水保湿，使空气相对湿度保持在70%左右，在出菇房或菇棚进行"养菌"。约1周后，可再次催蕾，进入下一潮菇的管理。瓶栽一般可以收2潮菇，袋栽一般可出3～4潮菇，后2潮若用覆土处理，可提高产量。

此外，猴头菇栽培还可采用常明昌（1996）抹泥墙的方法，即把发好菌的小袋脱袋，用稀泥将小菌筒砌出菌墙的方法出菇。该方法栽培猴头菇能充分利用土壤中的矿物质元素和有益微生物，并能保持培养料中的水分不易蒸发，从而促进了子实体的生长发育，培养出适于干制和鲜销的巨型猴头菇（0.5～41kg）。1996年用此法培养出世界最大的巨型猴头菇，体长46cm，重达4.1kg。该方法还适用于小袋两头出菇法，第一潮菇采收后的第二、三潮菇的后期管理，能大大提高后期产量。

思政小课堂

猴头菇,因其形状酷似猴头菇而得名,自古以来就是中国传统的珍稀食用菌之一。在中国古代,猴头菇因其独特的口感和药用价值,深受皇室贵族的喜爱,常被用作贡品进献朝廷。

随着时间的推移,猴头菇的栽培逐渐从野生采集转向人工培育。这一转变不仅提高了猴头菇的产量,也使其更加普及,走入寻常百姓家。在栽培过程中,人们不断积累经验,探索新的栽培技术,使猴头菇的产量和质量都得到了显著提升。猴头菇的栽培文化也逐渐形成并丰富起来。在栽培实践中,人们不仅注重技术的传承和创新,还融入了对自然的敬畏和感恩之情。这种情感在猴头菇的栽培过程中得到了充分体现,也赋予了猴头菇更加深厚的文化内涵。此外,猴头菇还与中国的饮食文化紧密相连。作为一种珍稀的食用菌,猴头菇不仅口感鲜美,而且营养丰富,具有很高的食用价值。在中国的传统烹饪中,猴头菇常被用来制作各种美味佳肴,如猴头菇炖鸡、猴头菇汤等,深受人们的喜爱。

猴头菇栽培的文化历史背景深厚且多元,既体现了人们对自然的敬畏和感恩之情,也融入了中国的饮食文化和传统价值观。这使得猴头菇不仅是一种珍贵的食用菌,更是一种文化的象征和传承的载体。

任务考核评价

表3-6 猴头菇栽培技术考核表

考核内容	考核指标	分值	实得分数
培养料的制备与灭菌	拌料均匀、含水量适当	40	
	装量适中,松紧适当		
	灭菌条件控制得当		
接种与培养	无菌操作规范,熟练	20	
	培养条件选择合理		
发菌管理	菌丝体生长旺盛	20	
	无杂菌污染		
出菇管理	菇体大小、颜色均匀,生长状态好	20	
总分		100	

● **任务巩固与创新**

1. 简述猴头菇栽培过程中的主要步骤,并指出其中哪些环节对猴头菇的生长至关重要。

2. 在猴头菇的出菇管理阶段,温度和湿度是如何影响猴头菇的生长和发育的?简述应如何调控这些因素以获得优质的猴头菇产品。

任务六 蛹虫草栽培技术

● **任务描述**

  蛹虫草是一种珍稀的食用菌和药用菌。它属于麦角菌科虫草属,由子座与菌核两部分组成。蛹虫草不仅具有丰富的营养价值,含有蛋白质、维生素和多种矿物质,还具有补肺平喘、扶正益气、降压护肝、补肾壮阳等多种药用功效。它既能作为食材用于烹饪美味佳肴,又能作为药材用于辅助治疗多种疾病。此外,蛹虫草的人工栽培技术也日益成熟,为市场提供了更多的优质产品。

  为满足市场对蛹虫草这种珍稀食用菌和药用菌的需求,蛹虫草的栽培研究从20世纪30年代就开始了。国内外的研究人员进行了有关蛹虫草生态调查和驯化、人工栽培的研究,并取得了一定的成果。我国,从1986年起便开始研究蛹虫草的人工种植技术,至今已经走过了近40年。在这个过程中,蛹虫草的栽培技术不断得到优化和改进,产量和质量也得到了显著提升。现在,蛹虫草已经成为一种受到广大消费者喜爱的健康食品。

  本次任务介绍了蛹虫草的生物学特性、药用价值和栽培技术,通过结合精心控制的环境条件,如温度、湿度和光照,蛹虫草得以在人工环境下茁壮成长。栽培过程中需严格遵循无菌操作,以防止杂菌污染。随着技术的不断发展,蛹虫草的人工栽培已实现规模化生产,为市场提供稳定、高质量的蛹虫草供应。

任务目标

知识目标	能力/技能目标	思政目标
① 掌握蛹虫草的基本生物学特性。 ② 了解蛹虫草的食用和药用价值。 ③ 熟练掌握蛹虫草的栽培技术和方法。	① 具备独立进行蛹虫草栽培实验的能力。 ② 能够独立分析问题和解决生产的实际问题。 ③ 能够严格按照无菌操作完成接种。	① 了解中国传统的农耕文化，培养学生对农耕文化的尊重和传承意识。 ② 树立正确的劳动价值观，懂得珍惜劳动成果，尊重劳动人民。 ③ 培养学生的团队协作精神和集体荣誉感，为共同的目标而努力。

任务相关知识

一、蛹虫草的形态特征

蛹虫草[*Cordyceps militaris*（L.：Fr.）Link]是虫草属的药用真菌，又称北冬虫夏草，简称北虫草（图3-7）。在虫草属中，人们广泛研究其药用价值和栽培技术的有两种：一种是冬虫夏草，另一种就是蛹虫草。冬虫夏草自然分布在高海拔地区，寄生在蝙蝠蛾（*Hepialus armoricanus*）的幼虫体上，为名贵中药，人工栽培草虫很难；蛹虫草野生菌株寄主范围十分广泛，广泛分布于低海拔地区，也为名贵药材，已经实现了规模化人工栽培。

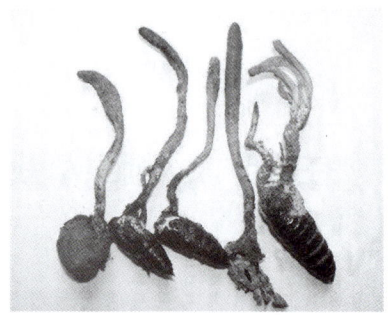

图3-7 蛹虫草形态

二、蛹虫草的药用价值

蛹虫草菌丝体发酵液中含有甘露醇，产生蛹虫草菌素3-腺嘌呤苷和5'-三磷酸盐虫草菌素。可药用，治疗结核、体虚、贫血等多种疾病，另有可以抗癌的报道。研究表明，蛹虫草的药用价值和保健功能与冬虫夏草基本相似，甚至高于冬虫夏草。以下对蛹虫草和冬虫夏草进行了矿物质元素、维生素、化学成分以及8种人体必需氨基酸含量进行了比较（表3-7至表3-10），蛹虫草中的主要药效成分均具有独特的药效功能。

表3-7 蛹虫草和冬虫夏草主要矿物质元素含量比较　　单位：mg/g

项别	Na	K	Ca	Mg	P	Fe	Zn	Cu	Mn
蛹虫草	776	666	318	945	4092	71	83.21	16.75	2.24
冬虫夏草	987	547	565	1083	3574	63	14.58	3.13	3.83

表3-8　蛹虫草和冬虫夏草主要维生素含量比较　　　　　　　　　单位：mg/g

项别	维生素A	维生素B_1	维生素B_2	维生素B_6	维生素B_{12}	维生素C	维生素E
蛹虫草	0.385	0.748	0.176	2.282	0.668	0.249	3.693
冬虫夏草	0.067	痕量	0.014	痕量	0.023	痕量	0.037

表3-9　蛹虫草和冬虫夏草特殊化学成分含量比较　　　　　　　　单位：mg/g

项别	虫草素	虫草酸	虫草多糖	SOD活性/（μg/mg.pro.）
蛹虫草	2	8	13	584
冬虫夏草	0.48	6.8	12	183

表3-10　蛹虫草和冬虫夏草8种人体必需氨基酸含量比较　　　　　单位：mg/g

项别	赖氨酸	色氨酸	苯丙氨酸	甲硫氨酸	苏氨酸	亮氨酸	异亮氨酸	缬氨酸
蛹虫草	688	139	436	70	879	717	487	876
冬虫夏草	132	112	114	52	142	146	93	163

（一）虫草素

虫草素又名3-脱氧腺苷、虫草菌素、蛹虫草菌素。虫草素有抗病毒、抗肿瘤作用，它能抑制病毒的RNA合成；对枯草杆菌和鸟结核杆菌均有抑制作用；对HIV-I型病毒也有杀伤作用；尤其对多种实体恶性肿瘤有很强的抑制作用，因此虫草素被视为一种新型的广谱抗菌素。研究表明虫草素还具有抗缺氧、增加心肌营养和血液量、降低血清胆固醇和β-脂蛋白的作用等。此外，临床研究也证实了虫草素具有补精髓、止血化痰、强壮、收敛、镇静等作用。虫草素对高血压、血胆脂醇过多、甲状腺机能减退及传染性肝炎的预防和缓解都有显著的疗效。

目前，虫草素主要是化学合成和从蛹虫草中提取纯化。虫草素在野生冬虫夏草中的含量极微，从表3-9中可以看出，人工培养的蛹虫草中的虫草素含量明显高于冬虫夏草。

（二）虫草酸

虫草酸又名甘露醇。虫草酸能抑制各种病菌的成长，可预防与治疗脑血栓、脑出血、心肌梗死、长期衰竭；同时虫草酸是止咳平喘的药效成分之一。虫草酸含量的高低是衡量虫草质量的主要标准之一，一般认为虫草酸含量高的虫草药用价值高。

（三）虫草多糖

虫草多糖是由甘露糖、虫草素、腺苷、半乳糖、阿拉伯糖、木糖精、葡萄糖、岩藻糖组成的多聚糖，无异味，易溶于水。虫草多糖的化学定性试验呈阳性反应，多糖与蒽酮试剂反应为蓝绿色，与苯酚-硫酸试剂反应为橘红色，与α-萘酚试剂反应为紫红色。但虫草多糖不溶于高浓度乙醇与有机溶剂。虫草多糖是虫草体内含量最丰富、最重要的生物活性物质之一。大量医学实验证实，虫草多糖可活化巨噬细胞刺激抗体产生，提高人体免疫能力，改善呼吸系统，有促进肾上腺功能的作用，可抑制肿瘤生长，并具有抗肿瘤、抗辐射、降血糖和脂蛋白、止咳、化痰、润肺和延缓衰老等药理作用。此外，虫草多糖还能抗心律失常、抗心肌缺血、扩张外周血管、降压、降血脂、抑制血小板聚集。从表3-9中可以看出蛹虫草和冬虫夏草的虫草多糖含量差别不大。

（四）超氧化物歧化酶（SOD）

SOD是催化超氧自由基（$O_2·$）歧化反应的酶类。吞噬细胞在吞噬外源性异物时，NADPH氧化酶活化，产生大量O_2，使细胞膜中不饱和脂肪酸过氧化。SOD能专一性清除O_2。随着年龄增长，人体SOD活性逐渐下降，这是造成衰老的重要原因。SOD可抗类风湿、红斑狼疮、皮肌炎、抗癌、防辐射，并具有抗衰老和美容的作用。从表3-9中可以看出，蛹虫草中的SOD活性远高于冬虫夏草。

蛹虫草的药用价值可以归纳为：调节免疫系统功能；直接抗肿瘤作用；提高细胞能量、抗疲劳；调节心脏功能；调节肝脏功能；调节呼吸系统功能；调节肾脏功能；调节造血功能；调节血脂以及具有直接抗病毒、调节中枢神经系统功能、调节性功能等作用。

三、栽培现状

随着人们对蛹虫草的药用价值和保健功能认识的不断加深，以蛹虫草为原料的医药保健品的不断开发，野生蛹虫草的数量已经远远不能满足国内外市场的需求。自20世纪50年代以来，国内众多科研机构、开发部门投入了大量的人力物力，对蛹虫草的人工培养技术进行了研究，到20世纪80年代中期就成功实现了蛹虫草的人工栽培，从而使我国成为世界上首次利用虫蛹等为原料批量培养蛹虫草子实体的国家。20世纪90年代以大米、小麦等原料作为培养基代替虫蛹培养基培育蛹虫草技术获得了成功，使蛹虫草栽培可以实现规模化生产。

在菌种的选择方面，蛹虫草菌种的选择更要慎重。因为与其他栽培品种比较，蛹虫草菌种退化很快，栽培上常常出现不稳定性，因此生产上使用的母种一般都是向权威的研究机构购买，不可随意通过子实体组织分离等方法获得菌种后盲目扩繁进行生产，这样往往给生产带来巨大的风险，甚至是不可挽回的损失。常见蛹虫草栽培菌株的种性特点见表3-11。

表3-11　常见蛹虫草栽培菌株的种性特点

栽培菌株	种性特点
Cm-23B	2005年驯化的品种；草体黄红色，丛生性好；出草温度在15~22℃
Cm-28A	野生驯化品种；草体红黄色，色泽鲜艳；草体粗壮，直立生长，组织致密，出草整齐集中，产量高；出草温度在16~23℃
农大Cm-001	野生驯化种；草体金黄色；产量高
农大Cn-029B	野生驯化种；金黄色；草密集、丛生性强；产量高

蛹虫草栽培技术目前已经在全国许多地区得到普及。我国北方主要采取日光温室层架式栽培，南方不少地区主要采取室内工厂化生产，管理上采用人工智能化模式。本任务主要介绍以大米和小麦为原料的蛹虫草瓶栽技术。

四、产品研发

随着国民经济的发展，人民生活水平不断提高，现在人们越来越重视提高自身的身体素质。由于蛹虫草已经实现了规模化生产，且蛹虫草具有提高免疫力、抗癌等多种功效，由蛹虫草开发的各种保健品越来越受到人们的欢迎。目前已经开发的蛹虫草系列产品主要有蛹虫草胶囊（蛹虫草粉胶囊）、虫草保健饮料等。

（一）蛹虫草胶囊

由于此类产品是由蛹虫草的菌丝或子实体直接加工而成，其主要药效相似：一是具有补肺益肾，止咳化痰的功能，用于慢性支气管炎症；二是对高血压、高胆固醇、糖尿病及其综合征、心脑血管供血不足、头晕头痛、胸闷等有一定疗效；三是可用于肿瘤癌症的初期及中晚期的辅助治疗，放化疗的康复治疗（防脱发）；四是抗衰老、治疗神经衰弱、防皱。

（二）虫草保健饮料

近年市场已开发有多种以蛹虫草为原料的保健饮料，如蛹虫草酸奶、北冬虫夏草保健茶饮料、保健型虫草蜜汁饮料等。这些保健饮料都是以蛹虫草或其菌丝体为主要原料，配以适量的其他中草药，研制出的具有较好功能的复合饮料。该类饮料一般色泽美观，口感宜人，且均具有提高机体免疫力、抗疲劳的作用。下面以保健型虫草蜜汁饮料的生产为例，介绍保健型蛹虫草饮料的制作工艺。

1. 工艺流程

虫草蜜汁饮料制作工艺流程见图3-8。

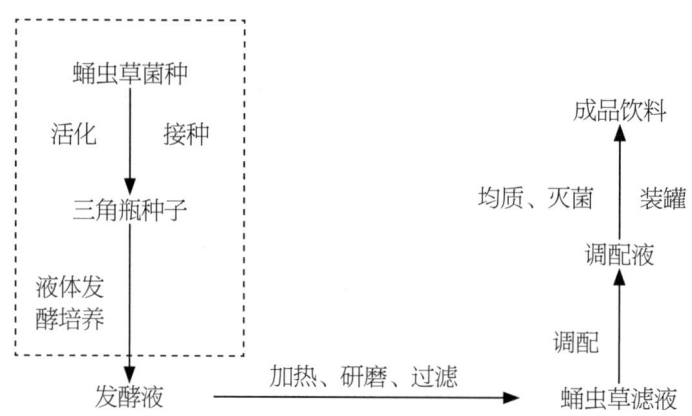

图3-8 虫草蜜汁饮料制作工艺流程

2. 操作环节

（1）蛹虫草液体发酵　菌种经活化处理后，于三角瓶内进行液体菌种扩繁，最后进行液体发酵培养。

（2）饮料制作

①发酵液加热处理：把发酵液加热到65～70℃维持30min，促使菌丝体自溶，让较多的营养物质溶解于发酵液中。

②研磨：热处理后的菌丝体发酵液趁热进入胶体磨，反复研磨20min，然后从胶体磨中取出进行过滤，得滤液。滤渣可重复研磨一次。

③调配：经过试验确定虫草蜜汁饮料的最佳组合为虫草发酵研磨滤液50%，白砂糖9%，蜂蜜5%，柠檬酸0.3%，稳定剂（CMC-Na和海藻酸钠按1∶1混合）0.2%。

④均质：上述溶液混合均匀后进行过滤，再均质可以增强饮料的稳定性，并使饮料体态滑润。

⑤灭菌及真空灌装：采用高温瞬时灭菌，灭菌条件为115℃下持续5s。灭菌后进行真空灌装，并密封即得成品虫草蜜汁饮料。

虫草蜜汁饮料呈淡黄色或金黄色，无沉淀，有特殊的虫草香气味，酸甜适口，体态滑润。

（三）蛹虫草滋补酒

国内现有多家企业在开发"虫草酒"，以鲜蛹虫草全草入酒，或再配以人参、鹿茸、枸杞、杜仲等中草药，所生产的酒可以滋补强身、提高机体免疫力，降血脂、抑制肿瘤、强心、健脾、保肝、补肺益肾，止咳化痰，对腰膝酸痛、肾功能衰竭有明显作用。虫草枸杞葡萄酒则是高级保健葡萄酒，这类酒是由蛹虫草菌丝发酵而成，有润肺益肝、明目、止咳化痰，调节肌体免疫力，制肿瘤、抗癌，延缓衰老等功效。

由蛹虫草还开发出了几十道名菜,如蛹虫草炖猪(牛、羊)肉,可治贫血,壮阳;又如蛹虫草炖鸡,蛹虫草炖乌鸡(甲鱼、乳鸽等),清蒸蛹虫草素鸡等,皆有滋补功效。

另外还已经开发出了虫草糕点、虫草调味品等其他产品。

● 任务实施

一、任务所需器材

(1)材料 磷酸二氢钾,硫酸镁,蛋白胨,葡萄糖,可溶性淀粉,维生素B_1、聚乙烯塑料薄膜等。

(2)器具 高压蒸汽灭菌锅、超净工作台或接种箱、酒精灯、酒精棉球、接种钩、培养箱、液体发酵罐等。

二、任务实施步骤

(一)工艺流程

蛹虫草瓶栽工艺流程见图3-9。

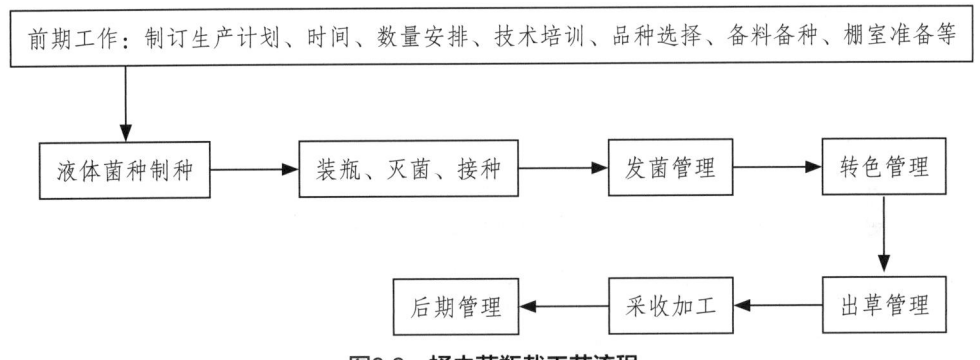

图3-9 蛹虫草瓶栽工艺流程

(二)栽培技术

1. 准备工作

蛹虫草栽培可以在日光温室中进行,也可以利用闲置的空房。栽培生产前清理环境卫生、修缮栽培棚室、制作培养架、安好照明灯等,最后将培养室进行熏蒸消毒备用。罐头瓶要彻底洗刷干净,倒置待用。蛹虫草生产中的灭菌和接种设备基本同其他食用菌,除了做好常规的物质准备之外,还要准备液体菌种的接种设备,如接种枪或连续式注射器等。小麦和大米要选择优质无霉变的,其他辅料、劳动工具等相关物品也要提前准备好。

为了充分利用有限的空间,在棚、室内要搭设层架,以摆放更多的栽培瓶或栽培袋。层架材料选用木材、塑料及角铁均可，层架的间距和层距要科学合理。层架的间距一般是70~80cm，作为人行过道，宽窄以有效利用空间又方便管理为原则；每个层架的宽度为30cm，能卧式摆放2个大罐头瓶；层距50cm左右，如果太大，栽培瓶放置不够稳固。每个层架最高不要超过5层，层架要坚固耐用。

2. 液体摇瓶菌种制作

蛹虫草生产中，大多使用液体摇瓶菌种。摇瓶菌种营养液可以选用如下配方：磷酸二氢钾2g，硫酸镁2g，蛋白胨5g，葡萄糖20g，可溶性淀粉30g，维生素$B_1$10mg，水1000mL，pH调至6.0。具体的制作方法：取1000mL水，煮沸后分别加入可溶性药物，然后将调成糊状的可溶性淀粉徐徐加入，避免结块，最后用5%的盐酸或5%的氢氧化钠溶液调pH至6，以500mL罐头瓶为容器，每瓶加入营养液100mL，摇瓶培养用的玻璃珠10个左右，于123℃下灭菌20~25min即可。

摇瓶菌种的接种与培养：营养液冷却后，挑选优质蛹虫草试管母种于接种箱内按无菌操作规程接种。一般每管母种可接种10瓶液体菌种；接种后于20~22℃环境中避光静置培养1~2d，再移至摇床上振荡培养，旋转式摇床一般将转速调至130~140r/min；7d左右可以看到直径约2mm的菌丝球均匀地布满透明的橙黄色营养液。由于液体菌种不能放置时间太长，因此，长好的菌种7~10d内使用是最佳时间，生产中一定要按生产日期分期、分批合理安排。

3. 栽培瓶制作

蛹虫草栽培每瓶瓶装量详见表3-12。

表3-12 蛹虫草栽培每瓶瓶装量

项别	小麦主料		大米主料	
	小麦/g	营养液/mL	大米/g	营养液/mL
750mL罐头瓶	30	50	30	40
500mL罐头瓶	25	40	25	35

培养基装瓶之后，一般采用0.04~0.05mm厚的聚丙烯塑料薄膜封口，一层即可，外套橡皮圈或用细绳扎紧。

注意：料水比例要合适，水分太多，会造成通气不好；太少满足不了菌丝生长的需求，并且卧式摆放时，培养料会倾向一侧，导致出草不齐。

封瓶、灭菌方法等操作与罐头瓶栽培种制作相同。灭菌时要将稀释液体菌种用的水同时灭菌，即用无菌水进行稀释。一般每瓶100L液体菌种要稀释成500mL使用，即每瓶加入400mL无菌水。故在栽培瓶灭菌时每个罐头瓶装400L水同时装锅进行灭菌。

灭菌后的大米饭培养基应松软而不烂，即疏松透气又不太干。如果培养基水分太大，米饭太烂，菌丝难以吃透，仅在表面生长，发菌后期容易造成酵母菌或细菌污染；如果太干，菌丝生长缓慢，瓶内小气候干燥，菌丝纤细无力，难以转色出草。

接种前在无菌操作条件下将液体摇瓶菌种按要求稀释，备用。接种工具选用长柄匙，将匙柄弯折成与匙身成90°，每次取10L液体菌种，掀开封口薄膜洒在大米饭培养基表面，或者使用无菌注射器刺破封口薄膜直接注射接种，但注射部位的封口薄膜要用酒精棉球擦拭消毒。其他无菌操作的基本要求与栽培种接种基本相同。大批量生产中可以采用专用接种枪。

4. 发菌管理

接种后栽培瓶直立放置培养1~2d，控制温度在20~22℃，使菌丝萌发，定植后再上架培养。否则，菌液或营养液及培养基会倒向一侧，导致出草不齐。

当菌丝萌发后便可摆上架进入发菌期管理。由于蛹虫草具有一定的趋光性，因此，在摆放时要将瓶口朝向光线进入的一面，目前生产中菌瓶以口朝外侧卧式摆放为多，每层架上摆放5层菌瓶为宜，层架之间设置日光灯补充光照。

菌丝体培养阶段，以18~24℃为宜；空气相对湿度在65%~70%为宜，通风量可根据培养室内所放的菌瓶数确定，以保证培养室内空气清新为度；蛹虫草的菌丝生长不需要光照，当菌丝完全吃透培养料以后，光照刺激使菌丝进入生殖生长阶段，否则过早见光会影响产草量。

5. 转色管理

经10~15d，料面白色菌丝浓密，菌丝穿透并长满培养基，气生菌丝表面出现一些小隆起，此时表明需要增加光照，促进转色。由于培养室搭设层架摆放栽培瓶，因此有条件的可完全用日光灯照射采光，便于控制好光照度，促进均匀并较快地转色：转色温度在21~23℃为宜；空气相对湿度75%左右；保持良好的通气条件。为了促进转色，封口膜上一般用大头针刺10个左右小孔增加瓶内菌丝的氧气供给量，5d左右即可出现米粒状原基并转成橘黄色。

6. 出草管理

温度控制在18~22℃，超过28℃一般不能形成子座，保持空气清新，室内要求每天通风1次，前期每次30~60min，后期出草量大，呼吸增强，通风时间可适当延长，空气相对湿度80%~90%；光照强度200~500lx，用日光灯补光即可，后期随着子实体分化和生长，加大通风换气时间，空气相对湿度增至95%。

7. 采收加工

通常按照上述管理条件，经过15d左右，子实体高度可达7cm以上，当子座上部出现橘红色小点时进入采收阶段。当子座高达8cm左右，上部有黄色突起物出现以及顶端长出许多小刺,整个子座呈橘红色或橘黄色并且不再生长时,表明已经成熟,这时就可以采收了,蛹虫草一般只采收1茬。草体采收后,除鲜销外,一般都烘干后进行包装。

思政小课堂

蛹虫草食用的文化历史背景源远流长,与中国传统医药文化紧密相连。蛹虫草作为虫草家族的一员,因其独特的药用价值和珍稀性,一直备受瞩目。

古代医书记载,虫草具有滋补强壮、延年益寿之功效,被视为珍贵的滋补佳品。然而,野生虫草资源稀缺,难以满足日益增长的市场需求。因此,人工栽培蛹虫草逐渐兴起,成为解决资源短缺的重要途径。

随着科技的进步,蛹虫草栽培技术不断发展完善。从最初的摸索试验到如今的规模化生产,人们积累了丰富的栽培经验。在栽培过程中,人们不仅注重技术的传承与创新,还融入了对自然的敬畏之情,将传统农耕智慧与现代科技相结合,赋予了蛹虫草栽培更加深厚的文化内涵。

此外,蛹虫草栽培还承载着推动农业现代化和乡村振兴的重要使命。通过发展蛹虫草产业,不仅可以增加农民收入、改善农村生态环境,还能促进农业结构调整和产业升级。这种将传统文化与现代科技相融合的栽培方式,既传承了中华民族的农耕文化精髓,又推动了现代农业的创新发展。

任务考核评价

表3-13 蛹虫草栽培技术考核表

考核内容	考核指标	分值	实得分数
培养料的制作	能够选择正确的培养料配方	15	
	称量准确		
	拌料均匀、含水量适当		
装瓶与灭菌	装瓶操作熟练,装量适中,松紧适当	15	
	分工合理,相互协作,完成速度快		
	灭菌条件控制得当		
冷却与接种	冷却温度适宜	20	
	能够按照无菌操作要求完成接种		

续表

考核内容	考核指标	分值	实得分数
发菌管理	温度、湿度等生长条件控制得当	30	
	菌丝体生长旺盛		
	无杂菌污染		
出菇管理	菇体大小、颜色均匀，生长状态好	20	
总分		100	

● **任务巩固与创新**

1. 简述蛹虫草栽培的主要步骤，并指出在栽培过程中需要注意哪些关键因素以确保蛹虫草的健康生长？

2. 在蛹虫草的栽培过程中，如何有效地控制温度、湿度和光照等环境因素？简述这些因素对蛹虫草生长的影响。

● 自我分析与总结

学生改错	学生学会的内容

学生总结

项目四　食用菌病虫害防治技术

● 项目导读

食用菌作为一种营养丰富的健康食品，近年来在国内外市场上备受青睐。然而，在食用菌的栽培过程中，病虫害问题一直是制约其产量和品质的重要因素。

病虫害会直接影响食用菌的菌丝体和子实体的健康生长，导致食用菌的产量降低。病虫害还会影响食用菌的品质。受到病虫害侵害的食用菌，其营养成分可能会流失，降低营养价值。病虫害还可能导致食用菌的收获期延后。由于病虫害的影响，食用菌的生长周期可能会延长，导致原本应该按时收获的食用菌无法及时采收，给栽培者带来经济损失。

食用菌病虫害防治技术是确保食用菌健康生长、提高产量和品质的关键。通过深入研究和实践，能够掌握多种有效的防治方法。首先，选用抗病性强、生活力旺盛的高纯度菌种是基础。其次，保持栽培环境的清洁、干燥和通风良好，能显著降低病虫害发生率。针对不同病虫害，我们采用生物防治、物理诱杀和化学防治相结合的综合策略。生物防治如利用天敌昆虫，物理诱杀如使用黑光灯，化学防治则选用低毒高效的农药。同时，定期检查、及时发现并处理病虫害是防治工作的重要环节。通过科学合理的防治技术，我们能有效减少病虫害对食用菌产业的影响，为食用菌产业的可持续发展提供有力保障。

● 项目目标

知识目标	能力/技能目标	思政目标
① 掌握食用菌常见病害和虫害的种类、发生规律及危害特点。 ② 了解病虫害对食用菌生产的影响。 ③ 学习食用菌病虫害防治的基本原则和方法。 ④ 了解食用菌病虫害防治的最新研究进展和趋势。	① 能够准确判断病害和虫害的种类，为制定防治措施提供依据。 ② 能够使用各种防治手段，进行有效的病虫害防治。 ③ 在食用菌病虫害防治过程中遇到问题时，能够迅速找到原因并采取有效措施解决。	① 培养严谨的科学精神，确保防治效果的准确性和可持续性。 ② 强化环保意识，在病虫害防治过程中注重环境保护，实现绿色、生态、可持续的食用菌生产。 ③ 提升社会责任感，增强对农业、农村和农民的感情，为推动农业现代化和乡村振兴贡献力量。

项目实施

本项目由食用菌病害及其防治、食用菌虫害及其防治、食用菌病虫害的综合防治三个任务构成。重点介绍食用菌常见病害和虫害的发生规律,明确其危害特点,以便制定针对性的防治措施。通过本项目的实施,学生能够根据具体情况制定防治策略,帮助广大食用菌栽培者解决病虫害防治方面的难题,提高从业人员的栽培技术和管理水平。这不仅提升了学生的专业知识与技能,更为将来投身食用菌栽培与病害防控领域打下坚实的基础。

任务一　食用菌病害及其防治

任务描述

食用菌病害是指在食用菌栽培过程中,由于环境不适或受到有害生物的侵染,导致食用菌生长发育受阻,产量和品质下降的现象。常见的食用菌病害有真菌性病害、细菌性病害和病毒性病害等。这些病害会导致食用菌菌丝生长缓慢、子实体畸形、腐烂等症状,严重时甚至会造成绝收。因此,在食用菌栽培过程中,要加强环境调控,保持清洁卫生,及时采取防治措施,以确保食用菌的健康生长和高产优质。

本次任务主要学习"食用菌病害及其防治"的相关知识。通过深入学习,了解食用菌病害的基本概念、类型、症状以及发生原因,掌握病害对食用菌生长和产量的影响。同时,我们还将学习食用菌病害防治的基本原则和方法,为未来的食用菌栽培实践提供有力的理论支持和技术指导,提升对食用菌病害的识别和防治能力,为保障食用菌产业的健康发展奠定坚实基础。

任务目标

知识目标	能力/技能目标	思政目标
① 掌握食用菌常见病害的种类、症状、发生原因及传播途径。 ② 了解病害对食用菌生长和产量的影响。 ③ 学习食用菌病害防治的基本原则和方法。	① 能够准确识别病害类型。 ② 能够针对不同的病害采取相应的防治措施。 ③ 能够在面对食用菌病害时能够迅速制定防治方案并有效实施。	① 强化学生的环保意识,减少化学农药的使用,推动绿色、生态、可持续的食用菌生产。 ② 通过课程学习,引导学生树立正确的世界观、人生观和价值观,培养具有爱国情怀、担当精神和创新能力的高素质人才。

任务相关知识

食用菌生产期间病害的种类较多，包括真菌、细菌和放线菌等，其中以细菌和真菌中的霉菌发生最普遍，危害也最严重。这些病原菌个体小、数量多、繁殖快、生命力强、变异性大，在自然界分布极广，土壤、水域、空气、生物体都有它们的存在，只要环境条件适宜，就会大量繁殖，并通过气流、水滴、昆虫等媒介将孢子或菌体迅速传播至新的侵染点。

在食用菌生产过程中，如果对任何一个环节有所忽视，如环境不清洁、灭菌不彻底或无菌操作不严格等都会导致病害的发生，造成杂菌污染，严重的整批报废。因此，了解和掌握食用菌病害的种类、发生规律、防治措施对食用菌高效、安全生产是十分必要的。

一、病害的基础知识

（一）病害的定义

食用菌在生长、发育过程中，由于环境条件不适，或遭受其他有害微生物的侵染，使其菌丝体正常的生长发育受到干扰或抑制，导致发菌缓慢、发菌不良、污染等生理和形态上的异常现象，称之为病害。而在食用菌生长过程中，由于受机械损伤或昆虫、动物（不包括病原线虫）和人为活动的伤害所造成的不良影响及结果，不属于病害的范畴。

（二）病因（病原）

引起病害的直接因素即病因，在植物病理学上称之为病原。按病原根本属性的不同，病原可分为生物性的（微生物）和非生物性的（环境因素）两大基本类型。微生物病原引发的病害称为侵染性病害，也称非生理病害；环境因素引发的病害称为非侵染性病害，也称生理病害。

1. 非侵染性病害（生理病害）

非侵染性病害是指由于非生物因素的作用造成食用菌的生理代谢失调而发生的病害。非生物因素是指食用菌生长发育的环境因子不适合或管理措施不当，如温度不适、空气相对湿度过高或过低、光线过强或过弱、通风不良、有害气体、培养料含水量过高或过低、pH过小或过大、农药、生长调节物质使用不当等，无病原微生物的侵染和活动。因此，该类病害无传染性，一旦不良环境条件解除，病害症状便不再继续，一般能恢复正常状态，该类病害在同一时间和空间内，所有个体全部发病。

2. 侵染性病害（非生理病害）

侵染性病害是指由各种病原微生物侵染造成食用菌生理代谢失调而产生的病害。

因其病原是生物性的，故称病原物。这些病原物主要有真菌、细菌、病毒和线虫等，且具传染性。因此，侵染性病害也称作传染性病害。被病原物侵染的菌丝体或子实体，称为寄主。侵染性病害的特点主要是病原物直接从寄主内吸收养分，建造自身，使菌丝、子实体的正常生理活动受阻，从而出现症状。另外，还有一大类群干扰性或竞争性的杂菌，也是危害培养料、菌丝体、子实体的重要病害，如木霉类、青霉类、曲霉类、毛霉类、黄霉菌、脉孢霉以及黏菌类等，其中有些杂菌仅是营养、空间竞争，有些杂菌则分泌毒素，损害寄主，有些还具有一定的寄生性，其侵染能力有差异。不同的食用菌种类或品种，以及不同生理状态下的菌丝体或子实体，对杂菌的竞争或抵抗能力不尽相同。

（1）真菌病害　引起食用菌病害的真菌绝大多数是霉菌类，具丝状菌丝。这些病原真菌除腐生外，还具不同程度的寄生性，在侵染的一定时期于被侵染的寄主表面形成病斑和繁殖体孢子。这类真菌病原物多喜高温、高湿和酸性环境，以气流、水等为其主要传播方式。

（2）细菌病害　引发食用菌病害的细菌绝大多数是各种假单胞杆菌，这类细菌多喜高温、高湿、氧分压小、近中性的基质环境，气流、基质、水流、工具、操作、昆虫等都可传播。

（3）病毒病害　病毒是一类专性寄生物，现已发现寄生危害食用菌的病毒有数十种，其中引起食用菌发病的病毒多是球形结构。

（4）线虫病害　线虫是一类微小的原生动物。引起食用菌病害的线虫多为腐生线虫，广泛分布于土壤和培养料中。土壤、基质和水流是它们的主要传播方式。

（三）症状（病症）

食用菌发病后，在外部和内部表现出来的种种不正常的特征称为症状。症状可分为病状和病症两方面。病状是菌种发病后本身表现出来的不正常状态，如菌丝生长缓慢、菌丝发黄等；病症是病原物在寄主体内或体外表现出来的特征，如放线菌在菌袋、菌瓶出现白色粉状斑点等。

病症的特点用肉眼就可以看清楚，而病症的确定，除外观表现出不同的颜色和形状外，往往还要用显微镜进行微观观察才能诊断。非病原病害及由病毒侵染引起的病毒病害，只有病状表现而无病症出现；由病原真菌、细菌侵染引起的病害，一般既有病状表现又有病症表现，且往往以病症为主要依据。

不同类型的病害、不同病原引发的病害及同一病害的不同时期（早、中、晚期）症状都不相同。当食用菌发生病害时，往往有下列症状表现：①菌丝生长速度缓慢，或不吃料，或发菌不均匀，或发菌后菌丝逐渐消失（退菌）；②菌丝颜色变黄、萎缩、死亡；③培养料变黑腐烂，散发出霉味、酒糟味、臭气等异味；④培养料表面长出不同颜色的霉状物，或形成一层白色、粉红色或橘黄色的菌被（杂菌）；⑤不形成子实体原基或迟迟才出现子实体原基；⑥子实体畸形生长，如出现花椰菜花球状、珊瑚状、菌柄细长而菌盖变小、菌柄肿胀呈现泡状、菌柄弯曲并分叉、菌柄顶端丛生很多小菌柄、菌盖不规则并出现裂痕的畸形子实体；⑦菌盖及菌柄上出现红褐色或黑褐色的斑点或斑块，出现水渍状的条纹或斑纹；⑧子实体呈干腐或湿腐，菌柄髓部变色或萎缩。子实体腐烂后散发出恶臭气味或无恶臭气味；⑨子实体或幼菇颜色不正常、萎缩、干枯、僵化。食用菌病害一般是根据症状或病原物而命名的，如香菇烂筒病、平菇细菌病等。不同的病害类型其病程不同，因此，认识和了解病害的发生过程对防治病害是十分重要的。

二、病害发生条件和发生规律

（一）病害发生条件

侵染性病害的发生过程（病程）主要是食用菌、病原微生物和环境条件三大因子之间相互作用的结果。因此，不能简单地、孤立地看待和分析任何单一的因素，而必须将三者综合分析。而非侵染性病害的发生则主要是环境条件综合作用于食用菌的结果。

不论侵染性病害或非侵染性病害，它们的发生都必须具备以下几个条件：①食用菌本身是不抗病或抗病能力差的；②病原大量存在；③环境条件特别是温度、湿度、养分等不利于食用菌本身的生长发育而有利于病原生物的生长发育；④预防措施不正确或预防工作未做好。

只有在这四个条件同时具备时病害才可能发生，缺少其中任何一个条件都不能或不易发生病害。

（二）病害发生规律

1. 非侵染性病害

非侵染性病害的发生与发展，有一个从轻到重的过程。这类病害在发生初期，若环境条件发生了变化，恢复为适合食用菌生长发育的因子，有些症状还可恢复为正常状态。其发生、发展速度和发病轻重，取决于不利环境因素作用的强弱、持续时间的长短以及食用菌本身抗逆性的强弱。

2. 侵染性病害

造成侵染性病害的病原物，需要有一定的场所和一定的环境条件才能生存和发生侵染，两者缺一不可。不同的品种对病原菌的抗性程度也有差异，在病原菌基数及环境条件相同的情况下,由于品种的不同,发生病害的严重程度也不同。不同病原物引发的病害,发病规律不同。将真菌、细菌、病毒这三大类病原物相比较,真菌病害的传播相对细菌较慢,一般来说,多数霉菌需3d左右才能形成孢子,进行再侵染,而细菌病害要快得多。病毒由于是菌种传播,一旦发生就是普遍的,且无药可医。大多数病害以培养料、水流、通风、操作等传播。

三、病害的防治原理、原则与措施

食用菌的病害防治比其他农作物困难更大。一方面食用菌生长发育所需要的空间相对密闭、温度适宜、阴暗潮湿,也非常适宜于病害的发生与发展,而且病菌往往发生在培养基质内,与食用菌的菌丝体混生在一起,难以分开而单独采取有效的防治措施;另一方面食用菌的食用部分——子实体都是裸露的,没有其他保护组织,菇体的吸水力强,一旦在出菇期采取化学防治,就会造成有害物质的残留。因此,采取科学合理的病害防治方法,是食用菌生产获得高产、高效、优质、无公害的重要保证。

(一)非侵染性病害

非侵染性病害关键在于预防,从培养料的配制、发菌条件的调节,到菇房环境条件的控制,在食用菌的整个发育过程中,都要尽一切可能创造利于食用菌生长发育的条件来抑制此类病害的发生。

(二)侵染性病害

1. 防治原理

侵染性病害的发生和蔓延需具备四个条件,即病原物、宿主、适宜侵染的环境条件、再侵染与蔓延,据此可得出如下防治原理。

(1)阻断病源 使侵染源不能进入菇房,如不使用带病菌种、培养料进行规范的二次发酵或灭菌、覆土材料用前进行蒸汽消毒或药剂消毒、旧菇房进行彻底消毒、清洁环境等。

(2)阻断传播途径 任何病害,在生长期如果仅发生一次侵染,一般不会造成危害,只有发生再次侵染,才会造成对生产的明显危害,因此,病害发生后阻断传播途径很重要,如用具消毒、及时灭虫灭螨等。

(3)阻抑病原菌的生长 多数食用菌病害都喜高温高湿,适当降温降湿、加强通风,对多种病原微生物都有不同程度的阻抑作用。

(4)杀灭病原物 进行场所内外的消毒和必要的药剂防治。

2. 防治原则

由于菇房的高温高湿环境和每日必需的喷水管理,使病害的传播蔓延大大快于绿色作物。食用菌病害预防应遵守以下几个原则。

（1）以培养料和覆土的处理为重点　多种食用菌病害的病原物都自然存在于培养料和覆土材料中，这是食用菌病害的最初侵染源，因此，除必须进行发酵料生产外，尤其是在发病区或老菇棚，应尽量进行熟料生产。在平菇的生产实践中，近几年黄斑病普遍发生，且有严重发展的趋势，但熟料生产的基本没有造成危害。

（2）场所和环境消毒要搞好　很多病原菌自然存在于土壤表面、空气和各种有机体上，特别是老菇房的内壁和床架，会留有前一生产季存留下来的病原菌。环境和场所消毒最简单和经济的方法是阳光下暴晒，可将菇棚盖顶掀起，先晒地面，然后深翻，再暴晒。甲醛、过氧乙酸、硫黄、漂白粉等也是很好的环境消毒剂，且无污染。

（3）生产防治贯穿始终　在整个生产过程中，特别要注意温度和湿度的控制，加强通风，抑制病原菌的生长和侵染，同时注意用具的消毒，并创造一个洁净的生长环境。

（4）一旦发病及早进行药剂处理　出菇期病害一旦发生，要及早处理，如清除病菇、处理病灶、喷洒杀菌剂等。若处理不及时，很易造成病害流行，难以控制。

（5）先采菇后施药，出菇留足残留期　使用药物防治时，若不先行采菇，药剂很易污染菇体，并造成大量残留。因此，用药剂防治时，必须做到先采菇后施药，施药后菇房采取偏干管理，抑制子实体原基形成。目前使用的杀菌剂残留期一般为14d，多数食用菌子实体从原基形成至成熟采收需要7d左右，因此，施药后要8d才可令其出菇。

（三）杂菌防控措施

杂菌与食用菌的关系相当于杂草与绿色作物的关系，它们并不像病原菌那样直接侵害食用菌，而是通过在培养基质上的生长，与食用菌争夺养分，同时形成毒素，抑制食用菌生长。因此也常称其为竞争性杂菌。危害食用菌的杂菌主要是霉菌类、少数的高等真菌、细菌和黏菌。

1. 生料和发酵料生产的杂菌防控

生料和发酵料中自然存在着多种微生物。食用菌生产期间，污染能否发生主要取决于料的微生物区系中各种微生物之间的平衡状态，这种平衡一旦被打破，污染就发生了。通常采取以下几项措施预防污染：①提高培养料的pH，在不明显影响食用菌菌丝生长的前提下，抑制霉菌的生长；②培养料适当偏干，增加透气性，促进食用菌菌丝生长，抑制霉菌生长；③加大接种量，占取料中微生物种群优势；④料中适量加入发酵剂或多菌灵等杀真菌剂，抑制霉菌生长；⑤创造利于食用菌生长的环境条件，如温度适宜、通风，促进食用菌生长来抑制杂菌的繁殖；⑥科学合理发酵，制作只利于食用菌生长而不利于杂菌生长的选择性基质，包括适于食菌生长的理化性状和微生物区系。

2. 熟料生产的杂菌控制

熟料生产的杂菌污染源主要有培养料带菌（灭菌不彻底）、菌种带菌、接种工具带菌、接种操作外界杂菌侵入和培养期间的外界杂菌侵入等。

（1）选用洁净、新鲜、无霉变的原料，并彻底灭菌，这是预防杂菌污染的第一道防线。

（2）认真挑选菌种，杜绝菌种带杂菌。

（3）科学配料，控制水分和pH，创造不利于杂菌侵染的基质条件。经验表明，料中麦麸加入糖后，霉菌污染率较高；当用豆粉或饼肥粉代替部分麦麸，并且无糖时，霉菌污染率可明显降低；含水量偏高时，霉菌污染发生多，含水量偏低时，霉菌污染发生少。

（4）严格接种，严把无菌操作关。

（5）创造适宜的培养条件，促进菌丝快速、健壮生长，要注意场所洁净、干燥，以减少外杂菌的侵染。

四、食用菌生产常见杂菌

（一）毛霉

毛霉（*Mucor*）是食用菌生产中常见的杂菌，由其引起的病害称为黑霉病、黑面包霉病。

1. 危害情况及症状

毛霉是一种好湿性真菌，在培养料上初期长出灰白色、粗壮、稀疏的气生菌丝，菌丝生长快，分解淀粉能力强（图4-1）。毛霉能很快占领培养料表面并形成交织稠密的菌丝，使培养料与空气隔绝，抑制食用菌菌丝生长。后期在菌丝垫上形成许多圆形灰褐色、黄褐色至褐色的小颗粒，即孢子囊及其所具颜色。

2. 形态特征

毛霉的菌丝体在培养基内或培养基上能迅速蔓延，无假根和匍匐菌丝。菌落在PDA培养基上呈松絮状，初期白色，后期变为黄色有光泽或浅黄色至褐灰色。孢囊梗直接由菌丝体生出，一般单生，分枝或较小不分枝。分枝方式有总状分枝和假轴分枝两种类型。孢囊梗顶端膨大，形成一个球形孢子囊，着生在侧枝上的孢子囊比较小。

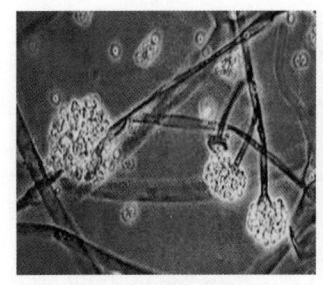 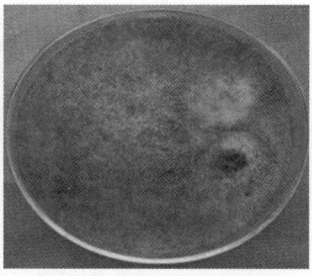 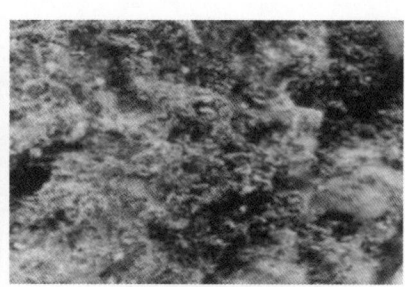

（1）显微镜下的毛霉　　　　（2）培养基上生长的毛霉　　　　（3）栽培料中污染的毛霉

图4-1　毛霉

3. 发病规律

（1）侵染途径　毛霉广泛存在于土壤、空气、粪便、陈旧草堆及堆肥上，对环境的适应性强，生长迅速，产生的孢子数量多，空气中飘浮着大量毛霉孢子。在食用菌生产中，如不注意无菌操作及搞好环境卫生等技术环节，毛霉的孢子靠气流传播，是初侵染的主要途径。已发生的毛霉，新产生的孢子又可以靠气流或水滴等媒介再次传播侵染。

（2）发生条件　毛霉在潮湿条件下生长迅速，如果菌瓶或菌袋的棉塞受潮，或接种后培养室的湿度过高，均易受毛霉侵染。

4. 防治措施

注意搞好环境卫生，保持培养室周围及生产地清洁，及时处理废料。接种室、菇房要按规定清洁消毒；制种时操作人员必须保证灭菌彻底，袋装菌种在搬运等过程中要轻拿轻放，严防塑料袋破裂；经常检查，发现菌种受污染的应及时剔除，决不播种带病菌种；如在菇床培养料上发生毛霉，可及时通风干燥，控制室温在20~22℃，待抑制后再恢复常规管理；适当提高pH，在拌料时加1%~3%的生石灰或喷2%的石灰水可抑制毛霉生长。药剂拌料，用干料重量0.1%的甲基托布津拌料，预防效果较好。

（二）根霉

根霉（*Rhizopus*）属接合菌亚门、根霉属，是食用菌制种和生产中常见的杂菌。

1. 危害情况及症状

根霉由于没有气生菌丝，其扩散速度较毛霉慢。培养基受根霉侵染后，初期在表面出现匍匐菌丝向四周蔓延，匍匐菌丝每隔一定距离长出与基质接触的假根，通过假根从基质中吸收营养物质和水分（图4-2）。后期在培养料表面0.1~0.2cm高处形成许多圆球形、颗粒状的孢子囊，颜色由开始时的灰白色或黄白色，至成熟后转为黑色，整个菌落外观犹如一片林立的大头针，这是根霉污染最明显的症状。

2. 形态特征

菌落初期白色，老熟后灰褐色或黑色。匍匐菌丝弧形、无色，向四周蔓延。由匍匍菌丝与培养基接触处长出假根，假根非常发达，多枝、褐色。在假根处向上长出孢囊梗，直立，每丛有2~4条成束，较少单生或5~7条成束，不分枝，暗灰色或暗褐色，长500~3500m。顶端形成孢子囊，孢子囊球形或近球形，初期黄白色，成熟后黑色。孢囊孢子球形、卵形，有棱角或线状条纹。

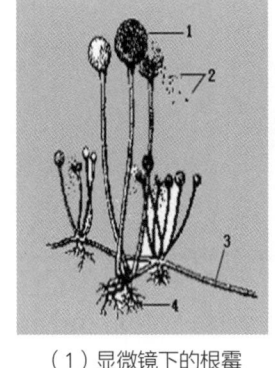 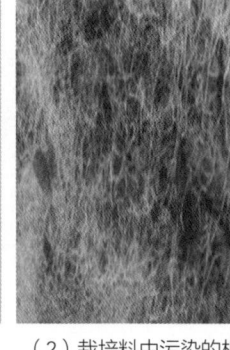

（1）显微镜下的根霉　　（2）栽培料中污染的根霉

图4-2　根霉

1—孢子囊　2—孢子　3—匍匐菌丝　4—假根

3. 发病规律

（1）侵染途径　根霉适应性强，分布广，在自然界中生活于土壤、动物粪便及各种有机物上，孢子靠气流传播。

（2）发病条件　根霉与毛霉同属好湿性真菌，生长特性相近，其菌丝分解淀粉的能力强，在20~25℃的湿润环境中，经3~5d便可完成一个生活周期。培养基中麦麸、米糠用量大，灭菌不彻底，接种粗放，培养环境潮湿，通风差，生产场地和培养料未经过严格消毒、灭菌等，均易导致根霉污染蔓延。

4. 防治措施

选择合适的生产场地，远离牲畜粪等含有机物的物质；加强生产管理，适时通风透气，保持适当的温度、湿度，清理周围废弃物，减少病源；选用新鲜、干燥、无霉变的原料作培养料，在拌料时麦麸和米糠的用量控制在10%以内。

（三）曲霉

曲霉（*Aspergillus*）在自然界中分布广泛，种类繁多，有黑曲霉、黄曲霉、烟曲霉、亮白曲霉、棒曲霉、杂色曲霉、土曲霉等，是食用菌生产中常见的杂菌，其中以黑曲霉、黄曲霉发生最为普遍。

1. 危害情况及症状

曲霉不同的种，在培养基中形成不同颜色的菌落，黑曲霉菌落呈黑色，黄曲霉菌落呈黄色至黄绿色（图4-3）；烟曲霉菌落呈蓝绿色至烟绿色，亮白曲霉菌落呈乳白色；棒曲霉菌落呈蓝绿色；杂色曲霉菌落呈浅绿、浅红至浅黄色。大部分呈浅绿色类似青霉属。曲霉除污染培养基外，还常出现在瓶（袋）口内侧壁上及封口材料上。曲霉污染时除了吸取培养料养分外，还能隔绝氧气，分泌有机酸和毒素，对菌丝有一定的拮抗和抑制作用。

2. 形态特征

曲霉菌丝比毛霉短而粗，绒状，具分隔、分枝，扩展速度慢；分生孢子串生，似链状；分生孢子头由顶囊、瓶梗、梗基和分生孢子链构成，具有不同的形状和颜色，如球形、放射形和黑色、黄色等。

（1）显微镜下的曲霉

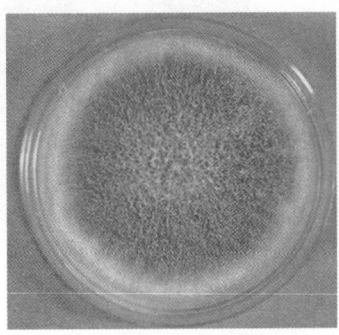
（2）培养基上生长的曲霉

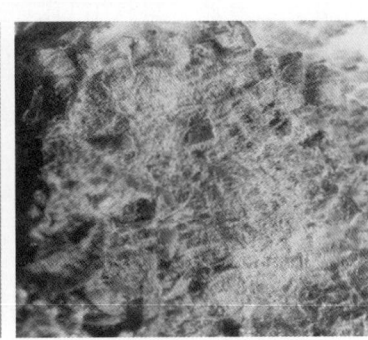
（3）栽培料中污染的曲霉

图4-3　曲霉

3. 发病规律

（1）侵染途径　曲霉广泛存在于土壤、空气及腐败有机物上，分生孢子靠气流传播，是侵染的主要途径。

（2）发生条件　曲霉主要利用淀粉，凡谷粒培养基或培养基含淀粉较多的容易发生；曲霉又具有分解纤维素的能力，因此木制特别是竹制的床架，在湿度大、通风不良的情况也极易发生；适于曲霉生长的酸碱度近中性，凡pH近中性的培养料也容易发生。培养基配制时，使用发霉变质的麸皮、米糠等作为辅料，基质含水量较低或湿料夹带干料、灭菌不彻底、接种未能无菌操作、封口材料松、气温高、通风不良等，都能引发曲霉污染。

4. 防治措施

防止菌袋在灭菌过程中棉塞受潮，一旦发生，要在接种箱（接种车间）内及时更换经过灭菌的干燥棉塞；接种时要严格检查菌袋上的棉塞是否长有曲霉，如有感染症状的，必须立即废弃；培养室要用强力气雾消毒剂进行严格的消毒处理，当菌袋移入培养室后，应阻止无关人员随便出入。

（四）青霉

青霉（*Penicillium*）是食用菌生产中常见的一种污染性杂菌，危害较普遍的种有圆弧青霉、产黄青霉、绳状青霉、产紫青霉、指状青霉、软毛青霉等。在分类学上属半知菌亚门、丝孢纲、丝孢目、丝孢科、青霉属。

1. 危害情况及症状

青霉发生初期，污染部位有白色或黄白色的绒毯状菌落出现，1~2d后便逐渐变为浅绿色或浅蓝色的粉状霉层，霉层外圈白色，扩展较慢，有一定的局限性，老的菌落表面常交织成一层膜状物，覆盖在培养料面，使之与空气隔绝，并能分泌毒素，使食用菌菌丝体死亡（图4-4）。在生产过程中，发生严重时，可使菌袋腐败报废。

2. 形态特征

青霉菌丝无色，具隔膜，菌丝初呈白色，大部分深入培养料

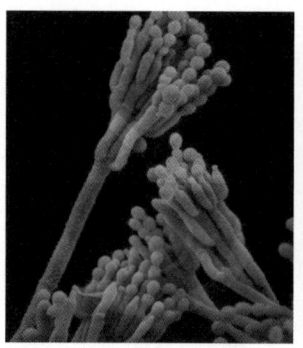
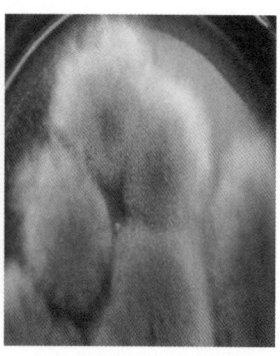

（1）显微镜下的青霉　　（2）培养基上生长的青霉

图4-4　青霉

内，气生菌丝少，呈绒毯状或絮状；分生孢子梗先端呈扫帚状分枝，分生孢子大量堆积时呈青绿色、黄绿色或蓝绿色粉状霉层。

3. 发病规律

（1）侵染途径　青霉分布范围广，多为腐生或弱性寄生，存在多种有机物上，产生的分生孢子数量多，通过气流传入培养料是初次侵染的主要途径。致病后产生新的分生孢子，可通过人工喷水、气流、昆虫传播，是再侵染的途径。

（2）发生条件　在28～30℃下，最容易发生；培养基含水量偏低、培养料呈酸性、菌丝生长势弱等，均有利于青霉的生长。

4. 防治措施

认真做好接种室、培养室及生产场所的消毒灭菌工作，保持环境清洁卫生，加强通风换气，防止病害蔓延；调节培养料适当的酸碱度，生产蘑菇、平菇和香菇的培养料可选用1%～2%的石灰水调节至微碱性。采菇后喷洒石灰水，刺激食用菌菌丝生长，抑制青霉菌发生；局部发生此病时，可用5%～10%的石灰水涂擦或在患处撒石灰粉，也可先将其挖除，再喷3%～5%的硫酸铜溶液杀死病菌。

（五）木霉

木霉（*Trichoderma*）在自然界中分布广，寄主多，因此是食用菌生产中的主要病害。常见的种有绿色木霉、康氏木霉，在分类学上属半知菌亚门、丝孢纲、丝孢目、丝孢科、木霉属。

1. 危害情况及症状

培养料受侵染后，初期菌丝白色、纤细、致密，形成无固定形状的菌落。后期从菌落中心到边缘逐渐产生分生孢子，使菌落由浅绿色变成深绿色的霉层（图4-5）。菌落扩展很快，特别是在高温潮湿条件下，几天内整个料面几乎被木霉菌落所布满。

2. 形态特征

木霉菌丝纤细、无色、多分枝、具隔膜，初为疏松棉絮状或致密丛束状，后扁平紧实，白色至灰白色；分生孢子多为球形、椭圆形、卵形或长圆形，孢壁具明显的小疣状凸起，大量形成时为白色粉状霉层，然后霉层中央变成浅绿色，边缘仍为白色，最后全部变为浅绿色至暗绿色。

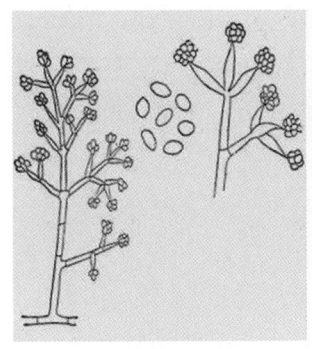（1）显微镜下的木霉　　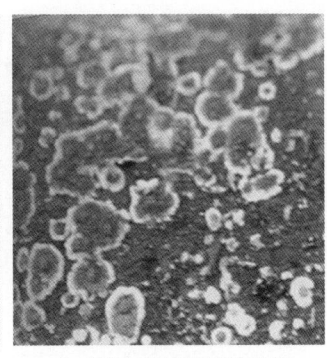（2）栽培料中污染的木霉

图4-5　木霉

3. 发病规律

（1）侵染途径　分生孢子通过气流、水滴、昆虫等媒介传播至寄主。带菌工具和场所是主要的初侵染源。木霉侵染寄主后，即分泌毒素破坏寄主的细胞质，并把寄主的菌丝缠绕起来或直接把菌丝切断，使寄主很快死亡。已发病所产生的分生孢子，可以多次重复再侵染，尤其是高温潮湿条件下，再次侵染更为频繁。

（2）发生条件　食用菌生产的培养料主要是木屑、棉籽壳等，如果灭菌不彻底极易受木霉侵染。木霉孢子在15～30℃下萌发率最高，菌丝体在4～42℃范围内都能生长，而以25～30℃生长最快。木霉分生孢子在空气相对湿度95%的高湿条件下，萌发良好，但由于适应性强，在干燥的环境中，仍能生长。木霉喜欢在微酸性的条件下生长，特别是pH4～5生长最好。

4. 防治措施

保持制种和菇房的清洁干净，适当降低培养料和培养室的空气相对湿度，菇房要经常通风；杜绝菌源上的木霉，接种前要将种袋（瓶）外围彻底消毒，并要确保种内无杂菌，保证菌种的活力与纯度；选用厚袋和密封性强的袋子装料，灭菌彻底，接种箱、接种室空气灭菌彻底，操作人员保持卫生，操作速度要快，封口要牢，从多环节上控制木霉侵入；发菌时调控好温度，恒温、适温发菌，缩短发菌时间，也能明显地减少木霉侵害；对老菌种房、老菇房内培养的菌袋，可用药剂拌料如多菌灵、菇丰等，用量为1000倍，可有效地减少木霉菌侵入危害。

（六）链孢霉

链孢霉（*Neurospora*）是食用菌生产常见的杂菌，高温下其危害性有时比木霉更为严重。在分类学上属子囊菌亚门、粪壳霉目、粪壳霉科。

1. 危害情况及症状

链孢霉常发生在6~9月，是一种顽强、速生的气生菌，培养料受其污染后，即在料面迅速形成橙红色或粉红色的霉层（分生孢子堆）（图4-6）。霉层如果在塑料袋内，可通过某些孔隙迅速布满袋外，在潮湿的棉塞上，霉层厚可达1cm。在高温高湿条件下，能在1~2d内传遍整个培养室。培养料一经污染很难彻底清除，常引起整批菌种或菌袋报废，经济损失很大。

2. 形态特征

链孢霉菌丝白色或灰白色，具隔膜，疏松，网状；分生孢子梗直接从菌丝上长出，与菌丝相似；分生孢子串生成长链状，单个无色，成串时粉红色，大量分生孢子堆积成团时，为橙红色至红色，老熟后，分生孢子团干散蓬松呈粉质状。

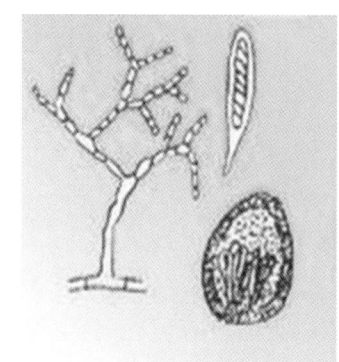

（1）显微镜下的链孢霉　　（2）栽培料中污染的链孢霉

图4-6　链孢霉

3. 发病规律

（1）侵染途径　培养室环境不卫生、培养料高压灭菌不彻底、棉塞受潮过松、菌袋破漏是链孢霉初侵染的主要途径。培养料一旦受到侵染后，所产生新的分生孢子是再侵染的主要来源。

（2）发病条件　链孢霉在25~36℃生长最快，孢子在15~30℃萌发率最高。培养料含水量在53%~67%链孢霉生长迅速，特别是棉塞受潮时，能透过棉塞迅速伸入瓶内，并在棉塞上形成厚厚的粉红色的霉层。链孢霉在pH5~7.5生长最快。

4. 防治措施

对链孢霉主要采取预防措施，即消灭或切断链孢霉菌的初侵染源。菌袋发菌初期受侵染，已出现橘红色斑块时，首先要对空气和环境强力杀菌，控制好污染源，在向染菌部位或在分生孢子团上滴上煤油、柴油等，即可控制蔓延。袋口、颈圈、垫架子的纸上污染的，去掉污染颈圈、纸放入500倍甲醛液中，并用0.1%碘液或0.1%克霉灵溶液，洗净袋口换上经消毒的颈圈、纸，继续发菌；棚内地面上、棚内膜及其他菌袋上应及时喷上石灰水和0.1%的克霉灵，杀灭棚内空气中的孢子，并在棚内造成碱性条件，抑制链孢霉传播扩散。

（七）链格孢霉

链格孢霉（*Alternaria*）又名交链孢霉，是食用菌生产中常见的一种污染菌。由于在培养基上生长时，菌落呈黑色或黑绿色的绒毛状，俗称黑霉菌。在分类学上属半知菌亚门、丝孢纲、丝孢目、暗孢科、链格孢属。

1. 危害情况及症状

菌落呈黑色或黑绿色的绒状或带粉状。灰黑至黑色的菌丝体生长迅速而多，发生初期出现黑色斑点，不久即扩散且以压倒的优势侵染菌丝体（图4-7）。它与黑曲霉的菌落都是黑色，但链格孢霉的菌落呈绒状或粉状，而黑曲霉的菌落呈颗粒状，粗糙、稀疏。受污染后的培养料变黑色腐烂，菌丝不能生长。

2. 形态特征

该菌在PDA培养基上生长时，菌落均为黑色，菌丝绒状生长，分生孢子梗暗色，单枝，长短不一，顶生不分枝或偶尔分枝的孢子链，分生孢子暗色，有纵横隔膜，倒棍形、椭圆形或卵形，常形成链，单生的较少，顶端有喙状的附属丝。

（1）显微镜下的链格孢霉

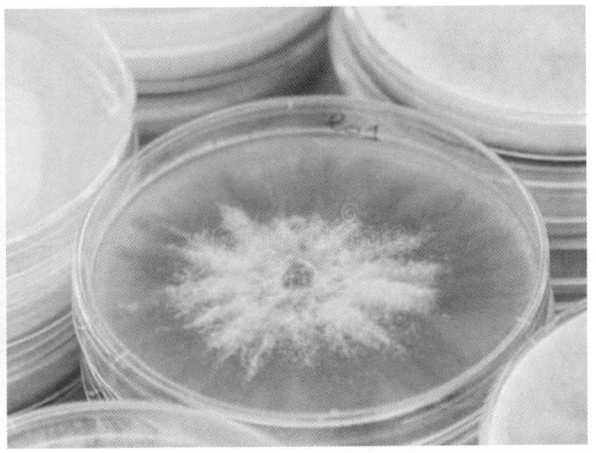
（2）培养基上生长的链格孢霉

图4-7　链格孢霉

3. 发病规律

（1）侵染途径　链格孢霉在自然界分布广，大量存在于空气、土壤、腐烂果实及作为培养料的秸秆、麸皮等有机物上，其孢子可通过空气传播。因此，灭菌不彻底、无菌接种不严格等都是造成污染的原因。

（2）发生条件　此菌要求高湿和稍低的温度，因此，在气候温暖地区的晚夏和秋季以及培养料含水量高和湿度大的条件下容易发生。

4. 防治措施

参见根霉和链孢霉的防治。

（八）酵母菌

酵母菌为菌种分离培养、食用菌生产中常见的污染菌。危害食用菌的属有隐球酵母（*Cryptococcus*）和红酵母（*Rhodotorula*），在分类上属半知菌亚门、芽孢纲、隐球酵母目、隐球酵母科。

1. 危害情况及症状

菌瓶（袋）受酵母菌污染后，引起培养料发酵，发黏变质，散发出酒酸气味，菌丝不能生长。试管母种被隐球酵母菌污染后，在培养基表面形成乳白色至褐色的黏液团（图4-8）；受红酵母侵染后，在试管斜面形成红色、粉红色、橙色、黄色的黏稠菌落。均不产生绒状或棉絮状的气生菌丝。

2. 形态特征

酵母菌菌落外观上与细菌菌落较为相似，但远大于细菌菌落，且菌落较厚，大多数呈乳白色，少数呈粉红色或乳黄色。酵母菌除极少数种类以裂殖方式繁殖外，大多数是以芽殖方式进行的，呈圆形、椭圆形或腊肠形等，其形态的不同往往与培养条件改变有关。

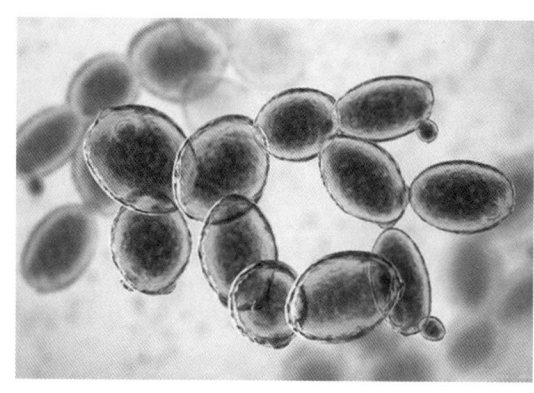

（1）显微镜下的酵母菌　　（2）培养基上生长的酵母菌

图4-8　酵母菌

3. 发病规律

酵母菌在自然界分布广泛，大多腐生在植物残体、空气、水及有机质中。在食用菌生产中，初次侵染是由空气传播孢子；再次侵染是通过接种工具（消毒不彻底）传播。培养基含水量大、透气性能差、发菌期通风差等，均有利于酵母菌侵害。

4. 防治措施

控制培养料适宜的含水量，防止含水量过高；培养基灭菌要彻底，接种工具要进行彻底消毒，接种时要严格按无菌操作规程进行；选用质量优良、纯正、无污染的菌种；加强管理，保持环境清洁卫生，培养室内防止温度过高。

(九)细菌

细菌是一类单细胞原核生物,属裂殖菌门、裂殖菌纲。其分布广、繁殖快,常造成食用菌的严重污染。危害食用菌的细菌大多数为芽孢杆菌属(*Bacillus*)和假单胞杆菌属(*Pseudomonas*)中的种类。

1. 危害情况及症状

细菌在食用菌生产中发生普遍,危害也相当严重。试管母种受细菌污染后,在接种点周围产生白色、无色或黄色黏状液(图4-9),其形态特征与酵母菌的菌落相似,只是受细菌污染的培养基能发出恶臭气味,食用菌菌丝生长不良或不能扩展。液体菌种被细菌污染后,不能形成菌丝球。

2. 形态特征

细菌的个体形态有杆状、球状或弧状。芽孢杆菌属的细菌呈杆状或圆柱状,大小为(1~5)μm×(0.2~1.2)μm,当做成水装片时,经特殊染色,可观察到鞭毛。当环境不良时,能在体内形成一个圆形或椭圆形的芽孢。芽孢外披厚壁,抗逆性强,尤其是对高温有非常强的忍耐力,一般在100℃条件下3h仍不丧失生命力,革兰氏染色呈阳性。假单胞菌属的细菌,细胞性状差异很大,通常呈杆状或球形,大小为(0.4~0.5)μm×(1.0~1.7)μm,典型的细胞在一端或两端具有一条或多条鞭毛,形成白色菌落,有的种能产生荧光色素或其他色素,革兰氏染色呈阴性。

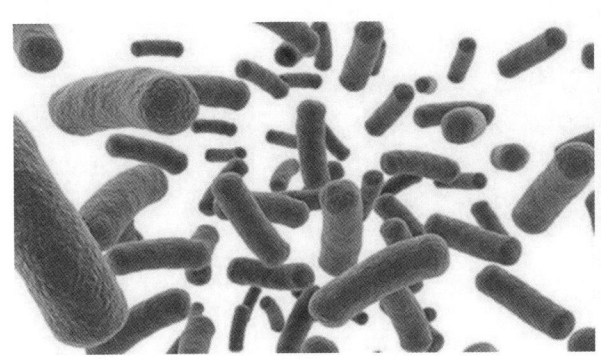
(1)显微镜下的细菌

(2)栽培料上生长的细菌

图4-9 细菌

3. 发病规律

(1)侵染途径 细菌广泛存在于土壤、空气、水和各种有机物中,初次侵染通过水、空气传播,再次侵染通过喷水、昆虫、工具等传播。

(2)发生条件 细菌适于生活在中性、微碱性以及高温高湿环境中。培养基或培养料的pH呈中性或弱碱性反应,含水量或料温偏高,都有利于细菌的发生和生长。此外,在生产过程中,培养基灭菌不彻底、环境不清洁卫生、无菌操作不严格等,也易引起细菌污染。

4. 防治措施

培养基、培养料及玻璃器皿灭菌要彻底；培养料要选用优质、无霉变的原料；接种要严格按无菌操作规程进行。

（十）放线菌

引起食用菌污染的放线菌有链霉属（*Streptomyces*）的白色链霉菌（*Streptomyces albus*）、湿链霉菌（*Streptomyces humidus*）、面粉状链霉菌（*Streptomyces farcinus*）及诺卡氏菌属（*Nocardia*）。在分类上属厚壁菌门、放线菌纲、放线菌目、链霉菌科和诺卡氏菌科。

1. 危害情况及症状

放线菌对食用菌不是大批污染，而是个别菌种瓶出现不正常症状，发生时在瓶壁上出现白色粉状斑点，常被认为是石膏的粉斑；或出现白色纤细的菌丝，也容易与接种的菌丝混淆，其区别是被放线菌污染后出现的白色菌丝，有的会大量吐水；有的会形成干燥、发亮的膜状组织（图4-10）；有的会交织产生类似子实体的结构，多数种会产生土腥味。

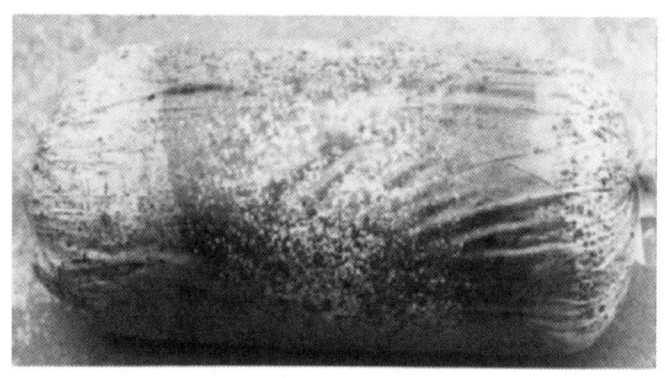
（1）栽培料上生长的放线菌

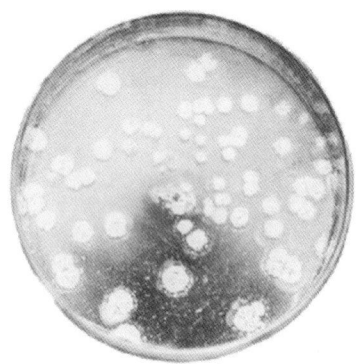
（2）培养基上生长的放线菌

图4-10　放线菌

2. 形态特征

放线菌是单细胞的菌丝体，菌丝分营养菌丝和气生菌丝两种。不同的种其形态也有差别：在琼脂培养基上白色链霉菌气生菌丝白色，基内菌丝基本无色，孢子丝螺旋状。湿链霉菌孢子成熟后，孢子丝有自溶特性，俗称"吸水"，孢子丝螺旋状。面粉状链霉菌气生菌丝白色。诺卡氏菌不产生大量菌丝体，基内菌丝断裂成杆状或球菌状小体，表面多皱，呈粉质状。

3. 发病规律

放线菌在自然界广泛存在，主要分布在土壤中，尤其是在中性、碱性或含有机质丰富的土壤中最多。此外，在稻草、粪肥等中也都有分布。初次侵染是通过空气传播孢子，再次侵染是通过用于做培养料的原材料。

4. 防治措施

选用优质菌种，注意环境卫生，严格无菌操作，防止孢子进入接种室（箱）。

任务实施

一、任务所需器材

（1）材料　主要杂菌污染的标本，主要食用菌病害标本，杂菌和病原菌的培养物。

（2）器具　放大镜、显微镜、载玻片、盖玻片、吸水纸、擦镜纸、香柏油、无菌水滴瓶、染色剂、酒精灯、火柴等。

二、任务实施步骤

（一）食用菌主要杂菌的识别

1. 细菌污染

（1）污染特征　细菌污染培养基的菌落特征，细菌污染菌种、菌袋、菌床培养料的特征。

（2）细菌形态观察　取一个载玻片，中央滴一滴无菌水，用接种针从培养的细菌菌落上挑取少量黏液，在无菌水中混合均匀，载玻片快速通过火焰固定，然后用染色剂染色1min置于显微镜下，通过油镜头观察细菌形态特征。观察各种细菌的标本。

2. 真菌污染

（1）真菌污染培养基的特征　黑曲霉、黄曲霉、青霉、绿色木霉、根霉、烟霉、链孢霉、鬼伞菌等。

（2）真菌形态观察　取一个载玻片，挑取霉菌的培养物少许，制作水浸片。置于显微镜下，用40~60倍物镜观察霉菌的形态特征。观察各种污染霉菌的标本。

（二）食用菌子实体主要病害的识别

（1）细菌性病害　蘑菇细菌性褐斑病、平菇细菌性软腐病、金针菇锈斑病等子实体的危害特征（病状及病症的观察）。

（2）真菌性病害　平菇木霉病、蘑菇褐斑病、蘑菇或草菇褐腐病、蘑菇软腐病、银耳白粉病等子实体的危害特征（病状及病症的观察）。

（3）病毒性病害　蘑菇、香菇、平菇病毒病的病状观察。

（4）生理性病害　畸形子实体、死菇（子实体变黄、萎缩）、蘑菇硬开伞、二氧化硫中毒等子实体病害特征观察。

思政小课堂

食用菌的健康生长和高产优质对于满足人们日益增长的食品需求、促进农业可持续发展和乡村振兴具有十分重要的作用。在学习和应用食用菌病害防治技术时，应树立科学的态度，尊重客观规律，实事求是地对待病害问题。同时，勇于发挥创新精神，探索新的防治方法和技术，以适应不断变化的病害情况和市场需求。在食用菌病害防治过程中，生态平衡对于食用菌产业乃至整个农业系统是十分重要的，应选择对环境和人体安全无害的防治方法，减少化学农药的使用，推动绿色、生态的食用菌生产。

任务考核评价

表4-1　食用菌病害识别和防治考核表

考核内容	考核指标	分值	实得分数
病害的识别	能够准确诊断病害类型	20	
病害发生规律和传播的途径	能够掌握病害发生的基本规律，为制定有效的防治措施提供理论基础	30	
病害防治方法	能够根据实际情况选择合适的防治方法，制定科学有效的防治方案	30	
病害防治效果评估	能够正确使用化学药剂，确保防治效果的同时避免对环境和人体造成危害	20	
总分		100	

任务巩固与创新

1. 请简述食用菌病害的主要类型及其防治原则。

2. 在食用菌栽培过程中，如何识别和防治常见的真菌性病害？

任务二 食用菌虫害及其防治

任务描述

食用菌虫害及其防治是食用菌生产中的重要环节。常见虫害如菇蚊、菇蝇、跳虫等，它们会蛀食子实体或菌丝体，导致食用菌减产降质。科学的防治策略对于提高食用菌产量和品质至关重要。为有效防治，需采取综合措施：保持菇房清洁，减少虫源；利用害虫的趋光性、趋味性进行诱杀；必要时使用低毒、高效的化学药剂，但需注意安全间隔期。同时，推广生物防治，如天敌昆虫、微生物制剂等，减少化学农药使用。防治中还需遵循"预防为主，综合防治"的原则，结合农业措施、物理防治和化学防治等方法，确保食用菌健康生长。

本次任务主要通过实际操作和案例分析，提升解决食用菌虫害问题的能力，为未来的食用菌生产实践提供坚实的理论基础和技术支持。

任务目标

知识目标	能力/技能目标	思政目标
① 掌握食用菌栽培过程中常见的虫害种类及其识别特征。 ② 了解它们的生活习性、危害特点以及对食用菌生产的影响。 ③ 知道虫害发生的环境条件和传播途径。 ④ 掌握基本的虫害防治原理和方法。	① 能够准确识别虫害种类，判断虫害危害程度，并制定科学合理的防治方案。 ② 能够熟练掌握防治技术，确保防治效果。 ③ 能够在防治实践中探索新方法、新技术，以适应不断变化的虫害情况和防治需求。	① 培养学生的环保意识和生态观念，引导其在防治虫害时注重保护生态环境。 ② 强化学生的社会责任感和使命感，使其意识到食用菌虫害防治对于保障食品安全、促进农业发展和农民增收的重要性。 ③ 强调团队协作的重要性，培养学生的集体主义精神和团队协作能力。

任务相关知识

食用菌生产中常见害虫有螨类、菇蚊、瘿蚊、线虫等。

一、螨类

螨类又名菌虱、红蜘蛛，属节肢动物门、蜱螨目。螨类在食用菌生产中常见的种类有速生薄口螨（*Histiostoma feroniarum*）、根螨（*Rhizoglyphus phylloxerae*）、腐食酪螨（*Tyrophagus putrescentiae*）和嗜菌跗线螨（*Tarsonemus myceliophagus*）等。这些螨类体积小，肉眼不易发现，大量繁殖时很多个体堆积在一起呈咖啡色粉状堆物。螨类可以通过棉塞侵入菌瓶（袋）中，取食菌丝体，所以培养时如果发现有退菌现象，可能是由螨类造成的。

1. 形态识别

螨类形似蜘蛛，圆形或卵形，体长0.2~0.7mm，肉眼不易看清。它与昆虫的主要区别：无翅、无触角、无复眼、足4对，身体不分节，体表密布长而分叉的刚毛，体色多样，有黄褐色、白色、肉色等，口器分为咀嚼式和刺吸式两种（图4-11）。

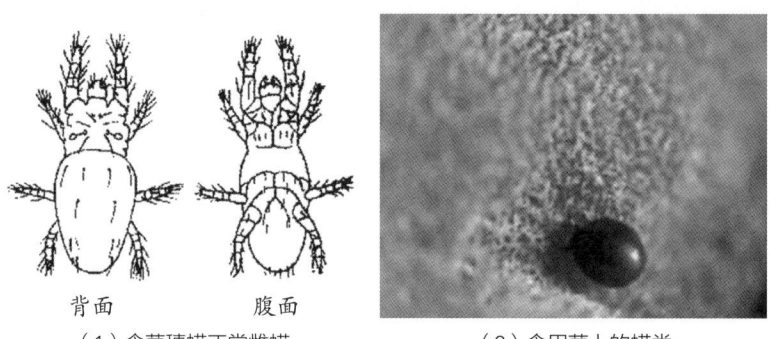

（1）食菌穗螨正常雌螨　　（2）食用菌上的螨类

图4-11　螨类

2. 发生规律

螨类多为两性卵生生殖。雌、雄螨发育阶段不同：雌螨一生经过卵、幼螨、第一若螨、第二若螨至成螨等发育阶段；雄螨则无第二若螨期。幼螨足为3对，若螨期以后有足4对。螨类喜栖温暖、潮湿的环境，发育、繁殖的适温为18~30℃，在湿度大的环境中，繁殖速度快，一年少则2~3代，多则20~30代。当生活条件不适或食料缺乏时，有些螨类还能改变成休眠体在不良环境中生存几个月或更长时间，一旦遇到适宜环境，便蜕皮变成若螨，再发育为成螨。

3. 侵入途径与危害症状

螨类主要潜藏在厩肥、饼粉、培养料内，粮食、饲料等谷物仓库，以及禽舍畜圈、腐殖质丰富等环境卫生差的场所。螨类可随气流飘移，也能借助昆虫、培养料、覆土材料、生产用具和管理人员的衣着等媒介扩散，侵入食用菌菌丝及子实体。螨类侵入危害时，会使接种块难于萌发或萌发后菌丝稀疏暗淡，受害重的会因菌丝萎缩而报废。

4. 防治措施

（1）把好菌种质量关，保证菌种不带害螨。

（2）搞好菇房卫生，菇房要与粮食、饲料、肥料仓库保持一定距离。

（3）可用"农地乐"加石灰粉混合后装在纱袋中，抖撒在菇房四周，对害螨防效较好。

（4）将蘸有40%～50%辛硫酸的棉团，放在菇床下，每隔67～83cm放置3处，呈"品"字形排列，并在菇床培养料上盖一张塑料薄膜或湿纱布。害螨嗅到药味，迅速从料内钻出，爬至塑料薄膜或湿纱布上，然后取下集满害螨的薄膜或纱布，放在热水中将害螨烫死。

二、菇蚊

1. 形态识别

成虫体黑色，体长2～4mm；复眼大，1对，黑色，顶部尖；触角丝状（虚线状），16节。卵椭圆形，初浅黄绿色，后无色透明（孵化前）。幼虫蛆状，无足；初孵幼虫白色，体长0.76mm左右，老熟幼虫乳白色，体长5.5mm左右，体分12节；幼虫头部黑色，有一较硬（骨质化）的头壳，大而突出，咀嚼式口器，发达。蛹黄褐色，腹节8节，每节有1对气门（图4-12）。

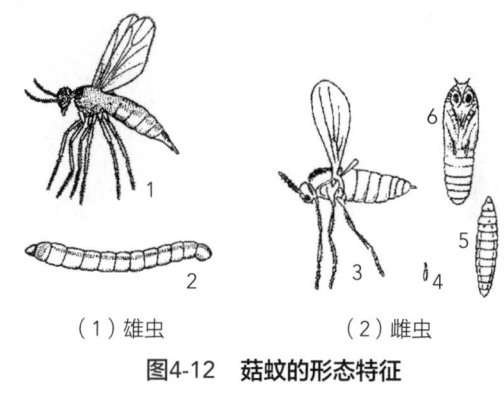

图4-12　菇蚊的形态特征

1—雄成虫　2—雄幼虫
3—雌成虫　4—卵　5—雌幼虫　6—蛹

2. 发生规律

菇蚊在一年内发生多代，在15℃下，繁殖一代为33d；在25℃下，繁殖一代为21d，在30℃下，繁殖一代为9d。成虫活跃善飞，一般在10℃以上开始活动，当气温达16℃以上时，成虫大量繁殖。全年成虫盛发期是秋季9～11月和春季3～5月。15～21℃的中温条件对成虫发生有利，一年之中成虫活动最盛的是秋季，而雌成虫比例最高则在春季，低温下繁殖的成虫体大，产卵量多，在16℃左右时，产卵量最高。

成虫在有光的培养室中活动频繁，其迁入量是黑暗条件下迁入量的数十倍或上百倍，培养室内如有发黄衰老的食用菌菌袋、腐烂的培养料对成虫都有很强的引诱力，而成虫对糖、醋、酒混合液则表现出一定的忌避性。在18～24℃时，成虫期2～4d，成虫交尾后产卵于菌床表面的培养料上或覆土缝中，在环境湿度为85%以上时，卵期为5～6d。幼虫寄生、腐生能力强，活动范围大，具有喜湿性、趋糖性、避光性和群集性等习性。在15～28℃条件下，生长发育好，活动能力强，10℃以下，幼虫停食不活动。菇蚊的各种形态都能越冬，但以老熟幼虫休眠越冬为主，且越冬死亡率较低。

3. 侵入途径与危害症状

菇蚊的卵、幼虫、蛹主要随培养料侵入，成虫则直接飞入培养场所产卵繁殖。成虫对生产不直接造成危害，但能携带病原菌。幼虫若较早地随培养料侵入，则以取食培养料和菌丝为主，从而影响菌种定植蔓延，造成发菌困难。轻度危害时，因虫体小，隐蔽性较大，往往不易发现。严重时，菌丝被吃尽，培养料变松、下陷，呈碎渣状。菇蚊的危害症状见图4-13。

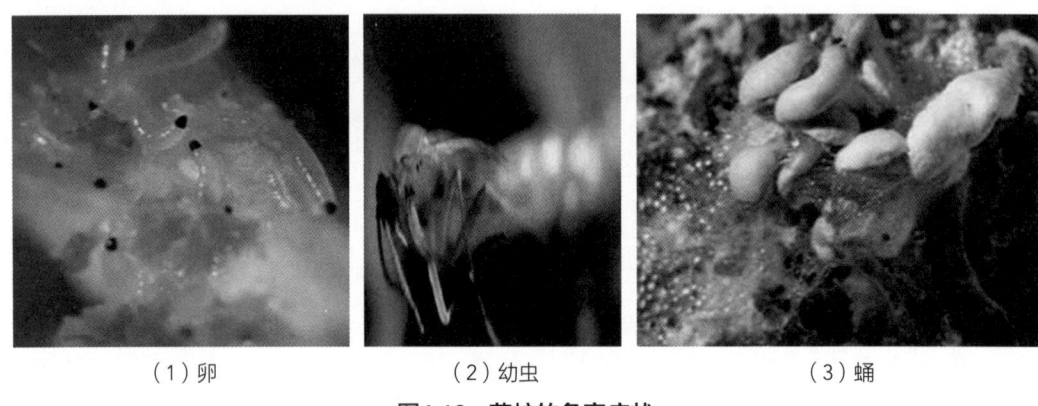

（1）卵　　　　　　　　（2）幼虫　　　　　　　　（3）蛹

图4-13　菇蚊的危害症状

4. 防治措施

（1）合理选用生产季节与场地。选择不利于菇蚊生活的季节和场地生产。在菇蚊多发地区，把出菇期与菇蚊的活动盛期错开，同时选择清洁干燥、向阳的生产场所。

（2）多品种轮作，切断菇蚊食源。在菇蚊高发期的10～12月和3～6月，选用菇蚊不喜欢取食的菇类生产，如选用香菇、鲍鱼菇、猴头菇等生产，用此方法生产两个季节，可使该区内的虫源减少或消失。

（3）重视培养料的前处理工作，减少发菌期菇蚊繁殖量。对于生料生产的平菇、鸡腿菇等易感菇蚊的品种，应对培养料和覆土进行药剂处理，做到无虫发菌，少虫出菇，轻打农药或不打农药。

（4）药剂控制，对症下药。在出菇期密切观察料中虫害发生动态，当发现袋口或料面有少量菇蚊成虫活动时，结合出菇情况及时用药，消灭外来虫源或菇房内始发虫源，则能消除整个季节的多菇蚊虫害。在喷药前将能采摘的菇体全部采收，并停止浇水1d。如遇成虫羽化期，要多次用药，直到羽化期结束，选择击倒力强的药剂，如菇净、锐劲特等低毒农药，用量为500～1000倍液，整个菇场要喷透、喷匀。

三、瘿蚊

瘿蚊又名瘿蝇、小红虫、红蛆等，是严重危害食用菌的害虫，属节肢动物门、双翅目，常见的种类有嗜菇瘿蚊（*Mycophila fungicola*）、施氏嗜菌蚊（*M.speyeri*）和异足瘿蚊（*Heteropeza pygmaea*）。

1. 形态识别

成虫头尖体小，头和胸黑色，腹部和足浅黄色，体长不超过2.5mm，复眼大而突出，触角念珠状，16~18节，每节周围环生放射状细毛（图4-14）。卵长椭圆形，初乳白色，后变浅黄色。幼虫蛆状，无足，长条形或纺锤形；初孵幼虫白色，体长0.25~0.3mm，老熟幼虫橘红色或浅黄色，体长2.3~2.5mm，体分13节；头尖，不骨质化，口器很不发达，化蛹前中胸腹面有一弹跳器官—"胸叉"。蛹半透明，头顶有2根刚毛，后端腹部橘红色或浅黄色。

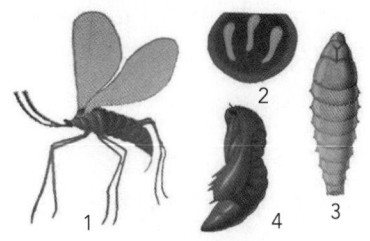

图4-14 瘿蚊的形态特征

1—成虫 2—卵 3—幼虫 4—蛹

2. 发生规律

瘿蚊一年发生多代。成虫喜黑暗阴湿的环境，对灯光的趋性不强，羽化时间多在16:00~18:00，羽化2~3h后便交尾产卵；在18~22℃，相对湿度75%~80%条件下，卵期为4d左右；孵化后幼虫经10~16d生长发育，钻入培养料内或土壤缝隙中化蛹；蛹期6~7d；有性生殖一代周期需29~31d。

瘿蚊繁殖能力极强，除正常的两性生殖（即卵生）之外，常见的幼虫大多是经幼体生殖（又称童体生殖）繁殖而来。幼体生殖似同胎生，即直接由成熟幼虫（母蛆）体内孕育出次代幼虫（子蛆）。这种特殊的繁殖方式，在没有成虫交尾产卵繁殖的情况下，可使幼虫数量在短期内成倍递增，是瘿蚊幼虫突然暴发危害的重要原因。通常1条成熟幼虫可胎生7~28条子幼虫。子幼虫较卵生幼虫大，经10d左右生长发育，又能孕育一代。

瘿蚊抵抗不良环境的能力强，能耐低温和较高的温度，不怕水湿。在8~37℃，培养料含水量为70%~80%，食料充足的条件下，其幼体生殖可连续进行。当温度高于37℃或低于7℃，或培养料含水量降至64%以下时，幼虫繁殖受阻。当培养料干燥时，小幼虫多数停食后死亡，成熟幼虫则弹跳转移，部分蛹经过羽化为成虫后再迁飞活动，另一部分则以休眠体状态藏匿在土缝中或废弃的培养料内，以抵御干旱和缺食，其生存期可达9个月，待环境条件适宜时，能再度恢复虫体，繁殖危害。幼虫不耐高温，50℃时便死亡。

3. 侵入途径与危害症状

瘿蚊成虫可直接飞入防范不严的培养室，其卵、蛹、幼虫及其休眠体主要通过培养料带入。成虫不直接危害，但能成为病原菌、螨类等病虫的传播媒介。

瘿蚊以幼虫危害为主，其个体小，肉眼较难看清，当幼虫大量繁殖群聚抱成球状，或成团成堆，呈橘红色番茄酱样出现在培养料上时，才很明显。幼龄幼虫主要取食菌丝，取食时先用头部去捣烂菌丝，再食其汁液，受害菌丝断裂衰退后，变色或腐烂。

4. 防治措施

（1）生产场地必须选择地势干燥、近水源且清洁之处。

（2）要及时清除废料及脏物、腐败物；生产场地应定期喷洒消毒杀虫剂。出菇房安装纱门纱窗，配合使用黄色粘蝇胶带可以有效阻挡虫源入内，要设法控制外界成虫进入菇场。

（3）菌袋接种后封口宜用套环封口。封口纸应使用双层报纸，搬运过程中应防止封口纸脱落，并注意轻拿轻放以免袋破口，如果发现菌袋有破口或刺孔应立即用粘胶带贴住，以免害虫在破口处产卵为害。

（4）控制菇房温湿度。切实做好菇房的通风透气，调节食用菌生长适宜的温度和湿度，预防房内温度升高、湿度偏大。

（5）药剂防治。在虫害发生时用50%辛硫磷乳剂1：（800～1000）倍液喷雾。

四、线虫

1. 形态识别

线虫（*Nematoda*），白色透明、圆筒形或线形（图4-15），是营寄生或腐生生活的一类微小的低等动物，属无脊椎的线形动物门、线虫纲。国内已报道的有15种，其中常见的有6种，尤以居肥滑刃线虫、噬菌丝茎线虫与菌丝腐败拟滑刃线虫危害为重。

2. 危害情况

危害食用菌的线虫有多种，其中滑刃线虫以刺吸菌丝体造成菌丝衰败，垫刃线虫在培养料中较少，但在覆土层中较普遍。蘑菇受线虫侵害后，菌丝体变得稀疏，培养料下沉、变黑，发黏发臭，菌丝消失而不出菇，幼菇受害后萎缩死亡。香菇脱袋后在转色期间受害，菌筒产生"退菌"现象，最后菌筒松散而报废。银耳受害后造成鼻涕状腐烂。

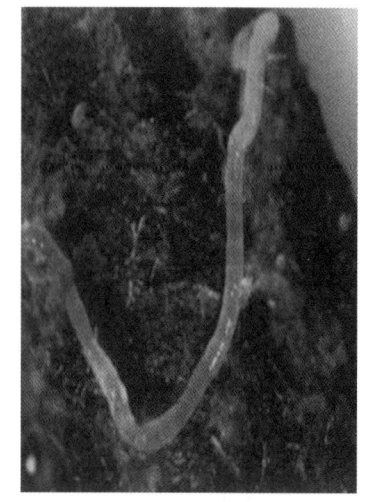

图4-15　线虫形态

线虫数量庞大，每克培养料的密度可达200条以上，其排泄物是多种腐生细菌的营养。这样使得被线虫危害过的基质腐烂，散发出一种腥臭味。由于虫体微小，肉眼无法观察到，常误认为是杂菌危害或高温烧菌所致。减产程度取决于线虫最初侵染的时间和程度，如果发生早、线虫数量多，则足以毁掉全部菌丝，使生产完全失败。而后，细菌的作用使受侵染的培养料发黑而又潮湿。但在接近出菇末期的后期侵染，只会造成少量减产，而菇农可能不会引起注意。

3. 侵染途径

线虫在潮湿透气的土壤、厩肥、秸秆、污水里随处可见，其生存能力强，能借助多种媒介和不同途径进入菇房。一条成熟的雌虫能产卵1500~3000粒，数周内增殖10万倍。低温下线虫不活泼或不活动，干旱或环境不利时，呈假死状态，休眠潜伏几年。线虫不耐高温，45℃，5min即死亡。

4. 防治措施

（1）适当降低培养料内的水分和生产场所的空气湿度，恶化线虫的生活环境，减少线虫的繁殖量，也是减少线虫危害的有效方法。

（2）强化培养料和覆土材料的处理。尽量采用二次发酵，利用高温进一步杀死料土中的线虫。

（3）使用清洁水浇菇。流动的河水、井水较为干净，而池塘死水含有大量的虫卵，常导致线虫泛滥为害。

（4）药剂防治。菇净或阿维菌素中含有杀线虫的有效成分，按1000倍液喷施能有效地杀死料中和菇体上的线虫。

（5）采用轮作。如菇稻轮作、菇菜轮作、轮换菇场等方式，都可减少线虫的发生和危害程度。

● 任务实施

一、任务所需器材

（1）材料　主要食用菌虫害标本。

（2）器具　放大镜、显微镜、接种针、挑针、吸水纸、擦镜纸、香柏油、无菌水滴瓶、染色剂、酒精灯、火柴等。

二、任务实施步骤——食用菌主要虫害的识别

（1）昆虫类菇蚊、瘿蚊、蚤蝇、跳虫等的幼虫、蛹、成虫形态特征的观察。

（2）螨类蒲螨、粉螨形态特征的观察。

（3）线虫类用显微镜观察线虫的形态特征。

（4）绘制一种食用菌害虫的幼虫及成虫的形态结构图。

> **思政小课堂**

某食用菌生产基地发现菇蝇大量繁殖，严重威胁到当地食用菌的产量和质量。面对食用菌虫害这一难题时，他们不畏艰难，迎难而上，以高度的责任感和使命感投入防治工作中。他们深入田间地头，与农民面对面交流，了解虫害发生的实际情况，因地制宜地制定防治方案。在实验室里，他们夜以继日地研究新的防治技术，以期找到更加高效、环保的解决方法。他们的这种责任感和使命担当，不仅赢得了农民的信任和尊重，也为食用菌产业的可持续发展提供了有力的科技支撑。这种精神值得我们每一个人学习和传承，为推动我国农业现代化贡献自己的力量。

● 任务考核评价

表4-2　食用菌虫害识别及防治考核表

考核内容	考核指标	分值	实得分数
虫害种类识别	能否准确识别食用菌栽培过程中常见的虫害种类，了解其形态特征、生活习性和危害特点	20	
虫害危害评估	对虫害危害程度的判断能力，包括对受害食用菌的症状观察、危害面积和数量等	30	
虫害防治方法	能否根据虫害种类和危害程度选择合适的防治方法，并正确操作防治设备和药剂	30	
安全和环保意识	注重安全用药，避免环境污染和人体伤害	20	
总分		100	

● 任务巩固与创新

1. 简述食用菌栽培过程中常见的虫害种类及其危害特点。

2. 食用菌栽培中，若发现虫害已经发生，应如何迅速而有效地应对以减少损失？

任务三　食用菌病虫害的综合防治

● 任务描述

病虫害的综合防治是农业生产中的一项重要策略，通过综合运用多种防治方法，有效控制病虫害的发生和危害，保障作物的健康生长和高产优质。

综合防治强调预防为主，结合农业生态系统的整体观念，采取多种措施并举的方法。首先，通过改善农田生态环境，创造有利于作物生长而不利于病虫害发生的条件。其次，生物防治是综合防治中的重要组成部分，利用天敌昆虫、微生物等生物资源来控制病虫害。这种方法对环境友好，有助于维护生态平衡，减少化学农药的使用。物理防治方法如诱虫灯、黄板诱杀等，通过物理手段诱捕或杀灭害虫，减少其种群数量。这些方法对特定害虫效果显著，且对环境和非靶标生物安全。科学合理地使用化学农药仍是防治病虫害的有效手段。但应注重选择低毒、高效、低残留的药剂，并严格遵守安全间隔期，确保农产品安全和环境安全。

本次任务主要通过综合运用多种策略和方法，实现食用菌病虫害的有效防治，实现食用菌病虫害的可持续控制，为食用菌产业的健康发展保驾护航。

● 任务目标

知识目标	能力/技能目标	思政目标
① 食用菌病虫害的综合防治原理和方法。 ② 了解环保和可持续发展的理念在食用菌病虫害防治中的应用，以及减少化学农药使用的必要性。	① 能够准确识别食用菌病虫害。 ② 能够根据病虫害种类和危害程度，制定科学合理的综合防治方案。 ③ 能够合理安全使用农药、配制和使用生物制剂等。	① 增强学生对农业生产的社会责任感，意识到保障食品安全的重要性。 ② 强调环保和可持续发展的理念，培养学生的环保意识和生态文明建设的责任感。 ③ 引导学生在未来的食用菌生产或相关工作中，坚守职业道德，注重产品质量和安全。

● 任务相关知识

当食用菌发生病虫害后,即使能及时采取措施加以控制,也已不同程度地影响了产量和品质,还要多费工时,增加成本,效果也不会理想。所以,一开始采取各种措施加以预防,可以收到事半功倍、一劳永逸的效果。另外,食用菌病虫害的防治措施,都有其局限性,单独采取一种防治方法,难以有效地解决病虫害危害问题,需要根据具体情况采用几种措施互相补充和协调。因此,食用菌病虫害的防治工作与农作物病虫害防治一样,也应遵循"预防为主,综合防治"的方针。综合防治就是要把农业防治、物理防治、化学防治、生物防治等多种有效可行的防治措施配合应用,组成一个有计划的、全面的、有效的防治体系,将病虫害控制在最小的范围内和最低的水平下。基本的综合防治措施如下。

一、生产环境卫生综合治理

食用菌生产场所的选择和设计要科学合理,菇棚应远离仓库、饲养场等污染源和虫源;生产场所内、外环境要保持卫生,无杂草和各种废物。培养室和出菇场所要采取在门窗处安装纱网的方式,防止菇蝇飞入。操作人员进入菇房,尤其从染病区进入非病区时,要更换工作服和用来苏尔洗手。菇房进口处最好设有漂白粉的消毒池,进入时要先消毒。菇场在日常管理中如有污染物出现,要及时科学处理等。

二、生态防治

环境条件适宜程度是食用菌病虫害发生的重要诱导因素。当生产环境不适宜某种食用菌生长时,便导致其生命力减弱,给病虫害的入侵创造了机会,如香菇烂筒、平菇死菇等均是菌丝体或子实体生命力衰弱而致。因此,生产者要根据具体品种的生物学特性,选好生产季节,做好菇事安排,在菌丝体及子实体生长的各个阶段,努力创造其最佳的生长条件与环境,在生产管理中采用符合其生理特性的方法,促进健壮生长,提高抵抗病虫害的能力。此外,选用抗逆性强、生命力旺盛的品种;使用优质、适龄菌种;选用合理生产配方;改善生产场所环境,创造有利于食用菌生长而不利于病虫害发生的环境,都是有效的生态防治措施。

三、物理防治

利用不同病虫害各自的生物学特性和生活习性,采用物理的、非化学(农药)的防治措施,是一项比较安全有效和使用广泛的方法。如利用某些害虫的趋光性,在夜间用灯光诱杀;利用某些害虫对某些食物、气味的特殊嗜好,可进行毒饵诱杀;链孢霉在高温高湿的环境下易发生,控制生产环境湿度在70%、温度在20℃以下,链孢霉就迅速受到抑制，而食用菌的生长几乎不受影响。在生产中用得比较多的有：热力灭菌（湿热灭菌、干热灭菌）、辐射灭菌（日光灯、紫外线灯）、过滤灭菌；设障阻隔，防止病虫的侵入和传播；出菇阶段用日光灯、黑光灯、电子杀虫灯、诱虫粘板诱杀，消灭具有趋光性的害虫；日光暴晒覆土材料、菇房内的床架，以及生料、培养料等，起到消毒灭虫作用，如储藏的陈旧培养料在生产之前在强日光下暴晒1~2d，可杀死杂菌营养体和害虫及卵，然后再利用高压蒸汽灭菌，基本上将培养料中杂菌和虫害杀死。人工捕捉害虫或切除病患处；对双孢蘑菇或其他菌种，经过一定时间的低温处理，能有效地杀死螨类等。此外，防虫网、臭氧发生器等都是常用的物理方法。

四、生物防治

利用某些有益生物，杀死或抑制害虫或病菌，从而保护食用菌正常生长的一种防治方法，即"以虫治虫、以菌治虫、以菌治菌"等。其优点是，有益生物对防治对象有很高的选择性，对人、畜安全，不污染环境，无副作用，能较长时间地抑制病虫害。生物防治的主要作用类型有以下几项。

（1）捕食作用　有些动物或昆虫以某种害虫为食物，通常将前者称作后者的天敌。如蜘蛛捕食菇蚊、蝇，捕食螨是一种线虫的天敌等。

（2）寄生作用　寄生是指一种生物以另一种生物（寄主）为食物来源，它能破坏寄主组织，并从中吸收养分。如苏云金芽孢杆菌和环形芽孢杆菌对蚊类有较高的致病能力，其作用相当于胃毒化学杀虫剂。目前，常见的细菌农药有苏云金杆菌（防治螨类、蝇蚊、线虫）、青虫菌等；真菌农药有白僵菌、绿僵菌等。

（3）拮抗作用　由于不同微生物间的相互制约、彼此抵抗而出现微生物间相互抑制生长繁殖的现象，称作拮抗作用。在食用菌生产中，选用抗霉力、抗逆性强的优良菌株，就是利用拮抗作用的例子。

（4）占领作用　绝大多数杂菌很容易侵染未接种的培养基，相反，当食用菌菌丝体遍布料面，甚至完全"吃料"后，杂菌就很难发生。因此，在生产中常采用加大接种量、选用合理的播种方法，让菌种尽快占领培养料，以达到减少污染的目的。

另外，植物源农药如苦参碱、印楝素、烟碱、鱼藤酮、除虫菊素、茼蒿素、茶皂素等对许多食用菌害虫具有理想的防治效果。

五、化学农药防治

在其他防治病虫害措施失败后，最后可用化学农药防治，但尽量少用，尤其是剧毒农药，大多数食用菌也是真菌，使用农药也容易造成食用菌药害。另外，食用菌子实体形成阶段的时间短，在这个时期使用农药，未分解的农药易残留在菇体内，食用时会损坏人体健康。食用菌生产中发生病害时，要选用高效、低毒、残效期短的杀菌剂；在出菇期发生虫害时，应首先将菇床上的食用菌全部采收，然后选用一些残效期短、对人畜安全的植物性杀虫剂。

1. 常用杀菌剂

（1）多菌灵　多菌灵的化学性质稳定，为传统高效、低毒、内吸性杀菌剂，杀菌谱广，残效长。其产品有10%、25%、50%可湿性粉剂，对青霉、曲霉、木霉、双孢蘑菇粉孢霉以及疣孢霉菌、褐斑病有良好防治效果。拌料、床面或覆土表面灭菌常用50%的多菌灵可湿性粉剂800倍液。

（2）代森锌　代森锌是保护性杀菌剂，对人畜安全，产品为65%、80%可湿性粉剂，可用于拌料和防治疣孢霉病、褐斑病等，一般用65%可湿性粉剂500倍液。其能与杀虫剂混用。

（3）甲基托布津　它是广谱、内吸性杀菌剂，兼有保护和治疗作用。甲基托布津在菌体内转变成多菌灵起作用，对人畜低毒，不产生药害。其有50%、70%可湿性粉剂，可防治多种真菌性病害，对棉絮状霉菌防治作用良好，在发病初期，可用50%可湿性粉剂800倍液喷洒。

（4）百菌清　百菌清对人畜毒性低，有保护治疗作用，药效稳定。百菌清为75%可湿性粉剂，用0.15%百菌清药液可防治轮枝孢霉等真菌性病害。

（5）菇丰　菇丰是食用菌专用消毒杀菌剂，可用于多种木腐菌类的生料、发酵料和熟料的拌料，使用药剂为1000~1500倍液，可有效抑制竞争性杂菌，如木霉、根霉、曲霉等的萌发及生长速度，不影响正常的菌丝生长和出菇。菇丰能有效防治菇体生长期的致病菌，如疣孢霉菌，干泡病、褐斑病等细菌，真菌和酵母菌类的病害。使用500~1000倍液，间隔3~4d，连续喷施2~3次，可有效减轻病症，使新长出的菇体不受病菌侵染而正常生长。土壤处理用1500~2000倍液，能有效杀灭土壤中的病原菌。

（6）咪鲜胺锰盐　咪鲜胺锰盐对侵染性病害、霉菌效果好，无菇期喷洒覆土层、出菇面或处理土壤、菌袋杂菌，用量为50%可湿性粉剂1000倍液或0.5g/m^2。

（7）噻菌灵　噻菌灵对病原真菌、杂菌有良好效果，用于拌、喷土壤或喷洒地面环境，用量为500g/L悬浮剂1000倍液。

（8）甲醛（福尔马林）　甲醛是无色气体，商品"福尔马林"即37%~40%的甲醛溶液，为无色或浅黄色液体，有腐蚀性，贮存过久常产生白色胶状或絮状沉淀。其可防治细菌、真菌和线虫。常用于菇房和无菌室熏蒸灭菌，每立方米空间用10mL；处理双孢蘑菇覆土，每立方米用5%甲醛水溶液250~500mL；与等量乙醇混合，用于处理袋栽发菌期的霉菌污染。

（9）硫酸铜　硫酸铜俗称胆矾或蓝矾，蓝色结晶，可溶于水，杀菌能力强，在很低浓度下即能抑制多种真菌孢子的萌发。生产前，用0.5%～1%水溶液进行菇房和床架消毒。因单独使用有毒害，故多用于配制波尔多液或其他药剂。如用11份硫酸铵与1份硫酸铜的混合液，在菇床覆土层或发病初期使用。

（10）波尔多液　波尔多液是保护性杀菌剂，用生石灰、硫酸铜、水按1∶1∶200的比例配制而成，是一种天蓝色黏稠状悬浮液。其杀菌主要成分是碱式硫酸铜，释放出的铜离子可使病菌蛋白质凝固，可防治多种杂菌和病害，对曲霉、青霉、棉絮状霉菌有很好防治效果。也可用于培养料、覆土和菇房床架消毒，能在床架表面形成一道药膜，防止生霉。其配制方法为：在缸内放硫酸铜1kg，加水180kg溶化，在另一缸内放生石灰1kg，加水20kg，配成石灰乳。然后将硫酸铜溶液倒入石灰乳中，并不断搅拌即成。

（11）硫黄　硫黄有杀虫、杀螨和杀菌作用，常用于熏蒸消毒，每立方米空间用量为7g，高温高湿可提高熏蒸效果。硫黄对人毒性极小，但硫黄燃烧所产生的二氧化硫气体对人体极毒，在熏蒸菇房时要注意安全。

（12）石硫合剂　石硫合剂为石灰、硫黄和水熬煮而成的保护性杀菌剂，原液为红褐色透明液体，有臭鸡蛋气味，化学成分不稳定，长期储存应放在密闭容器中。石硫合剂的有效成分为多硫化钙，杀菌作用比硫黄强得多；其制剂呈碱性反应，有腐蚀昆虫表面蜡质作用，故可杀甲壳虫、卵等蜡质较厚的害虫及螨。配制石硫合剂原料的比例是石灰1kg、硫黄2kg、水10kg，把石灰用水化开，加水煮沸，然后把硫黄调成糊状，慢慢加入石灰乳中。同时迅速搅拌，继续煮40～60min，随时补足损失水分，待药液呈红褐色时停火、冷却后过滤即成。原液可达20～24°Bé，用水稀释到5°Bé使用，通常用于菇房表面消毒。

（13）来苏尔　苯酚（俗称碳酸）作为常用杀菌剂，多与肥皂混合为乳状液，商品名称为煤酚皂液（来苏尔），能提高杀菌能力。在有氯化钠存在时效力增大，与酒精作用会使效力大减。对菌体胞有损害作用，能使蛋白质变性或沉淀，1%的含量可杀死菌体，5%则可杀死芽孢，常用于消毒和喷雾杀菌。

（14）漂白粉　漂白粉是白色粉状物，能溶于水，呈碱性。有效成分为漂白粉中所含的有效氯，通常含量在30%左右，加水稀释成0.5%～1%含量，用于菇房喷雾消毒。3%～4%含量用于浸泡床架材料及接种室消毒，可杀死细菌、病毒、线虫，并可用于退菌的防治。

（15）生石灰　用5%～20%石灰水喷洒或撒粉，可防治霉菌。

2. 常用杀虫剂

（1）辛硫磷　辛硫磷是低毒有机磷杀虫剂。工业品为黄棕色油状液体，难溶于水，易溶于有机溶剂，遇碱易分解，对人畜毒性低，产品有50%乳剂，稀释1000~1500倍液使用，防治菌蛆、螨类及跳虫效果较好。

（2）菇净　菇净是由杀虫杀螨剂复配而成的高效低毒杀虫、杀螨和杀线虫药剂，对成虫击倒力强，对螨虫的成螨和若螨都有快速作用。对食用菌中的夜蛾、菇蚊、蚤蝇、跳虫、食丝谷蛾、白蚁等虫害都有明显的效果，可用于拌料、拌土处理，用量为1000~2000倍液。浸泡菌袋用量在2000倍液左右，菇床杀成虫喷雾用量在1000倍液，杀幼虫用量在2000倍液左右。

（3）吡虫啉　吡虫啉属内吸传导性杀虫剂，对幼虫有效果，但对成虫无效果，使用含量5%乳油，用量为1000倍液左右。

（4）克螨特　克螨特属触杀和胃毒型杀螨剂，对若螨和成螨有特效。产品有30%可湿性粉剂，使用量为1000倍液或73%乳油3000倍液。

（5）锐劲特　锐劲特对菌蛆等双翅目及鳞翅目害虫等防治效果优良，处理土壤、避菇使用或无菇期针对目标喷雾，使用含量为50g/L悬浮剂2000~2500倍液。

（6）高效氟氯氰菊酯　高效氟氯氰菊酯为广谱杀虫剂，对菌蛆及其成虫、跳虫、潮虫等有强烈的触杀和胃毒作用，对人畜毒性低。产品为2.5%乳油，使用含量为2000~3000倍液，在发菌、覆土期均可使用，喷洒菇棚地面或无菇期针对目标喷雾，在碱性介质中易分解。

（7）鱼藤精　鱼藤为豆科藤本植物，根部有毒，其中有效成分主要是鱼藤酮，一般含量为4%~6%，提取物为棕红色固体块状物，易氧化，对害虫有触杀和胃毒作用，还有一定驱避作用，杀虫作用缓慢，但效力持久，对人畜毒性低，但对鱼毒性大。产品有含鱼藤酮2.5%、5%、7%的乳油和含鱼藤酮4%的鱼藤粉，加水配成0.1%含量（鱼藤酮含量）使用，可防治菇蝇和跳虫等。用鱼藤精500g加中性肥皂250g、水100kg，可防治甲壳虫、米象等。

（8）甲氨基阿维菌素苯甲酸盐　它对菇螨、跳虫等防效优，喷洒菇棚地面或无菇期针对目标喷雾，用量为1%乳油4000~5000倍液。

（9）食盐　用5%含量，可防治蜗牛、蛞蝓等。

六、食用菌病虫害防治注意事项

目前食用菌广泛使用的多种农药都未做过食用菌食品安全的相关分析，使用方法和估计的残留期都仅是以蔬菜为参考，然而食用菌与绿色植物的生理代谢不同，有关基础研究十分缺乏，对此需引起高度重视。

（1）食用菌的病虫害防治应特别强调"预防为主，综合防治"的植保方针，坚持"以农业防治、生态防治、物理防治、生物防治为主，化学防治为辅"的治理原则。

应以规范生产管理技术预防为主,采取综合防控措施,确保食用菌产品的安全、优质。

(2)按照《中华人民共和国农药管理条例》,剧毒和高毒农药不得在蔬菜生产中使用,食用菌作为蔬菜的一类也应完全参照执行,禁止使用剧毒、高毒、高残留或具"三致"毒性(致癌、致畸、致突变)、有异味异色污染及重金属制剂、杀鼠剂等化学农药。

(3)不得在食用菌上使用国家明令禁止生产使用的农药种类,不得使用非农用抗生素。

(4)有限度地使用高效、低毒、低残留化学农药或生物农药,不得在培养基质中和直接在子实体及菌丝体上随意使用化学农药及激素类物质,尤其是在出菇期间,要求于无菇时或避菇使用,并避开菌料以喷洒地面环境或菌畦覆土为主,最后一次喷药至采菇间隔时间应超过该药剂的安全间隔期。

(5)控制农药施用量和用药次数。在食用菌生产的不同阶段,针对不同防治目的和对象,其用药种类、方法、浓度、剂量等应遵守农药说明书的使用说明,不得随意、频繁、超量及盲目施药。出菇期间用药剂量、浓度应低于生产前或发菌阶段的正常用药量。配药时应使用标准称量器具,如量筒、量杯、天平、小秤等。

(6)交替轮换用药,减缓病菌、害虫抗药性的产生,正确复配、混用,避免长期使用单一农药品种。采用生物制剂与化学农药合理搭配,降低化学农药的用量,防止发生药害。

(7)选择科学的施药方式,使用合适的施药器具。常用的防治方法有喷雾法、撒施法、菌棒浸沾法、涂抹法、注射法、擦洗法、毒饵法、熏蒸法和土壤处理法等,应根据食用菌病虫危害特点有针对性地选择。

任务实施

一、病虫害调查与监测

分小组对食用菌种植区进行全面的病虫害调查,识别主要病虫害种类及其发生规律。设立监测点,定期监测病虫害发生动态,及时掌握病虫害发生趋势。

二、具体实施内容

(一)物理防治实施

(1)利用害虫的趋光性,安装诱虫灯进行诱捕。

(2)使用黄板、蓝板等诱虫工具,粘捕害虫。

(3)对于某些病害,可采用紫外线消毒、高温处理等方法进行防治。

（二）化学防治策略

（1）作为最后一道防线，当病虫害发生严重时，科学合理地使用低毒、高效的化学农药。

（2）严格按照农药使用说明和安全间隔期操作，确保食用菌产品的安全性。

（三）生物防治应用

（1）引入天敌昆虫或微生物制剂，如捕食性昆虫、寄生蜂等，建立生物防治体系。

（2）定期释放天敌，维护生态平衡，控制害虫种群数量。

思政小课堂

在食用菌栽培过程中，通过采用生物防治、物理防治等环保手段来减少化学农药的使用，降低对环境的污染。这既保护了生态环境，又确保了食用菌产品的安全性。引导人们在农业生产中更加注重生态平衡和环境保护，形成绿色、健康的农业发展方式。

在食用菌病虫害防治中，需要运用科学的方法和手段进行深入研究，不断探索新的防治策略和技术手段。通过科学实验和数据分析，我们可以更加准确地了解病虫害的发生规律和防治效果，为制定科学合理的防治方案提供科学依据。这种科学精神的培养有助于提高学生的科学素养和创新能力，为未来的农业科技发展奠定坚实基础。

任务考核评价

表4-3　食用菌病虫害综合防治考核表

考核内容	考核指标	分值	实得分数
食用菌病虫害综合防治	有效控制食用菌病虫害发生率在行业规定的合理范围内	40	
	确保所使用的化学药剂符合国家相关标准和规定	40	
	栽培管理措施应科学、合理，符合食用菌的生长发育规律	20	
总分		100	

任务巩固与创新

1. 在食用菌的综合防治中,为何强调预防为主的原则?简要说明其意义。

2. 简述在食用菌栽培过程中,如何合理选择和处理栽培场所,以降低病虫害的发生概率?

● 自我分析与总结

学生改错	学生学会的内容
学生总结	

项目五　食用菌保鲜与加工技术

● 项目导读

食用菌，作为健康饮食的重要组成部分，其新鲜度和加工品质直接关系到消费者的口感体验和营养价值。随着市场需求的不断增长，食用菌保鲜与加工技术显得尤为重要。

通过低温冷藏、气调包装、辐照处理等方法，延长食用菌的保鲜期和货架寿命，能够减缓食用菌的生理代谢过程，抑制微生物的生长，从而保持其新鲜度和风味。食用菌可以开发多样化的产品，如干品、罐头、调味品等。通过先进的加工技术，提高食用菌的附加值，满足消费者的不同需求。

食用菌保鲜与加工技术对于满足市场需求、延长货架期、增加产品附加值、促进产业发展、提升食品安全以及推动科技创新都具有重要的意义。

● 项目目标

知识目标	能力/技能目标	思政目标
① 掌握食用菌保鲜的基本原理和方法。 ② 了解不同保鲜技术对食用菌品质的影响。 ③ 熟悉食用菌加工的基本流程和常用技术。	① 能够独立操作食用菌的保鲜设备，确保食用菌的储存品质。 ② 熟练掌握食用菌的加工技能。 ③ 能够按照国家相关标准进行产品的检验和评估。	① 培养学生的社会责任感和使命感。 ② 引导学生关注生态环保和可持续发展理念，注重资源节约和环境保护。 ③ 培养学生的创新意识和团队合作精神，鼓励他们在食用菌保鲜与加工领域进行技术创新和产品研发。

● 项目实施

本项目由食用菌保鲜技术、食用菌加工技术、食用菌加工新技术及产品、食用菌综合开发技术四个任务构成。通过本项目的学习，能够掌握先进的保鲜方法，延长食用菌的货架期，同时学习食用菌的加工新技术，以提升产品附加值。通过科学手段和实践经验，为消费者提供更加多样、健康的食用菌产品，促进食用菌产业的可持续发展。食用菌的保鲜与加工不仅有助于满足市场对高品质食用菌的需求，为消费者提供更加安全、健康、美味的食用菌产品，还将为食用菌产业的升级和创新提供有力支持，推动食用菌产业的科技创新和可持续发展。

任务一　食用菌保鲜技术

● 任务描述

食用菌保鲜技术是确保食用菌从采摘到消费过程中保持其新鲜度和品质的关键。采用先进的保鲜技术，如低温冷藏、气调贮藏、物理辐照等，可以有效减缓食用菌的呼吸作用和代谢速率，抑制有害微生物的生长，从而延长其货架期和保鲜效果。这些技术的应用不仅有助于保持食用菌的口感、色泽和营养价值，还能减少浪费，提高市场竞争力。随着科技的不断进步和创新，食用菌保鲜技术也在不断发展和完善，为食用菌产业的健康发展提供了有力支撑。通过综合运用各种保鲜技术，我们可以确保消费者享受到更加新鲜、安全、美味的食用菌产品。

本次任务，我们将深入学习食用菌保鲜技术，从采摘到消费市场全过程中确保其营养价值和口感，保持食用菌新鲜度和品质。学习各种先进的保鲜方法，如低温冷藏、气调贮藏以及物理辐照等。此外，我们还将学习如何在实际应用中结合不同的保鲜技术，以达到最佳的保鲜效果。通过这次学习，我们将更全面地了解食用菌保鲜技术的重要性，并为食用菌产业的持续发展做出贡献。

● 任务目标

知识目标	能力/技能目标	思政目标
① 理解食用菌的保鲜原理。 ② 了解影响食用菌保鲜的因素。 ③ 掌握食用菌常用的保鲜方法。	① 能够阐明食用菌保鲜的基本原理。 ② 学会几种常用的保鲜技术。 ③ 能够独立完成食用菌保鲜过程。	① 培养学生的科学思维和创新意识。 ② 培养学生动手操作能力。 ③ 引导学生树立正确的科学观念。 ④ 激发学生的探索精神和创新意识。 ⑤ 增强学生的食品安全意识。

● 任务相关知识

随着世界经济的迅速发展，食用菌生产规模上了一个全新的台阶，食用菌已成为我国农村经济的支柱产业。我国已成为世界食用菌生产和出口大国，食用菌产品成为我国农副产品出口创汇的主要商品之一。食用菌一般水分含量高，营养丰富，质地柔嫩，生理生化活动强烈，采摘后的新鲜食用菌，常温下易腐烂变质，在包装和运输过程中也容易破损，降低质量，其商品品质就会受到严重影响，造成损失。为了减少损失，调节、丰富食用菌的市场供应，满足国内外市场的需要，提高食用菌产业的效益，大规模进行食用菌生产必须要对产品进行保鲜、贮藏与加工。常用的保鲜方法有低温保鲜、低温速冻保鲜、气调保鲜、化学药剂保鲜、辐射保鲜、负离子保鲜等方法。

一、食用菌采收后的生理变化及保鲜影响因素

（一）食用菌采收后的生理变化

采收后的食用菌在外观形态上表现为失水、萎缩、软化、菌柄伸长、开伞弹射孢子等，伴随产生异味、褐变、液化、自溶，甚至发黄、腐烂等现象。从而导致外观变差，失去原有香味，品质变劣，最终失去商品价值，造成经济损失。这些变化的生理基础是呼吸作用、酶作用或者碳水化合物含量的变化，进而改变其化学组成，这些变化将严重地影响食用菌产品的营养价值和商品价值。

1. 后熟作用

食用菌的后熟作用是指食用菌在采收离开培养基后，菌体继续生长发育进行有氧呼吸和消耗营养物质。其表现为开伞、孢子形成与弹射、组织纤维化等。

2. 碳水化合物的变化

食用菌菌丝体和子实体呼吸作用的主要底物为葡萄糖、甘露糖和海藻糖，随着储藏时间的延长，呼吸作用将上述糖类氧化生成H_2O和CO_2，从而发生菌体失重和风味变化。除此之外，储藏过程中多聚糖的种类也会发生变化，造成菌体纤维化，对食用菌品质产生不良影响。

3. 酶作用

采收后的菌体，酶作用导致的结果是酶促褐变引起的颜色变化以及营养物质的消耗。酶促褐变与色素的形成有关，它能将菌体内的酚类化合物氧化成有色的醌类化合物，可进一步形成深色复合物质，从而发生酶促褐变，这一化学反应的前提条件是底物、酶和O_2同时存在并互相接触。当菌体受机械损伤使细胞破碎时，三个反应条件同时出现，于是酶促褐变作用便会发生。另外，在食用菌储藏期间，以6-磷酸葡萄糖脱氢酶、磷酸果糖激酶、葡萄糖磷酸异构酶和甘露醇脱氧酶为代表的酶类活性的变化会导致代谢途径的改变，从而影响营养物质的消耗。

4. 氨基酸与蛋白质的变化

菌体蛋白质水解酶在采摘后相当一段时间内活性很强，可将蛋白质降解成氨基酸，从而改变食用菌的风味与营养价值。同时有些游离氨基酸可参与酶促褐变反应，被氧化成醌类有色物质，造成菌体颜色由原有正常色泽变为褐色，这种变化是造成食用菌品质下降的原因之一。

5. 脂类的变化

食用菌细胞膜上存在的脂类参与抗逆性功能的发挥，对于食用菌的储藏品质有良好作用。如草菇含有大量的饱和脂肪酸，在10～15℃下，具有较强的抗逆性，可储藏3～4d，但细胞膜结构易受低温影响而被破坏，通透性增强，细胞液外渗，导致菌体液化自溶，表现出冻害，从而使商品价值下降甚至完全丧失。

6. 水分变化

新鲜食用菌的含水量一般为85%～95%。储藏过程中水分流失的主要原因是蒸腾作用，它使菌体部分或者大量失水，造成菌体萎缩、发皱，影响外观，甚至严重影响食用菌的风味。另外，在食用菌的储藏过程中若通风不良，蒸腾作用产生的水分无法及时散失，便会积聚在菌体表面，使水分活度上升到微生物适宜范围而生长繁殖，便会引起食用菌腐烂变质。

（二）食用菌保鲜影响因素

1. 温度

鲜菇的保鲜性能与其生理代谢活动强度有密切关系，在一定温度范围内，温度越高鲜菇的生理代谢活动越强，保鲜效果越差。试验表明，在5～35℃，温度每升高10℃，呼吸强度增大3倍。一般认为，食用菌保鲜的适温是0～5℃。除速冻外，0℃以下易造成冻害。

2. 水分与湿度

新鲜菇体中的含水量，直接影响着菇体的失水速度、新陈代谢强度、酶活性与色变程度等。一般菇体含水量少，有利于保鲜。另外，保鲜效果与空气湿度也有密切关系，不同菇类对空气相对湿度要求不一样。但总的来说，食用菌要求较高相对湿度，以95%～100%为宜，低于90%，常导致菇体收缩、褐变、光泽度差。

3. 水质

食用菌保鲜用水必须符合饮用水的卫生标准。水质能影响菌体色泽的变化，若水中铁或铜的含量超过2g/kg，菌体色泽变暗、变褐且随时间延长变色加速。故食用菌在保鲜或储运中禁用铁、铜器具，但可用塑料及铝制品。

4. 气体成分

空气中氧气和二氧化碳的含量对新鲜菇体的保鲜效果有明显影响。当O_2含量低于1%时，可明显降低呼吸作用，抑制开伞。CO_2含量一般应大于5%，但含量过高对菇体也会产生伤害。

5. 酸碱度

pH影响食用菌菇体内的酶活性。菇体中多酚氧化酶是促进菇体褐变的一个重要因素，当pH为4~5时，多酚氧化酶活性最强；当pH小于2.5或大于10时，多酚氧化酶即失去活性，菇体不易褐变。pH6.0~7.5是多种微生物的最适酸碱度，所以，一般用盐水浸渍食用菌以抑制酶与微生物的活性。

6. 放置方式

食用菌放置时，最好是将菌褶朝上，这样可防止菌褶变薄变形，避免因孢子附着菌盖而呈乳白色或奶油色，同时游离氨基酸的含量也有所增加。

7. 病虫害

鲜菇保鲜时，常因细菌、霉菌、酵母等的活动而腐败变质。此外，菇蝇、菌螨等害虫也严重地影响菇的质量。食用菌即使在低温下，仍会受到低温菌的污染。

二、食用菌保鲜的原理

子实体离开培养基质仍具有生命力，活的有机体对不良外界环境和微生物的侵染具有抗性，食用菌生命活动越旺盛，其新鲜度下降的速度也越快。

食用菌保鲜是在不破坏子实体机体正常生理机能的前提下，根据食用菌采收后生理变化的特点，采用适当的物理、化学或综合方法，抑制后熟作用，降低代谢强度和酶的作用，以减少子实体的物质消耗（失重），防止微生物侵害，不发生色、香、味的变化，并保持原来的形态与质地，延长货架期，达到保持食用菌的食用价值和商品价值的目的。

食用菌的保鲜特性，因品种和发育阶段的不同而存在差异。肉质食用菌自然鲜度保质期为1~3d。食用菌子实体采收后，容易变质腐败的主要原因有两个，即采收后生理变化和环境微生物的侵染。

三、食用菌的保鲜方法

（一）物理保鲜

1. 冷藏保鲜

温度是影响食用菌呼吸作用的最主要因素。采用低温的方法，抑制食用菌的呼吸代谢，减少呼吸热和酶化学反应，并可抑制微生物的生长，称为冷藏保鲜。在食用菌子实体储藏期间，环境温度5~35℃，每上升10℃，食用菌的呼吸强度就增大3倍，其结果会使环境温度升得更高。所以环境温度宜保持在低温下储藏，但冷藏温度也不宜过低，鲜食用菌适宜储藏温度为0~4℃。

冷藏保鲜法的低温是利用自然低温或通过降低环境温度达到的，根据冷藏介质不同可分为机械冷藏和冰藏。冰藏保鲜是利用天然或人造的冰块建造冰窖来进行食用菌产品的低温保鲜。这种方法在我国东北和华北地区可以使用。机械冷藏保鲜是在冷库内利用机械制冷系统，使冷库内的温度降低并保持在有利于延长菇体寿命的范围内。一般食用菌的冷藏保鲜期限为10~20d，因此其只能作为生产与销售的中间环节，是一种临时性的保鲜措施。

（1）机械制冷设备的组成与优缺点　机械制冷储藏装置由压缩机、冷凝器、膨胀阀和蒸发器等组成，其目的是将冷藏中产品的呼吸热、外源性热量（外界通过墙壁、顶棚和地面混进库中的热量，照明、电扇、工作人员活动所产生的热量）不断地排出，以维持冷藏环境内适当的低温，延长食用菌的储藏期。

机械冷藏的优点是外界环境条件对食用菌的储藏影响较小，冷库内的温度、空气相对湿度、通风、换气等都可以人工调控，储藏条件相对恒定，一年四季都可以进行储藏业务，从而使得食用菌的生产加工可周年进行；缺点是冷库建设的投资和运营管理费用较高。

（2）机械制冷储藏注意事项

①产品预冷：产品预冷是食用菌冷藏中的一个非常重要的措施，预冷方法有以下几种。

a.冷库预冷。在食用菌的保鲜中普遍采用，一般可在1~5℃冷库中预冷24h。

b.冰预冷。将冰块和碎冰铺在容器中食用菌的上面，冰吸收热量而溶化，冰水流经容器内部使其降温。

c.真空冷却。工作原理是在减压条件下，使食用菌中的部分水分在低温下蒸腾，水分子的汽化带走热量而降温，但是这种冷却是靠原料中部分水分的汽化而实现的，常会使产品失重3%左右。

采摘后的食用菌在菇房的温度通常高于冷库温度，热量可以达到甚至超过机械冷藏的冷凝系统安全运行的最大负荷，所以必须在转移到冷藏库之前将其降到冷藏温度。

②冷藏环境温度：温度是控制产品质量的最重要的因素，温度对食用菌的影响体现在以下三个方面。

a.高温不良影响。温度每上升10℃，呼吸强度将增大3倍，还会促进微生物的生长繁殖，加速食用菌的腐败变质。因此，食用菌要尽可能避免在高温下长时间停留，采摘后应尽快预冷和冷藏。

b.低温不良影响。通常降低冷藏温度有利于食用菌的储藏，但是冷藏温度一旦低于食用菌的低温限度，将引起反常代谢，有损其耐储性和抗病性。因此储藏温度不能太低，食用菌冷藏温度一般控制在0~6℃。

c.其他方面。避免大幅度或持久性温度变化；温度场分布应均匀，不应存在过冷或过热的区域；热交换设备的维护，要及时去除蒸发管上凝结霜，防止隔热层的形成，有利于热的交换。

③冷藏环境湿度：为了控制产品蒸腾作用，新鲜食用菌在冷藏中通常要保持较高相对湿度，因而冷库内应设有湿度的调节装置。如可以设人工喷洒水雾或者在空气调节柜中装喷雾管，使引进的空气通过喷水后，再由风扇吹送到冷库中去；而直接喷水在库房地面或产品上是增加湿度的一种简便方法，但应注意的是这种方法积留在产品上的水分，有利于微生物活动，可能会造成腐败。

④冷藏环境通风：在通风的情况下，空气吸收冷库各部位的漏热和产品的呼吸热后，温度上升，致使冷藏环境内上下层的温度不一致，上层产品易腐败。当在冷库内形成适当的循环气流后，各处的温湿度要均匀，特别在新采摘的食用菌开始入库冷藏时，需要特别通风，这是由于其具有较高的田间热，必须尽快排除，以便有效地防止温度不均匀造成的腐败变质。

⑤空气洗涤：食用菌呼吸释放出来的CO_2，累积过多，对其储藏是不利的，因此对冷库中的空气进行洗涤，除去以CO_2为主的有害气体，是安全生产的保证。常用洗涤器的空气洗涤剂为活性炭、分子筛及干燥熟石灰等吸附CO_2的物质。

2. 低温速冻保鲜

速冻法是通过快速降温使食用菌子实体水分迅速结晶，导致菌体温度急剧下降，从而达到延长保鲜储藏时间的目的。由于速冻能最大限度地保持食用菌的新鲜程度、色泽和营养成分，因此其被公认为是一种最佳的保鲜储藏方法。速冻前先将鲜食用菌烫漂，以排除菇体中的空气，停止酶的活动，降低菇体水分，减少微生物的活动。烫漂不宜过度，否则会造成营养物质的大量流失；过轻又达不到以上要求的效果。烫漂时间一般为在沸腾状态下保持90s，然后迅速用流动冷水冷却。控净水后通过速冻机或其他设备在低温-40~-30℃条件下，快速（30~40min内）降温至-30℃左右。

（1）工艺流程　原料筛选→修整→护色→漂洗→预煮+冷却→精选→修整→排盘→冻结→挂冰衣→包装→冷藏。

（2）速冻保鲜技术注意问题　食用菌由于其质地、含水量、营养价值、市场需求不同，所以是否采用速冷及速冻工艺是存在差异的，在食用菌的速冻保鲜工艺中应注意的问题主要有以下几点。

①原料筛选：准备用于速冻加工的新鲜食用菌成熟度应一致，朵形齐整，大小接近，以保证速冻过程的均匀一致性，避免因冷冻不一致而产生质量瑕疵。

②修整加工：应对新采摘的原料先修整，如去柄、修剪蒂头、去除培养基等处理，以满足不同的食用菌种类以及最终产品的质量要求，并为后续产品的精加工、深加工做准备。

③预冷处理：为保持速冻过程中的降温速度迅速且均匀，节约从常温到冰点的冻结时间和耗能，提高速冻效果，需把处于较高常温下的食用菌，先置于冰点以上的温度中进行预冷处理。

④速冻处理：将食用菌置于-40～-30℃环境中，使食用菌中心温度短时间内（30～40min）达到-30℃以下，迅速通过大冰晶形成带在食用菌组织内部形成大量均匀细小的冰晶，此操作与冻结速度密切相关，冻结速度越快，冰晶形成得越细小、均匀。

⑤储藏管理：完成速冻后的食用菌产品应保存在-18～-11℃，空气相对湿度95%的环境中，储藏期一般能保持1年以上。

⑥解冻过程：速冻食用菌的解冻过程越快越好，可选择在常温、冷水中解冻，使得冰晶无法完成由细小颗粒向大颗粒的转化，有利于产品品质的保持。

3. 冷冻干燥保鲜

冷冻干燥是采用特定的控制条件，把物料所含的水分先冻结成冰，然后在低于三相点压力（水的三相点0.01℃及611.73Pa）的情况下对物料加热，为其提供升华热量，使物料中所含游离水由固相直接转为气相，再由解吸干燥除去部分结合水，从而达到低温脱水干燥的目的。

（1）工艺流程　原料预处理→冻结→升华干燥→解吸干燥+出机→包装→入库。

（2）影响保鲜质量的条件

①冻结速度：冻结速度既是关键步骤，又是一个比较重要的工艺参数，冻结速度不同会产生不同温度的冰晶而直接影响升华干燥速度和风味物质的保留，香菇平均冻结速度为1℃/min左右，冻结时间约为90min，冻结终了温度在-30℃左右，确保无液体存在。

②升华干燥中加热不能太快或过量：升华干燥太快或过量，香菇温度过高，超过共熔点，冰晶融化，会影响质量。香菇料温在20～25℃，时间为4～5h，升华干燥后，香菇中仍含有少部分的结合水，且较牢固。所以必须提高温度，才能达到产品所要求的水分含量，料温由20℃升到45℃左右，压力控制在10Pa左右。当料温与板层温度趋于一致时，干燥过程即可结束，时间为8～9h。

综上所述，采用冷冻干燥保鲜食用菌的优点是能最好地保存食用菌的色、香、味、形及营养成分；复水后，还原效果极佳，而且产品含水量低（低于5%），保鲜过程无污染，储藏、运输和销售都很方便，但其不足之处是冷冻干燥加工能耗较高。

4. 臭氧保鲜

在相同的温湿条件下，经臭氧离子器产生的离子风处理的菇体，色泽品质不易发生变化，保鲜期可以达到20~25d。经离子风吹过的菇体，表面附着的细菌被杀死，同时在菇体表面形成一层保护膜，使菇体的酶类处于休眠状态，新陈代谢减弱，从而延长了保存时间和保鲜作用。臭氧保鲜具有成本低、设备简单、易推广等特点。

5. 气调保鲜

气调保鲜就是通过人工控制环境中气体成分以及温度、湿度等因素，达到安全保鲜的目的。一般是降低空气中氧气的浓度，提高二氧化碳的浓度，再以低温贮藏来控制菌体的生命活动。食用菌气调保鲜多采用塑料袋装保鲜法，用这样的方法保藏平菇，每袋放0.5kg，在室温下，可保鲜7d；金针菇在2~3℃下，可延长保鲜时间6~8d；草菇采用纸塑袋包装，并在袋上加钻四个微孔，置18~20℃可保存3~4d；香菇放入0~4℃可保鲜15~20d。

气调贮藏是现代较为先进有效的保藏技术。通常将气调分为自发气调、充气气调和抽真空保鲜。

（1）自发气调　一般选用0.08~0.16mm厚的塑料袋，每袋装鲜菇1~2kg，装好后即封闭。由于薄膜袋内的鲜菇自身的呼吸作用，使氧气浓度下降，二氧化碳浓度上升，可达到很好的保鲜效果。此种方法简单易行，但降氧速度慢，有时效果欠佳。

（2）充气气调　将菇体封闭入容器后，利用机械设备人为地控制贮藏环境中的气体组成，使得食用菌产品贮藏期延长，贮藏质量进一步提高。人工降低氧气浓度有多种方法，如充二氧化碳或充氮气法。充气气调贮藏保鲜法效率高，但所需设备投资大，成本也高。

（3）抽真空保鲜　采用抽真空热合机，将鲜菇包装袋内的空气抽出，造成一定的真空度，以抑制微生物的生长和繁殖。常用于金针菇鲜菇小包装，具体方法是将新采收的金针菇经整理后，称重105g或205g，装入20μm厚的低密度聚乙烯薄膜袋，抽真空封口，将包装袋竖立放入专用筐或纸箱内，1~3℃低温冷藏，可保鲜13d左右。

6. 辐射保鲜

辐射保鲜是利用具有穿透性的射线等来照射菇体，破坏菇体上病原微生物细胞的遗传物质，引起基因突变而导致细胞死亡，同时破坏菇体内酶的活性，抑制与延缓菇体内生化进程，减少菇体水分损失，降低失重，减少乙烯气体生成，降低开伞率等。辐射保鲜完全符合无公害要求，不留下任何残留物，杀菌效果好，能最大程度地保持食用菌的风味,同时可以避免处理过程中出现交叉污染现象,但辐射保鲜要求有先进的设备、一定的生产规模和较严格的管理技术,投资成本高,并且要求鲜菇采收后立即进行辐射处理。

7. 负离子保鲜

负离子保鲜是利用负离子发生器产生臭氧等使空气中产生负离子,从而使菇体保鲜的方法。负离子能抑制食用菌酶的活性和电子传递系统,从而降低菇体代谢。另外,用负离子保鲜处理时,当负离子与菌体或空气正离子结合,即中和消失,不会残留有害物质,其产生的臭氧,遇到有机体便分解,不会集聚。因此,负离子保鲜技术具有效率高、无污染的特点。

负离子发生器产生负离子,即通过高压电场处理,将食用菌放在或使之通过由两个金属板组成的高压电场,经电场的直接作用,或经高压放电形成离子(正离子、负离子)的作用,或产生正离子与臭氧、负离子与臭氧混合气体的作用,使机体内电荷处于中和平衡状态,从而改变机体的生理功能和代谢机制,控制生命活动的速度,抑制或杀死腐败微生物。

具体方法是将新鲜子实体(菇体)不经洗涤,装入聚乙烯袋中,每天用负离子发生器处理1~2次,每次20~30min,负离子含量为1×10^3个$/cm^3$,在15~18℃温度下存放,保鲜期为10~15d,这种方法成本低、操作简便。

(二)化学保鲜

化学保鲜是利用一定含量的化学药品,如酶钝化剂、植物生长调节剂、pH调节剂、抗氧剂、防腐剂、去味剂等适当处理产品,改变食用菌菇体的生理生化反应进程,防止其变色、变质等影响品质现象的出现,延长销售和储藏时间的一种技术。常用的化学保鲜剂有焦亚硫酸钠或亚硫酸钠、氯化钠、硫代硫酸钠、吲哚醋酸、山梨酸、苯甲酸、苯甲酸钠、枸橼酸、抗坏血酸等。有时也采用植物激素保鲜,如吲哚乙酸、萘乙酸、矮壮素、2,4-D等。它们均有抑制变色、开伞和腐败的作用。

1. 氯化钠(食盐)保鲜

将新采收的食用菌子实体经整理后放入0.6%的食盐水中,约10min,捞出沥干水,装入塑料袋中,密封低温储藏,能保鲜8~13d。此方法适用于平菇、杏鲍菇、双孢蘑菇等。

2. 焦亚硫酸钠保鲜

(1)将新采收的鲜菇体摊放在干净的水泥地面上,向菇体均匀喷洒0.15%焦亚硫酸钠水溶液,边喷洒边翻动菇体,喷后装入塑料袋,立即封口储存在阴凉低温处,在10~25℃下可保鲜8~10d,5~10℃下可保鲜10~15d。当温度高于30℃时,仅能保鲜1d,然后开始逐渐变色,用清水漂洗后即可食用。

（2）先用0.01%的焦亚硫酸钠溶液漂洗鲜菇3～5min，再用0.05%～0.1%焦亚硫酸钠溶液浸泡0.5h，然后捞出沥干，装入塑料袋中储存，在10～15℃条件下，保鲜效果良好，色泽可长时间保持洁白。

这两种方法适用于双孢蘑菇。

3. 米汤膜保鲜

用做米饭时的稀米汤，加入1%纯碱或5%小苏打，冷却至室温。将采收的鲜蘑菇浸入米汤碱液中，5min后捞出，置阴凉干燥处，此时，在蘑菇表面会形成一层米汤薄膜，可以隔绝空气，在5～10℃条件下可保鲜5d。

4. 抗坏血酸保鲜

抗坏血酸是一种抗氧化剂，能抑制菇体内的氧化反应，减缓菇体鲜度、颜色的变化，起到保鲜作用。将新采收的菇体等采收后，往鲜菇上喷洒0.1%的抗坏血酸液，装入非铁制容器内，可保鲜3～5d，菇体的鲜度、色泽基本上不会改变。此种方法适用于金针菇、香菇、草菇等。

5. 氯化钠、氯化钙混合液保鲜

将刚采收的鲜菇浸泡在用0.2%氯化钠+0.1%氯化钙制成的混合液中，上压重物。使菇体完全浸入液面下保持30min，此法在15～25℃下可保鲜5d左右，5～10℃下至少可保鲜10d。

6. 抗坏血酸、柠檬酸混合液保鲜

用0.5%抗坏血酸+0.02%柠檬酸配成混合保鲜液，把鲜菇浸泡在保鲜液中10～20min，捞出沥干，用塑料袋包装密封，在15～25℃下可保鲜15d。

7. 比久（B9）保鲜

将鲜菇采收后，用0.001%～0.1% B9水溶液浸泡10min，捞出沥干，装袋密封，在5～25℃条件下能保鲜15d以上。此种方法能有效地保持菇体的新鲜品质。

（三）生物保鲜技术

生物保鲜技术是利用生物防治或利用遗传基因进行保鲜，是生物技术在果蔬储藏保鲜上应用的典型例子。目前，生物保鲜黑木耳技术在辽宁省朝阳市取得成功，其将黑木耳加工成木耳砖，远销国内外。

随着现代技术的发展，先进的无污染环境的保鲜技术将会得到推广。就目前的保鲜技术而言，气调保鲜、薄膜包装保鲜技术（MA）再配合各种杀菌技术、冷冻等是很有效的保鲜方法，从商业可行性与技术有效性而言，具体技术的选择必须结合区域经济情况与食用菌种类、品种特性。现在，我国的食用菌在绿色保鲜的号召下正在向着多品种、高质量、新工艺、新材料、集约化、机械化、专业化、规模化、深加工9个方面发展。总之，在进行食用菌保鲜时，应该对不同的品种选取不同的方法，从影响因素入手选用适当有效的保鲜方法。

任务实施

一、任务所需器材

（1）材料　金针菇、香菇、蘑菇。

（2）器具　烘箱、瓷盘、玻璃罐。

二、任务实施步骤

（一）实验目的

（1）了解食用菌保鲜的方式和产品的加工工艺。

（2）掌握低温保鲜、气调保鲜的方法。

（二）食用菌保鲜的方法

1. 冷藏保鲜

鲜菇采收→鲜菇脱水→鲜菇包装→鲜菇冷藏（1~3℃）。

2. 气调保鲜

香菇采收→装入聚丙烯或聚乙烯的塑料袋内→充入80%的氮气→封口后置于5℃的冷库中保藏。

思政小课堂

近年来，福建省福州市永泰县瑞应村充分利用独特的自然资源禀赋，培育了以菌菇为代表的特色产业，菌菇种植面积的不断增加。为推动产业发展，延长菌菇保鲜期，增加附加值，瑞应村主动向沙坡头区乡村振兴局申请项目资金支持，建成了现代化菌菇保鲜冷库，有效打通了农产品流通"最先一公里"，真正为村民架起"增收桥"，菌菇存放量达1万余千克。

建了冷库，如何激发乡村振兴新活力？冷藏保鲜能帮助菌菇在储存过程中保持新鲜度和口感。为了更好地促进产业发展，目前，瑞应村正积极通过村党支部领办合作社开拓市场，打算对村里的菌菇进行统购统销线，不仅能为村集体经济带来一定收益，还能让村民实现根本性发展。

在实际应用中，可结合多种保鲜技术，推动农村产业升级，确保菌菇的品质和市场竞争力，为乡村振兴提供内生动力，推动产业的持续发展。

任务考核评价

表5-1　食用菌保鲜技术考核表

考核内容	考核指标	分值	实得分数
食用菌保鲜技术	能够根据实际情况选择合适的保鲜技术	20	
	能否熟练操作保鲜设备，以及能否正确设置和调整设备参数	30	
	能否及时发现并解决保鲜过程中出现的问题	30	
	在保鲜过程中是否遵守安全卫生规范，如是否正确使用消毒剂、是否保持工作区域清洁等	20	
总分		100	

任务巩固与创新

1. 简述食用菌保鲜的基本原理，并列举两种常见的保鲜方法。

2. 在食用菌保鲜过程中，如何判断其新鲜度？请列举两种判断方法。

任务二　食用菌加工技术

任务描述

　　食用菌，作为一类营养丰富、风味独特的食材，近年来在全球范围内备受瞩目。然而，新鲜的食用菌易腐、保存期短，因此，食用菌加工技术在确保食用菌品质、延长其货架期方面显得尤为重要。

　　食用菌加工，主要是指在食用菌采摘后，对其进行一系列处理，以去除杂质、降低水分含量、抑制微生物活动，从而达到延长保存期、方便运输、开发加工新技术及产品的目的。加工环节通常包括清洗、切割、干燥、分级、包装等步骤。

食用菌加工技术的发展，不仅提高了食用菌的附加值，也为食用菌产业的可持续发展提供了有力支撑。通过科学的加工处理，食用菌的营养成分和风味得以保留，产品的安全性和卫生质量得到显著提升。同时，食用菌加工技术的不断创新和优化，也为食用菌的多样化利用和新技术及产品开发奠定了坚实基础。

本次任务重点介绍食用菌干制加工、盐渍加工、罐头加工、速冻加工四种工艺流程和方法。通过科学的加工处理，不仅可以延长食用菌的保存期，还可以提高产品的附加值和市场竞争力。

● **任务目标**

知识目标	能力/技能目标	思政目标
① 掌握食用菌的基础知识，为后续的新技术加工提供理论基础。 ② 理解食用菌加工的原理和方法。 ③ 熟悉食用菌加工的设备和工艺。 ④ 掌握各种加工工艺的流程和操作要点。	① 能准确熟练运用食用菌加工设备，能够独立完成设备的操作和维护。 ② 够根据产品标准进行质量控制，确保最终产品的安全、卫生和品质。 ③ 能够根据实际情况调整工艺参数，优化生产流程。	① 注重环保，减少废弃物和污染物的排放，保护生态环境。 ② 注重食品安全，遵守食品卫生法规，确保产品的质量和安全。 ③ 注重细节和品质，追求卓越和精益求精的工匠精神。 ④ 培养团队合作意识和协作精神。

● **任务相关知识**

随着人们生活水平的不断提高，营养丰富的食用菌在日常生活中的地位日趋重要，食用菌通过加工生产后可形成具有食用菌独特风味的食品，这不仅可以改善这些食品的营养功能，满足人们的消费需求，还能扩大食用菌资源的利用范围，提高食用菌产品的经济效益。

一、食用菌的干制加工

食用菌的干制也称烘干、干燥、脱水等，它是在自然条件或人工控制条件下，促使新鲜食用菌子实体中水分蒸发的工艺过程，是一种被广泛采用的加工保存方法。适宜于脱水干燥的食用菌如香菇、草菇、黑木耳、银耳、猴头菇和竹荪等，干燥后不影响品质，香菇干制后风味反而超过鲜菇。但是有些菇，如平菇、猴头菇、滑菇一般以鲜吃为好；金针菇、平菇等干制后，其风味、适口性变差。黑木耳和银耳主要以干制为主。经过干制

食用菌干制品的加工

的食用菌称为干品。干制品耐贮藏，不易腐败变质，可长期保藏。干制对设备要求不高，技术不复杂，易掌握。食用菌干制方法有晒干、烘干和热风干燥等。

（一）食用菌干制原理

由于干制品所含可溶性固形物浓度相对较高，因而具有很高的渗透压，能使附着其上的腐败菌产生生理干旱，无法活动。菇体所含的游离水在干燥过程中容易排除，但化合水结合于组织内的化合物质中，干燥过程中难以排除。菇体脱水是靠菇体表面水分气化和菇体内水分的向外扩散而实现的。由于水分下降，酶的活性也受到抑制，这就是食用菌干制品能长期保藏的原理。

（二）菇体在干燥过程中的变化

1. 菇体重量与体积的变化

菇体在干燥过程中，由于菇体组织中水分不断蒸发，细胞脱水、收缩，所以干制品比鲜品质量下降，体积缩小。一般情况下，干重仅达到鲜重的3%～15%，干制品体积仅为原来的30%～40%，而且菇体表皮出现干燥产生的皱褶。

2. 菇体颜色的变化

在干制食用菌过程中菇体的颜色往往发生变化，主要是褐变现象，褐变原因包括酶促褐变和非酶促褐变，使菌体变成黄褐色、深褐色或黑色。生产中为防止酶促褐变，可以在干制前将原料漂烫或用SO_2、氯化钠、抗坏血酸等进行预处理，破坏酶或减少氧气的供给，从而减轻干制品酶促褐变引起的颜色变化；非酶促褐变与温度的关系密切，作用进程较为缓慢，可以通过降低烘干温度和干制品的储藏温度来减轻非酶促褐变引起的颜色变化。

3. 营养成分的变化

食用菌菇体内所含有的某些生理活性物质、维生素类物质具有热敏性，不耐高温，在烘干过程中易受破坏而分解，并且菇体中的可溶性糖（葡萄糖、果糖、蔗糖等）在较高的烘干温度下容易焦化而损失，而且使菌体颜色变褐色或者变黑，其鲜味明显下降、口感也变差。

（三）干制加工的方法

食用菌的干制方法有自然干制和人工干制两类。在干制过程中，干燥速度的快慢，对干制品的质量有着决定性影响。干燥速度越快，产品质量越好。

1. 自然干制

自然干制是利用太阳光为热源，使新鲜食用菌脱水进行干燥，也称晒干。这种方法是我国食用菌最古老的干制加工方法之一。

（1）自然干制过程　加工时将食用菌的菇体平铺在向南倾斜的竹制晒帘上，相互不重叠，冬季需加大晒帘倾斜角度，可以增加阳光的照射。鲜菌摊晒时，宜轻翻轻动，以防破损，一般要2～3d才能晒干，这种方法适于小规模培育场的生产加工。有的菇农为了节省费用，晒至半干后，再进行人工烘烤，这需根据天气状况、光照强度、食用菌水分含量等恰当掌握，否则会使菇体变色、扭曲、变形。

（2）应用范围　适用于竹荪、猴头菇、金针菇、银耳、香菇等。

（3）自然干制优缺点　晒干的优点是不需要特殊设备，简单易行，节省能源，促进物质转化，成本低，经济实用等。在晒干菇体的过程中，日光中的紫外线能促使菇体的维生素D原转化为维生素D，提高食用菌的营养价值；缺点是比烘干制品含水率高，不耐久藏，色泽差。在晒干过程中，影响晒干制品品质的因素过多，外部环境条件控制较为困难，所以只适合小规模生产及加工品质要求不高的产品。

（4）自然晒干处理时的注意事项　晒干法因采用日光生产，生产周期较长，脱水速度慢，处理时应注意以下几个问题。

①对于某些后熟作用强烈的食用菌品种，在采收当日，务必要以蒸、煮方式灭活酶活性后，即进行晒干处理。

②食用菌晒干前要进行清洁处理，如银耳和木耳采收后要洗净泥屑，分开等级，割去耳根，用清水洗除杂质，再摆铺于纱布的席上、帘上暴晒，以保证干品质量。

③晒干时使用竹筛、竹帘、席片及绳网筐等易于通风的器具，晒干的过程中还需不断地翻动，以保证干燥均匀性，防止由于温度上升过于迅速，水分排出不利而产生的腐烂变质。

④大规模晒制食用菌时，要特别关注天气条件，提前做好准备，以防止由于天气突变而造成的损失。

⑤食用菌晒干后，应及时装入密封性良好的塑料袋中，封口保存，防止由于食用菌自身与环境之间存在的湿度差而发生吸潮现象。

2. 人工干制

人工干制是用烘箱、烘房、烘笼、炭火、热风、电热以及红外线等热源进行烘烤，使菌体脱水干燥的方法。人工干制法速度快、质量好，可适用于大规模加工产品。

目前，人工干制按加热设备的作用方式不同可分为：热气对流式干燥、热辐射式干燥、磁感应式干燥。我国现在大量使用的有直线升温式烘房、回火升温式烘房、热风脱水烘干机、蒸汽脱水烘干机、红外线脱水烘干机等设备。

（1）烘干　食用菌的烘干是用电炉、炭火、微波或远红外线等人工热源，在烘箱或烤房中利用空气的对流热交换方式，加热子实体，排除从子实体内蒸发出来的水分，使其含水率在13%以下，保持子实体内营养物质不致分解、转化，把新鲜食用菌烘干的一种干燥加工方法。

①烘干的优点：烘干的食用菌产品具有浓郁香味，色泽好；烘干不受天气限制，容易控制热源；菇体干燥速度快。

②烘干工艺及方法：食用菌烘干前要去除污物、菇根，在进料前应将烤房预热到40~45℃，进行菇体分级，分级后进料，进料后烤房温度下降至30~35℃，即可缓慢升温烘烤。

生产规模较小时，可用烤箱，以木炭或煤为燃料，其经济性较好，烘烤的缺点是温度不易控制，烘干的产品不均匀，烘烤过程中需倒换烘盘，劳动强度大；生产规模较大时，可以选择以电炉、远红外线、微波等为热源的烘房，能够根据食用菌烘干效果随时调节烘干的温度，还可以实现烘烤过程的自动化，效果比较理想。

烘烤温度的控制是烘干工艺控制的关键因素。若温度过低、烘干时间过长，则易使产品腐烂、变色；温度过高又会将产品烤焦。晴天采收的食用菌较为干燥，起始温度可高一点，雨天采收的食用菌较湿，起始温度应低一些。随着菌体的干燥缓慢加温，最后升至60~65℃，不要超过75℃，整个烘烤过程视产品种类、干湿程度及最终产品的要求不同可能需要6~14h。

在烘干过程中必须注意通风换气，以便使食用菌产生的水蒸气及时外逸，保证烘干过程的不断进行。烘干制品自身水分含量较低，吸湿性很强，保管不当易引起霉变和生虫。因此，在成品包装时要采用防潮包装（如铁皮箱、聚乙烯薄膜、铝箔等），并放入无水氯化钙或硅胶吸水，以延长保存期；最好用真空包装、充氮包装及含除氧剂的包装，因为在保证密封性的同时，还能使包装内的氧含量低于2%，有利于更好保持食用菌干制品的质量。

（2）热风干燥 热风干燥法也称干热气流干燥，是使干热气流通过食用菌菇体表面，促使水分迅速蒸发的一种干燥方法。此法具有脱水速度快、效率高的优点，也能提高干制品的质量。由于热风干燥操作过程中人为升高食用菌菌体和环境的温度，为酶促褐变创造了有利条件，应在干制脱水前用沸水或蒸汽进行短暂加热杀酶活力处理或添加少量抗褐变试剂如维生素C等，避免酶促褐变的发生，干制后应立即密封保藏。

干燥时要掌握的原则是热风干燥开始阶段和结束阶段温度要低、中间阶段温度要高。例如，鲜银耳装盘送入干燥室后，温度控制在35~45℃，并开动电风扇送风排潮，经过5~8h干燥后，耳片含水量降至30%左右时应将热风温度提高到50~60℃，再保持6~10h，待干燥接近终了时，将热风温度降到30~45℃直至干燥完成。热风干燥适用于银耳、木耳、香菇、草菇等的加工。

（3）冷冻干燥 冷冻干燥又称真空冷冻干燥或升华干燥，是将物料中的液体速冻成固体冰，在冰不融化的前提下使水分从固态直接气化，不断移走气体，从而达到干燥物料的目的。

①冷冻干燥的特点：经真空冷冻干燥的物质，其物理、化学和生物状态基本不变；物质中挥发性成分和受热变性的营养成分损失小；冻干后的物质呈多孔状，其体积与干燥前基本相同；使用时复水快，加水后由于接触面积大，能很快地复原；复水后物品的色、香、味、形及活性基本不变；在密封容器内有较长的保存期，无添加剂的特点。但是此法干燥的产品由于组织间脱水较多，质地较酥脆，故需选用适当的包装（如真空充氮包装等），会增加产品的成本。

②真空冷冻干燥设备系统：真空冷冻干燥需要专门的设备，主要部分是配有冷冻、抽气、加热和控制测量系统的干燥室，原料经过冻结后进入干燥室，进行真空处理，待升温干燥结束后，充入干燥的空气和氮气，干燥结束，恢复常压后即可进行包装。

③工艺流程：食用菌的冷冻干燥工艺因食用菌品种和产品的不同要求而略有差异，但基本应包括以下内容：原料预处理→冻结→升华、干燥→解吸干燥→出机→包装→入库储藏。

（四）影响干制的因素

1. 空气温度

常规脱水工艺都是以空气作为干燥介质，而空气不是绝对干燥，含有一定量的水蒸气。在此空气中，温度越高，达到饱和所需要的水蒸气越多，菌体干燥速度也越快；相反，温度降低，达到饱和所需的水蒸气便减少，干燥速度便减慢。但是，温度不能过高，因为在高温条件下，菌体内的水分来不及传到表面，容易形成一层硬壳，同时组织养分和其他生理活性物质在高温下易分解或焦化，有损食用菌的外观及营养，另外高温也易使细胞液迅速膨胀，导致细胞壁破裂，并使细胞液流出，菌体液化，颜色变黑，降低商品价值。

2. 空气湿度

空气湿度与温度有密切关系，湿度对干制的影响，要在温度不变的前提下。干燥介质的湿度越低，菌体的脱水速度越快。要加快脱水速度，一要提高温度，二要通风排湿，同时采取这两项措施不仅可加快脱水速度，而且可使干燥后菌体含水量降到最低的安全限度。

3. 空气流动速度

空气流动一方面将空气从菌体表面迅速带走水分，不断地补充不饱和空气，使水分不断地蒸发，干燥过程不断地进行；另一方面空气流动使空气所含热量传递给菌体，为菌体水分汽化提供所需热量，使菌体不断地脱水干燥。如果空气温度不变，空气不流动，则空气的湿度逐渐为菌体蒸发出的水分所饱和，饱和差等于零，此时菌体的水分蒸发过程停止。因此，只有不断地将饱和湿空气排去，并换入干燥热空气，才能保证干燥的继续进行，所以只要增加空气流速就可以加速干燥作用，缩短干燥时间。

4. 大气压力

在常压下，水的沸点是100℃，如果大气压力降低，水的沸点就相应地降低，减压干燥法（真空干燥）正是据此原理而发展起来的一种干燥技术。使用这种干燥方法，食用菌营养成分受到破坏的程度由于干燥温度的下降而大幅度减小，同时食用菌的外形也可在干燥后得到较好的保持。

5. 菌体的自然状况

食用菌的自然状况，如种类、质地、大小、厚薄、采摘时含水量等，都与干燥速度密切相关。通常质地软、体积小而且肉薄的食用菌有利于脱水；表面积大、接触干燥介质面积大的食用菌品种，蒸发速度也快。

6. 原料装载量

装载量越多，厚度越大，越不利于水分的蒸发。装载量及厚度以不妨碍空气流通为原则，具体应根据烘干机容积大小、热源布局、通风设备、风的流向和流速等因素灵活掌握，并根据干燥进程适时调整。

二、食用菌的盐渍加工

（一）盐渍原理

盐渍是让食盐渗入菇体组织内，降低其水活度，提高菇体的渗透压，以控制微生物的生长活性，抑制腐败菌的生长，从而防止食用菌腐败变质，保持其商品价值。其制品称为盐水菇。食盐属高渗透压物质，质量浓度为10g/L的食盐溶液可以产生610kPa的渗透压。生产盐水菇用的食盐溶液质量浓度可达350g/L，能产生20MPa以上的渗透压，菇体组织

食用菌腌制品的加工

中的水分和可溶性物质外渗，盐水渗入，最后达到平衡，使菇体组织也有很高的渗透压。一般微生物细胞液的渗透压在350~1670kPa，一般细菌则为300~600kPa。食盐溶液的渗透压则高得多，使附着在菇体表面的有害微生物细胞内的水分外渗，原生质收缩，质壁分离，造成生理干燥，迫使微生物处于假死状态或休眠状态，甚至死亡，从而达到防止腐烂变质的目的。

食盐溶解后就会离解，并在每一离子的周围聚集着一群水分子，也就是离子水化。水化离子周围的水分聚集量占总水分量的百分率随着盐分浓度的提高而增加，水

分活度则随之降低，也抑制了微生物的生长；而高浓度食盐离解产生高浓度的钠离子和氯离子，造成微生物所需的离子不平衡，产生单盐毒害，同样也抑制了微生物的活动。食盐对微生物分泌的酶活性也有破坏。由于氧很难溶解在盐水中，在盐液中形成了缺氧环境，需氧菌是难以生长的。

（二）盐渍主要设备与工艺流程

1. 盐渍主要设备

盐渍生产的设备主要是耐腐蚀的大型容器，如不锈钢夹层锅、不锈钢桶、铝锅、瓦缸、塑料桶等，容器的选择和使用量根据实际投资和生产量的不同而不同。

2. 工艺流程

工艺流程：原料的采收与分级→清洗→预煮杀青→冷却→盐渍→调酸与装桶。

（1）采收与分级　盐渍用的食用菌必须适时采收，采收时应保证菌体的完整、无破损，菌柄切削整齐，防止开伞。菌体依菌盖直径、柄长、菇形等进行分级，以保证在杀青时能掌握好熟度，保证杀青质量。

（2）菌体清洗　菌体清洗的目的是去除食用菌表面的泥沙和杂质，漂白菇面，防止氧化褐变。通常将食用菌放在10%盐水中浸泡清洗，而对于表面杂质较多、蛀虫的菇体可用7%盐水反复冲洗方可利用。

（3）杀青处理　杀青主要是驱除菌体组织中的空气，破坏酶蛋白，防止褐变，杀死菌体细胞，破坏细胞膜结构，增强细胞透性，有利于盐分渗入组织，软化组织缩小体积，增加塑性，便于加工。杀青过程中应注意避免金属离子的不良影响，尽量不使用铁质容器，最好选择不锈钢锅或者铝锅，防止菌体变黑。

（4）冷却处理　冷却是终止热处理。冷却应彻底，若冷却不彻底，热效应继续作用，会使菌体的色泽、风味、组织结构受到破坏，从而失去商品价值。

（5）盐渍处理　在盐渍处理前，首先对食盐质量进行检验，确保配制的溶液是食用盐在清洁水中溶解而成，如果存在杂质，则应在使用前进行过滤，以防止不溶性杂质对于产品品质的影响。盐渍使用的盐水一般应保持在22～24°Be，时间在1周左右，视食用菌品种的不同可适当缩短或者延长，当菌体的咸度达22°Be时即可。

（6）调酸与装桶　调酸时可用调整液调节盐水pH达3.5。装桶用的盐水要达到23～25°Be，如果用调酸液调节仍不能使pH降至3.5，可再单独加入枸橼酸。调整液配方：偏磷酸55%、枸橼酸40%、明矾5%。

（三）食用菌盐渍注意事项

1. 控制环境温度

当储藏环境的气温高时，微生物繁殖快，要抑制食用菌自身及污染微生物的活动，盐的含量要相应高些；而温度低，微生物的活性低，食盐的防腐力增强，盐的含量可适当降低。

2. pH对食盐防腐的影响

pH对食盐的防腐力影响显著，当pH为7.0时，食盐含量须达到20%才能防止霉菌繁殖，而含量达到25%才能有效防止酵母菌活动；当pH为2.5时，食盐含量14%即可抑制酵母生长发育。在盐渍食用菌时，食盐水中可加一定量的枸橼酸，可以增加其防腐能力。

三、食用菌罐头加工

将新鲜食用菌经过一系列处理之后，装入特制的容器内，经过抽气密封、隔绝外界空气和微生物，再经过加热杀菌，便能在较长时间内保藏食用菌，其保藏的产品称为食用菌罐头。

食用菌罐头加工

按罐藏内容物的组成和制造目的的不同，食用菌罐头可分为两大类。以食用菌整菇、片菇或碎菇为主要原料，注入适当浓度的盐水作填充液，称为清水罐头，主要用于菜肴的烹调加工，是当前食用菌罐头生产的主要类型。将菇类和肉、鸡、鸭等原料配制，经烹调加工制成的罐头，如蘑菇猪肚汤等复合式食用菌罐头，可直接食用。食用菌罐头厂一般采用马口铁罐和玻璃瓶罐，也有采用复合塑料薄膜袋包装。我国食用菌罐头生产约从20世纪50年代开始，一直发展至今。目前，蘑菇罐头已成为中国出口罐头的拳头产品，除此之外，还有草菇罐头、香菇罐头、金针菇罐头等新品种，并已批量出口。

（一）罐头加工原理

食用菌罐藏品能较长时间保藏的主要原理：罐藏容器是密封的，隔绝了外界的空气和各种微生物。制罐过程中，密闭在容器里的食用菌及制品经过高温灭菌，罐内微生物的营养体被完全杀死，但可能有极少数微生物孢子体没有被杀死。如果是好气性的，由于罐内形成一定的真空而无法活动；如果是厌气性的，罐藏品仍有变质的危险，所以，罐藏品有一定的保藏期限，通常为两年。由于高温灭菌也破坏了菇体的一切酶系统，使菇体内的一切生理生化反应不能进行，防止了菇体变质。

（二）食用菌罐藏的工艺流程

原料的选择与处理→护色与漂洗→预煮与冷却→修整与分级切片→装罐→排气密封→杀菌冷却→打印包装。

（三）操作要点

1. 原料的选择与处理

鲜菇要求乳白色，具有鲜菇应有的气味，无异味；整只无根带柄，菌盖形态完整，表面光滑无凹陷，圆形或近圆形，直径20～40mm，菇柄切削平整，长度不大于8mm，无薄皮菇、开伞、鳞片、空心、脱柄、泥根、斑点、病虫害、机械伤、污染、变色菇、杂质等。

盐渍蘑菇要求蘑菇呈淡黄色、盐卤水清晰，具有盐渍蘑菇应有的滋味与气味，经轻压有弹性，其他要求同鲜蘑菇。

2. 护色与漂洗

蘑菇采收后，切除带泥根柄，放入0.03%焦亚硫酸钠溶液中，轻轻地上下翻动，洗去泥沙、杂质以及蘑菇表层的蜡状物、脂质等。漂洗2min后，捞出放入流水中洗净。

3. 预煮与冷却

在预煮机中以0.1%柠檬酸溶液沸煮5～8min（煮透为准），或用夹层锅以0.1%柠檬酸溶液沸煮6～10min，蘑菇与料液之比为1∶1.5，预煮后快速冷却至室温。

4. 修整与分级切片

按加工罐头的规格要求进行分级，挑出菌盖裂开、畸形、开伞及色泽不正等不适宜整装的菇体，直径15mm左右为一级菇，直径25mm左右为二级菇，直径35mm左右为三级菇，45mm以下的用于加工片菇，直径超过45mm以上的大菇、脱柄菇等可供加工碎菇用。

泥根、菇柄过长或起毛、病虫害、斑点菇等应进行修整。修整后不见菌褶的可作整菇或片菇用。凡开伞（颜色不发黑）脱柄、脱盖、盖不完整及有少量斑点的作碎菇用。生产片菇适宜用直径19～45mm的大号菇，用定向切片机纵切成3.5～5.0mm厚的片。

5. 装罐

装罐前对容器应严格进行检查，剔出不合格的空罐。然后在90～95℃热水中洗净，倒置于洁净架子上沥干备用。不同级别的蘑菇分开装罐，同罐中色泽、大小、菇柄长短应大致均匀。汤汁配方：精盐2.3%～2.5%，柠檬酸0.05%。加汤汁时，汤汁温度应在80℃以上。

6. 排气密封

预封后及时排气。采用热力排气，要求罐头中心温度为70～80℃，采用真空排气，真空度为0.047～0.053MPa。

7. 杀菌、冷却

食用菌罐藏工艺中的杀菌与冷却环节是确保罐头食品质量和安全性的关键步骤。

（1）杀菌　目的是通过高温处理，杀死罐内可能存在的所有微生物，包括致病菌、产毒菌和引起食用菌腐败的菌类，同时使酶丧失活性，以达到安全保存和改进风味的目的。杀菌温度一般控制在121～127℃。杀菌时间维持20～30min，具体时间取决于罐内原料的酸度、糖及无机盐的浓度以及传热速率等因素。杀菌方式多采用高压灭菌法，这种方法能够更有效地杀死微生物，保证杀菌效果。

（2）冷却　冷却处理的目的是迅速降低罐头温度，终止高温对菇体的继续作用，防止色泽、组织结构、风味和营养成分的进一步破坏，并减少嗜热性微生物的繁衍。

冷却方式分为常压冷却和加压冷却。常压冷却是将罐头置于常温或较低温度的水中进行冷却；加压冷却是利用加压设备使冷却水在较高压力下通过罐头表面进行快速冷却，这种方式冷却速度更快，效果更好。

8. 打印、包装

经检查合格的罐头，要在盖上打印标记，包装储藏。

（四）质量标准

蘑菇呈淡黄色，汤汁清晰，呈淡黄色，具有鲜蘑菇加工的蘑菇罐头应有的滋味和气味，无异味；柔嫩而有弹性，菌径18～35mm，菌盖形态完整，无畸形菇和开伞菇，菌柄切面平整，长度不超过8mm，同一罐内菌径大小均匀，菌柄长短基本一致。

四、食用菌速冻加工

速冻加工技术是将鲜菇放于低温环境，使菇体内水分迅速通过冰晶形成阶段，然后置于低温冷库中保藏，其保藏的制品称为冻制品或速冻菇。

（一）速冻加工原理

速冻储藏是使菇体水分迅速通过冰晶形成而达到速冻目的。纯水冰点为0℃，菇体组织中所含水分溶解有无机盐、糖、酸、蛋白质等，因此，菇类冰点比水稍低。当环境温度降至冰点以下时，菇体开始冻结，此时菇类组织中水分由液体转变为固体，冰晶多而体积小，不至于损伤细胞组织，所以能保持其形态、品质和风味。在速冻工艺中需要漂烫，漂烫后菇体酶变性失活，由于菇类组织中冰晶的形成，微生物无法利用菇体内的水分和营养，也就无法生存，从而达到较长期的储藏。

（二）食用菌的速冻工艺流程

原料的准备处理→护色、漂洗→预煮、冷却→精选、修整→排盘、冻结→挂冰衣→包装→冷藏（以蘑菇为例）。

1. 原料的准备处理

挑选原料时一定要遵循所选用的食用菌菌盖完整，色泽正常，无严重机械损伤，无病虫害，菇柄切削平整，不带泥根的上等菇作为加工原料。

2. 护色、漂洗

为防止蘑菇氧化褐变，采收后应先放在0.03%焦亚硫酸钠溶液内漂洗，清除泥沙及杂质，再移入0.06%焦亚硫酸钠溶液内浸泡，经2~3min进行护色，随即用清水洗，二氧化硫残留量不得超过规定。

3. 预煮、冷却

按蘑菇大小分级，放入100℃沸腾的0.15%~0.3%柠檬酸预煮液中，以菇心熟透为度，随即捞出，移入3~5℃流动冷却水中彻底冷却。

4. 精选、修整

将菌柄过长、有斑点、有严重机械损伤、带泥根等不符合质量标准的菇拣出、去除，经修整处理，冲洗后备用；特大菇、缺陷菇可作为生产速冻菇片的原料加以利用；脱柄菇、脱盖菇、开伞菇应予剔除。

5. 排盘、冻结

将菇体表面附着的水分滤干，单个散铺于冻结盘中，置于螺旋冻结机进口的网状传送带上送入机内，在-40~-37℃下进行冻结，经30~45min，冻品中心温度可达-18℃。

6. 挂冰衣

从螺旋冻结机出口取出已冻结的蘑菇，在低温房内逐个拣出放入小竹篓里，每篓2kg左右，置2~5℃清水中浸2~3s，立即提起倒出蘑菇，在菇体表面很快形成一层透明的薄冰。这层冰衣能使菇体与外界隔绝，防止蘑菇干缩、变色，延长储藏时间。

7. 包装

用无菌塑料袋盛装，按照出口要求，装入双瓦楞纸箱，箱内要衬有一层防潮纸。

8. 冷藏

迅速将装好箱的产品用冷藏车运往冷库内储藏，冷库温度要稳定在-18℃，库内温度波动不得超过±1℃，相对湿度要控制在95%~100%，波动不得超过±5%。冷藏时，应避免与有特浓气味或腥味等挥发性强的冻品一同储藏，储藏期为12~18个月。

● 任务实施

一、任务所需器材

（1）材料 草菇、杏鲍菇、双孢蘑菇、氯化钠、柠檬酸、偏磷酸钠42%、明矾、高锰酸钾、维生素C。

（2）器具 烘干箱、塑料袋、木箱或纸箱、不锈钢锅或铝锅、塑料桶、杀菌机等。

二、任务实施步骤

(一)草菇干制加工

(1)选择草菇卵球期充分膨大,直径达4cm以上,但外菌幕未破裂时及时采摘;剔去渣滓、杂物,按大小分级。

(2)将分级后的草菇卵球一切为二,切面朝下均匀排放在烤筛上,排放厚度不超过5~8cm,避免烘烤过程中互相粘连或不易干燥。为了节约能源,烘烤前可将已切割好的草菇片薄薄地均匀撒摊在竹席上,先在烈日下暴晒1~2d,用手轻轻翻动,约五分干后,再将其放于烤筛上烘烤。烘烤温度先低后高,初温30℃,升温速度掌握每隔3h升高5℃,当烘至五成干时,再将温度升到50℃左右,继续烘干至草菇片的含水量在13%左右,香味浓郁时停止烘制。

(3)烘干后要及时包装于无毒塑料袋,轻轻压出袋内的空气,扎紧袋口,密封放置在木箱或纸箱内。

(二)杏鲍菇盐渍加工

1. 选菇

用来盐渍的食用菌子实体应适时采收,清除杂质,剔去病、虫危害及霉烂个体。蘑菇要求菌盖完整,削去菇脚基部;平菇应把成丛的子实体逐个瓣开,淘汰畸形菇;猴头菇和滑菇应切去老化菌柄。当天采收,当天加工,不能过夜。

2. 漂洗

先用0.6%的盐水(过浓会使菇体发红)洗去菇体表面泥屑等杂质,接着用柠檬酸溶液(pH为4.5)漂洗,能显著改变菇体色泽。

3. 杀青

杀青是指在稀盐水中煮沸杀死菇体细胞的过程,其作用是进一步抑制酶的活性,防止菇体开伞,排出菇体内的水分,使气孔放大,以便盐水很快进入菇体。杀青要在漂洗后及时进行。使用不锈钢锅或铝锅(菇体内含硫氢基酸,煮制时易与铁结合形成黑色硫化铁,故不能用铁锅),加入10%的盐水,水与菇的比例为10∶4,火要旺,盐水沸腾后,将菇装在竹筛中(装入量为容器体积的3/5)一同放入并不断摆动,使菇体全部浸入沸水中。随时除去泡沫。煮沸时间依菇的大小而定,7~10min,以剖开菇体没有白心、内外均呈淡黄色为度。煮不透保藏过程中会变色,甚至腐烂。煮好后连筛取出,立即放入流动清水中冷却20~30min。未冷透的菇腌制后会变黑发臭。锅中盐水可连续使用5~6次,使用2~3次后,每次应适量补充食盐。

4. 制备调和盐水和调酸剂

准备10∶4的水和食盐,将盐用开水溶化,直到盐不能溶解时为止,用波美比重计测其浓度为23°Be左右，再放入少量明矾静置，冷却后取其上清液用8层脱脂纱布过滤，使盐水达到清澈透明即为饱和盐水。存入专用缸内，用布盖好，再盖上缸盖备用。

调酸剂配制：将柠檬酸50%、偏磷酸钠42%、明矾8%混合均匀后，加入饱和盐水中，用柠檬酸调pH至3（夏季）或3.5（冬季）即可。

5. 盐渍

容器要洗刷干净，并用0.5%高锰酸钾溶液消毒后经开水冲洗。将杀青分级后沥去水分的菇按每100kg加25～30kg精盐的比例逐层盐渍。先在缸底放一层盐，接着放一层菇（8～9cm厚），依次一层盐一层菇，直至满缸。缸内注入煮沸后冷却的饱和盐水。表面加盖帘（竹片或木条制成），并压上鹅卵石，使菇浸没在盐水内。3d内必须倒缸一次，以后5～7d倒缸一次。盐渍过程中要经常用波美比重计测盐水浓度，使其保持在23°Be左右，低了就应倒缸，缸口要用纱布和缸盖盖好。

6. 装桶

盐渍20d以上，即可装桶。装桶前先将盐渍好的菇捞出控尽盐水。一般用塑料桶分装，出口菇需用外贸部门拨给的专用塑料桶定量装菇，然后加入新配制的调酸剂至菇面，用精盐封口，排除桶内空气，盖紧内外盖。

（三）双孢蘑菇罐头制作

（1）选择菇形圆整、质地细密、菇色洁白、富有弹性，菌盖直径1.5～4.0cm，无机械损伤和病虫害，菌柄切面平整，选择纽扣菇和整菇作加工原料。当天采收当天加工为佳，以确保罐头产品的质量。

（2）将其菌柄基部修剪干净，并除去菇体上其他吸附杂质。

（3）双孢蘑菇采用滚筒式分级机进行分级，小厂也可采用人工分级、挑选、修整和切片。

（4）拿流动清水对分级后双孢蘑菇进行清洗。

（5）双孢蘑菇与水之比为1∶1.5，用夹层锅以0.1%柠檬酸液沸煮6～10min，之后拿流动清水迅速冷却，挑出碎菇、破菇。按照不同规格、等级分别称重和装罐，同一罐内要大小均匀，摆放整齐，并且要按各种罐头的规定质量称重装足。汤液一般为2%～3%的食盐水，内含0.1%～0.2%柠檬酸。所用的水中铁含量应低于100mg/kg，氯含量应低于0.2mg/kg，以防止产品变黑。注液时，先将精制食盐溶解在水中煮沸，经沉淀后再使用。为保持双孢蘑菇罐头的色泽明亮，可在每500g罐头中添加0.5～0.6g维生素C。

（6）测罐内温度80℃以上时，以0.03～0.04MPa抽真空封口。

（7）为了检查罐头产品是否合格，要将罐头送入保温室进行培养，培养温度37℃左右，不低于35℃。经1周左右保温，即可进行检验及抽样，合格双孢蘑菇罐头呈淡黄色，汤汁较清晰，有蘑菇的鲜味和滋味，无异味。确认合格的罐头，粘贴标签，装箱入库。

思政小课堂

香菇、草菇、木耳、银耳、猴头菇……在我们的印象中，这些菌类大多会被制作成各种菜品、营养餐，成为餐桌上的美食。而在濮阳，有一家深耕食用菌加工的企业，通过烘干、冻干、罐藏、腌制等工艺，把食用菌加工成开袋即食的菌菇休闲小食品、蘑菇罐头、菌品饮料等，深受市场青睐。

经过几年的发展，河南某科技有限公司已经成为一家日产鲜菇近20t，拥有一批掌握食用菌行业先进技术研发人员和优秀管理团队的企业。公司立足于清丰县食用菌产业发展优势，着力完善县域食用菌工厂化种植品种，弥补菌菇加工短板，由传统的食用菌种植转变为集生产、加工、销售于一体的综合性现代化重点食用菌企业。公司通过烘干、冻干、罐藏、腌制、饮料、调味和药用等工艺，将食用菌加工成开袋即食的菌菇休闲小食品、蘑菇罐头、菌品饮料等。

食用菌加工技术的发展，为食用菌产业带来了新的"蘑"力。

任务考核评价

表5-2 食用菌加工技术考核表

考核内容	考核指标	分值	实得分数
食用菌加工技术	清洗的洁净度、分级的准确性和工作效率	20	
	切割的均匀度、整形的美观度和操作熟练度	20	
	干燥后的水分含量、产品的色泽和风味以及设备的操作熟练度	20	
	盐渍液的配制准确性、盐渍后的产品品质和保鲜效果	20	
	操作环境的清洁度、个人卫生习惯以及设备的安全使用等	20	
总分		100	

任务巩固与创新

1. 简述食用菌加工的主要步骤及其重要性。

2. 在食用菌加工过程中,如何保证产品的卫生质量?

_____

_____

_____

任务三　食用菌加工新技术及产品

● 任务描述

食用菌加工新技术,作为在食用菌初级处理之上的进阶手段,旨在通过创新的科技方法进一步提升产品的生物活性、营养价值与经济价值,从而延长保质期,精准对接多样化市场需求。该技术是食用菌产业发展中的重要环节,具有广阔的市场前景和发展空间,显著提升了食用菌资源的综合利用率,减少了浪费,为食用菌产业的绿色可持续发展注入了强劲动力。

常见的功能产品主要有:食用菌功能性保健品、食用菌即食产品、食用菌发酵饮品、食用菌复合调味料等。这些产品不仅营养丰富,而且具有独特的口感和风味,深受消费者喜爱。

本次任务重点介绍几种常见功能产品加工新技术,为提高产品的附加值,满足市场对高品质健康食品的需求提供帮助和指导。

● 任务目标

知识目标	能力/技能目标	思政目标
① 掌握食用菌加工新技术的基本原理和方法,了解不同加工新技术的特点和应用范围。 ② 熟悉食用菌加工新技术所需的原料、辅料和添加剂的性质和作用。 ③ 了解食用菌加工新技术的质量标准、检测方法和评价标准。	① 能够熟练操作相关设备并进行日常维护。 ② 能够根据市场需求进行新产品研发和改进。 ③ 能够按照质量标准进行检测和评价,确保产品质量符合要求。	① 认识到食用菌加工新技术对于促进农业发展、提升农产品附加值和国家经济发展的重要作用。 ② 培养创新意识,鼓励自主探究和创新实践,推动食用菌加工新技术的进步和发展。 ③ 注重食品安全和生态环境保护,培养学生的职业道德和社会责任感。

● **任务相关知识**

一、食用菌加工新技术概述

食用菌产品已进入精深加工的产业化阶段。通过改变食用菌的传统面貌,包括改进食用菌保鲜技术,充分利用原料加工成速食食品,科学提取食用菌多糖等有效成分,加工成药品、保健食品、化妆美容产品等。食用菌加工新技术是当前农业与食品工业融合发展的重要领域,旨在通过一系列创新技术手段,提升食用菌产品的附加值与市场竞争力。这些新技术不仅关注于延长产品的保质期、改善感官品质,更聚焦于深度挖掘食用菌的营养价值与健康功能,以满足现代消费者对健康、便捷、多样化食品的需求。

二、常见食用菌加工新技术

(一)液态深层发酵技术

发酵属于生物工程技术范畴,是将生物技术转化为生产力的重要途径。在食用菌功能性食品的开发中得到了深入的研究和广泛的应用。目前,研究热点多集中在食用菌的液体发酵条件、液体深层发酵动力学、发酵菌丝体的形态和生理活性物质等方面。食用菌液体深层发酵技术不仅可以实现食用菌菌丝体的规模化生产,还可以从发酵液中提取多糖、生物碱、萜类、固醇等对人体有益的生理活性物质。

(二)超微粉体技术

目前国外将粒径小于 $3\mu m$ 的粉体称为超细粉体。超细粉体技术是近几十年发展起来的新技术。材料经过超细粉碎后,其有效成分可以保持完整。灵芝茯苓超微粉增加了多糖、三萜类等有效成分的比表面积,便于人体吸收利用。金针菇和香菇富含膳食纤维。两者经过超微粉碎后,膳食纤维的利用率大大提高,人体的消化吸收率明显提高。

(三)微胶囊技术

微胶囊技术是利用特定设备和特殊方法,将分散的固体颗粒、液滴或气体完全包裹在微小的、半透膜或封闭膜中,形成微小颗粒的技术。许多食用菌经过微胶囊包衣后,其有效成分的缓释率得到了更好的控制,利用率得到提高。此外,灵芝采用微胶囊技术加工而成,可以屏蔽三萜类等物质的不良味道。目前,微胶囊技术广泛应用于食品、医药和生化等领域。

(四)超临界流体萃取技术

超临界流体萃取技术是近年来发展迅速的高新技术,其原理是控制超临界流体在超过临界温度和临界压力的条件下,将目标物质中的成分提取出来,在恢复到常压常温时溶解。超临界流体中的组分与超临界流体分离。目前流行的超临界流体CO_2萃取技术在生物、医药等诸多加工领域已经进入实用化阶段,并取得了显著成果。超临界流体萃取技术在灵芝中的三萜类化合物和口蘑中的多糖的提取中取得了良好的效果。

(五)生物酶技术

生物酶技术是基于酶水解选择性地破坏植物细胞壁,使植物细胞中的成分更容易溶解和扩散。具有组分浸出率高、减少热敏组分损失、降低能耗、减少污染、简化工艺等优点。广泛应用于食品工业、饲料工业、纺织洗涤等。将生物酶技术应用于食用菌新技术加工,不仅可以有效破坏食用菌细胞壁的致密结构,提高多糖等功能性物质的溶出度和蛋白质,还可以通过酶法将大分子物质分解成小分子物质,以利于扩散,去除杂质,改善产品风味。常用的生物酶有纤维素酶、蛋白酶、果胶酶等。

(六)超高压技术

超高压技术是食品加工的前沿技术之一,是对以热加工为主的传统加工方式的重大变革。它不仅有助于保持食物的营养和风味,而且能量消耗低。它代表了食品非热加工的发展方向。研究发现,超高压杀菌快速高效,能使内源性酶失活,防止食品酶促褐变,对保持食品营养和品质有良好作用。超高压技术具有多重应用效果,应用越来越广泛。近年来,科技工作者将其扩展到食用菌多糖、多肽提取和孢子粉碎等方面,为食用菌的深入开发开辟了新的方向。

三、食用菌加工新技术产品功能分类

(一)普通食品类

普通食品类包括保鲜食品(如保鲜香菇)、方便食品(如速泡汤料)、休闲食品(如菇类蜜饯)、饮料类食品(如灵芝酒)。

食用菌蜜饯是在果脯制作的基础上发展起来的,食用菌蜜饯糖渍后的含糖量在65%以上,以70%为适宜。其制作工艺流程:菇休整理、切刀和分级→杀青→菇胚腌制→保脆和硬化→硫处理→银耳蜜饯、金针菇蜜饯、蘑菇蜜饯、香菇蜜饯等。

市场上常见的蜜饯有白平菇蜜饯,制作过程中加入菇体,参与发酵或浸渍,使菇体中对人体有益的成分溶于饮料中,从而增加饮料的营养与药用价值。其基本方法是将菇体烘干后粉碎,加入水,通入蒸汽加热,并加入糖、酵母粉、柠檬酸等发酵生曲,然后再加入菇粉、酵母和糖,继续发酵,静置过滤后即可得菇酒。近年已酿造成的食用菌酒有香菇酒、蘑菇酒、猴头酒、花粉灵芝蜜酒等。此外,还有食用菌风味饮料，风味饮料中加入的是菇体浸提液，以保持食用菌特有的风味。

（二）功能食品类

食用菌独特的营养和保健作用，可以开发如防治贫血、冠心病、气管炎、神经衰弱、糖尿病等不同剂型的功能性食品。

（三）美容制品和保健饮品

利用食用菌减肥、消脂、轻身的功能和特殊的抗氧化、缓衰老成分，可制成各类型美容制品。食用菌保健饮品是指饮料类，如各种露、液等。基本工艺流程：水煮提取→过滤→配制→灌装。

常见的有香菇露、香菇可乐、金菇露、木耳、椰子汁、灵芝液、香菇汽水、灵芝速溶茶等。

（四）药用食用原料类

从食用菌中提取菌菇多糖等价值成分，作为药品或辅助药品原料，如香菇多糖、灵芝多糖等。食用菌多糖是一种特殊的生物活性物质，是一种生物反应增强剂和调节剂，它能增强体液免疫和细胞免疫功能。食用菌多糖的抗病毒作用机制可能在于其提高感染细胞免疫力，增强细胞膜的稳定性，抑制细胞病变，促进细胞修复等功能。同时，食用菌多糖还具有抗逆转录病毒活性。因此，食用菌多糖是一种有待开发的抗流感的保健食品。

（五）农药制品

从食用菌中提取有关激素、生长素，制成生物增产素，还可以从食用菌中提取抗病毒物质，防治植物病毒。

（六）观赏制品

塑造食用菌的形象，经过选苗、移栽、培土、造型等工序，将食用菌塑造成各种各样不同的形态，培植好的灵芝盆景高雅大方、雍容华贵，金针菇盆景姿态飘逸，分外妖娆。

四、食用菌加工新技术趋势产品

（一）蘑菇汤料

该产品采用香菇粉、平菇粉和茶树菇粉等多菇种复配技术，并结合酵母提取物等其他调味料精心调制而成，丰富了产品的内涵，使之味道更加鲜美醇厚，营养更加丰富。并且由于采用超微粉碎技术，使菇粉末可溶解于水中，消费者只需将粉末用水冲泡，即可制得饮用菇饮品，非常符合现代人对食品方便性的需求。保存方便，保质期长。由于高的脱水率，无须防腐剂，常温下即可有极长的保质期。如果包装良好，保质期可超过五年。产品重量轻，贮存不需要冷链，贮藏、运输方便，经常性费用低。

（二）仿真素牛肉干

素牛肉采用天然香菇柄制作，保留了其中大量的可食性纤维、营养素及活性多糖。虽然口感柔韧，却不粗糙难嚼；风味类似牛肉干，使消费者在食用后，真正体味"吮指回味"的美妙感觉，素牛肉的健康营养作用更具独特优势。素牛肉即可用于休闲旅游时随身携带的方便佐餐食品，也可以用于业余时间的即食小食品，还可用于减肥辅助食品。因此素牛肉是一款老少皆宜的休闲食品，其本身的一系列亮点，能够吸引各个阶层及不同年龄段和不同性别的消费者。对于生产者而言，素牛肉远较牛肉干成品低，原料较为丰富，是一种极具加工潜力的产品。而对于消费者则是物美价廉，物有所值的休闲小食品，相信素牛肉必然具有强势的市场竞争力。

（三）菌菇脆片

脆、酥、鲜、香；菇味浓郁、回味悠长。菌菇脆片是采用当今先进的生产技术，将优质菌菇（如香菇、鸡腿菇、白灵菇、杏鲍菇等）进行前期整理、清洗、切片，利用低温真空油炸设备进行真空低温油炸并在真空状态下进行脱油，然后进行调味品的调配，使产品更独具特色，适应消费者需求，最后经过严格检验包装而成的休闲保健食品。它不仅保留了菌菇的天然风味和营养成分，具天然色泽，而且低糖、低盐、低脂肪、低热量、高营养。产品松脆可口，风味宜人。

（四）菌多糖膳食纤维胶囊

以香菇优质膳食纤维为原料，配以超双歧因子，采用超微粉碎技术，使香菇多糖更易被人体吸收。该产品能有效改善人体消化道环境，调节微生态平衡，提高免疫力和肠胃功能，临床研究表明对慢性腹泻和一般性便秘有很好疗效。

● 任务实施

一、任务所需器材

（1）材料　香菇菌丝液体深层发酵液、纱布、85%酒精、纯净水、2mol/L氢氧化钠、滤纸、蛋白酶、活性炭等。

（2）器具　量筒、量杯、烧杯、培养皿、托盘天平、电热恒温干燥箱、小型粉碎机、100目筛子、恒温水浴锅、离心机、真空浓缩罐、无水酒精、烘箱、pH计、层析柱、低温冷冻干燥机、包装机等。

二、任务实施步骤——香菇多糖提取

(一)提取方法

提取方法与步骤如下。

(1)过滤　用2层纱布将香菇发酵液过滤2次,并反复洗涤得到的香菇菌丝体,称量质量。

(2)烘干　将香菇菌丝体盛装在培养皿中,于95~100℃下烘干,称量质量。

(3)粉碎　将烘干的香菇菌丝体放入小型粉碎机中粉碎,并过100目筛。

(4)水提　粉碎过筛后的香菇菌丝体加入其质量20倍的纯净水中,水浴恒温70℃,保持5h。

(5)离心　将水浴加热后的液体离心(4000r/min,10min),收集上清液;沉淀物再次加水,于70℃水浴再次浸提2.5h,离心收集上清液,合并2次的离心上清液。

(6)浓缩　使用真空浓缩罐将离心所得的上清液真空浓缩至稀糖浆状。

(7)醇沉　向浓缩液中加入为其体积4倍的无水酒精,混匀,静置过夜。

(8)酶解　将醇沉后过滤所得的香菇多糖粗品溶于5倍体积的蒸馏水中,并加入蛋白酶,水浴恒温35℃,保温3h之后过滤。

(9)脱色　向酶解后所得滤液中加入2mol/L的氢氧化钠,并调节pH至中性,加热沸腾,加入活性炭,保温15min,过滤。

(10)柱层析　调节滤液至中性,分别通过阴离子柱和阳离子柱,收集流出液。

(11)醇沉　在流出液中加入无水乙醇,使溶液中含醇量达70%,混匀,静置过夜。

(12)过滤　将所得沉淀过滤,并用85%酒精洗涤2次,弃去上清液。

(13)干燥　将所得过滤产物在低温下干燥,则可得到较纯的香菇多糖,称量质量。

(14)粉碎和包装　使用小型粉碎机将冷冻干燥后的香菇多糖进一步粉碎,用自动包装机进行准确计量和包装。

(二)结果计算

(1)计算香菇菌丝体鲜品与干品的得出率(干菌丝得出率=鲜菌丝质量/干菌丝质量×100%)。

(2)观察香菇多糖的物理性状,计算多糖得出率(多糖得出率=多糖成品质量/干菌丝质量×100%)。

思政小课堂

随着生活水平的提高,人们对食品的品质和营养价值越来越关注,食用菌因其丰富的营养成分和独特的口感而受到青睐。然而，新鲜食用菌的保质期短，且受季节和地域限制，难以满足全年候、广泛的市场需求。因此，食用菌加工新技术应运而生，通过各种技术手段将食用菌加工成功能性保健食品、即食食品等高附加值产品，延长保质期，丰富产品种类，拓宽市场渠道。

例如，一些地区利用当地丰富的食用菌资源，发展食用菌加工新技术产业，不仅提高了农产品的附加值，还带动了当地就业和经济增长。再如，一些公司通过研发和创新，将食用菌加工成具有保健功能的食品，满足了消费者对健康食品的需求，取得了良好的市场效益。这些实例表明，食用菌加工新技术在促进农业发展、提升农产品附加值、满足市场需求等方面具有重要意义，具有广阔的发展前景。

● **任务考核评价**

表5-3　食用菌加工新技术及产品考核表

考核内容	考核指标	分值	实得分数
食用菌加工新技术及产品	能否熟练操作食用菌加工新技术所需的设备	20	
	能否按照要求进行产品质量控制和检测	30	
	能否设计出具有创新性和市场竞争力的食用菌功能性产品	30	
	在食用菌新技术产品加工过程中能否进行安全与卫生的管理	20	
总分		100	

● **任务巩固与创新**

1. 在食用菌新技术加工过程中，常用的提取技术有哪些？请简要说明其原理。

2. 简述食用菌新技术加工的主要目的及其对产品价值的影响。

任务四　食用菌综合开发技术

● 任务描述

食用菌综合开发技术是指通过科学的方法和技术手段，对食用菌资源进行全方位、多层次的开发利用，能够提高食用菌的附加值，拓宽其应用领域，并促进食用菌产业的可持续发展。

通过综合开发技术，不仅可以提高食用菌的产量和品质，还能有效转化和利用食用菌生产过程中的副产物，实现资源的最大化利用。同时，该技术也推动了食用菌产品的多样化，满足了消费者的不同需求。

本次任务包括食用菌饲料和肥料的综合开发，通过对食用菌废料的合理利用，不仅可以变废为宝，还可以为畜牧业和农业生产提供优质的饲料和肥料资源，推动相关产业的可持续发展。

● 任务目标

知识目标	能力/技能目标	思政目标
① 知道食用菌的营养成分。 ② 了解食用菌的食用和药用价值。 ③ 熟悉几种常见食用菌产品。	① 能够举例说明食用菌的主要营养成分和功能。 ② 能够说出食用菌的主要食用价值。 ③ 能够说出食用菌的主要药用价值。	① 培养学生科学的探究精神。 ② 鼓励学生养成健康的饮食习惯。 ③ 让学生了解农民的辛勤劳动，尊重劳动，培养勤劳精神。 ④ 激发学生的创新思维和创业精神。

● 任务相关知识

随着食用菌生产的发展，食用菌废弃培养料（菌糠）的数量日益增多，这些栽培各种食用菌后剩下的废料，如果处理不当，将会污染环境，不仅有碍食用菌生产的发展，而且对人体健康也有不利影响。

食用菌菌糠是栽培各种菌类后剩下的废弃物，据估计，我国每年的菌糠年生产量已达500万~600万t，菌糠中含有丰富的营养物质，如氨基酸、蛋白质等，有"菌体蛋白"之称，其主要基质有棉籽壳、玉米芯、锯木屑及多种作物秸秆和工业废料，可以做成饲料、饵料或其他添加剂，同时也是很好的有机肥料，用于农田，可使多种农作物增产。

食用菌生产废弃的菌糠，纤维素、半纤维素和木质素等均已被不同程度的降解，还含有丰富的菌体蛋白、多糖、维生素及Fe、Ca、Zn、Mg等微量元素，其营养价值可与麦麸、玉米面相比，且作物秸秆经食用菌转化以后呈疏松多孔状，易于粉碎，气味芳香，适口性好。

据测定，每100kg菌糠干料中，仍有40%~55%的食用菌丝体残留在肥料中，菌糠中粗蛋白含量大多在6%~8%，粗纤维素降低50%，木质素降低30%左右。经过适当处理，可以做成饲料、饵料或其他添加剂，用于猪、牛、羊、鸡、鸭、兔、松鼠、北方鹿及鱼类等动物的饲养，替代部分粮食，降低生产成本。

一、食用菌饲料的加工与利用

食用菌饲料中含有丰富的蛋白质、脂肪、纤维素、矿物质以及维生素等多种营养成分。其中，蛋白质是食用菌饲料的主要营养成分之一，其含量高于一般植物性饲料，且氨基酸组成较为全面，特别是必需氨基酸的含量较高。此外，食用菌饲料中的脂肪含量也相对较高，且多为不饱和脂肪酸，对动物的生长发育具有积极作用。同时，食用菌饲料中还富含多种矿物质和维生素，如钙、磷、铁、锌、硒以及维生素A、维生素D等，这些都是动物生长发育所必需的营养元素。

（一）菌糠饲料的种类

食用菌废料经过干燥、粉碎等工艺处理后，可以加工成菌糠饲料。这种饲料可以直接喂养牲畜，也可以与其他饲料混合使用。用菌饲料在畜牧业中的应用已经取得了良好的效果。它不仅可以提高牲畜的采食量和消化率，还能改善其肉质和毛色，提高抗病能力。菌糠使用量的多少，要根据其营养价值来决定。并且要在保证饲料中的粗纤维含量不超过国标时，尽可能替代日粮中的部分糠麸类饲料。

1. 鲜饲料

可按一定比例直接配入饲料中饲喂动物。这种使用方式要注意一定使用新鲜菌糠，并保证菌糠中不含土粒、杂菌，污染部分要去除。

2. 复合干饲料

将采收3~4茬不同菌类的菌糠认真挑选，取菌丝洁白、料块结实、无霉变和腐烂部分，晒干或烘干后粉碎，存放于阴凉干燥处。使用时再按一定比例添加到畜禽的饲料中去。

3. 发酵饲料

选地势高、干燥处挖宽50~60cm、深50cm、长度不限的土坑，内铺塑料薄膜，放入10cm厚新鲜无污染菌糠，糠面撒一层盐，盐上再放菌糠，直到凸出地面5~10cm为止。盐的用量为鲜菌糠的0.5%，层层压实，上盖塑料薄膜，发酵5~50d后随用随取。

（二）菌糠饲料的工艺流程

选取菌糠→干燥→粉碎→成品。也就是将采收过3~4茬菌类的原料，进行认真挑选，选取菌丝洁白，料块结实，切除霉变和腐烂成分的菌糠，最好能将几种菌糠搭配起来，晒干或烘干后，粉碎成粒状或粉状，即为加工的成品。还可将新鲜菌糠贮藏，随用随取。

1. 挑选与处理

首先，需要挑选出优质的菌糠作为原料。通常选择采收过3~4茬菌类的培养基废料，这些废料中菌丝应呈现洁白、结实的状态。同时，需要切除其中的霉变和腐烂部分，确保原料的质量。

2. 干燥

挑选好的菌糠需要进行干燥处理，以去除其中的水分。干燥的方法可以是晒干或烘干。晒干是将菌糠摊放在阳光充足的地方，利用太阳能进行干燥；烘干则是使用专门的烘干设备进行处理。无论采用哪种方法，都需要将菌糠的水分含量降低到一定的程度，便于后续的加工和储存。

3. 粉碎

干燥后的菌糠需要进行粉碎处理，以便更好地利用其中的营养成分。粉碎的方法可以是机械粉碎或人工研磨。机械粉碎通常使用粉碎机进行，可以将菌糠粉碎成较小的颗粒或粉末；人工研磨则是使用石磨等工具进行，适用于小规模的加工。粉碎后的菌糠更易于动物采食和消化吸收。

4. 发酵

为了提高菌糠饲料的营养价值和适口性，可以对其进行发酵处理。发酵的方法有多种，如自然发酵、接种发酵等。自然发酵是将粉碎后的菌糠堆积起来，利用自然界的微生物进行发酵；接种发酵则是在菌糠中加入特定的微生物菌种，促进其发酵过程。发酵过程中，微生物可以分解部分纤维素和木质素，将大分子物质转化为小分子物质，同时产生一些有益的代谢产物，如酶、维生素等。这些代谢产物可以提高菌糠饲料的营养价值和适口性，促进动物的生长发育。

需要注意的是，发酵过程中要控制好温度、湿度和发酵时间等因素，以确保发酵效果良好。此外，发酵后的菌糠饲料应及时进行晾晒或烘干处理，以降低水分含量并杀死其中的有害微生物。

5. 包装、储存

最后，将加工好的菌糠饲料进行包装和储存。包装可以使用编织袋、塑料袋等材料进行密封包装；储存则应选择干燥、通风、避光的地方进行存放。在储存过程中要定期检查饲料的质量情况并及时处理发现的问题以确保其质量稳定和使用安全。

(三)食用菌饲料的利用

大多数研究都表明食用菌对食用动物的生产有积极影响,因为它们促进肠道中所需微生物群的生长,提高生长性能,调节免疫反应,显示细胞抗氧化潜力,改善肠道形态和调节脂质分布。

1. 鸡鸭

将栽培过平菇的棉籽壳废料,干燥粉碎后按照10%~15%的添加量加入鸡鸭饲料中喂养肉鸡,可以为鸡鸭的快速生长提供丰富的营养。尤其是菌糠饲料氨基酸含量丰富,不仅能促使肉鸡、肉鸭快速生长,提早上市时间,降低养殖成本,还能显著提高蛋鸡、蛋鸭的产蛋率。

2. 鱼类

喂鱼的菌糠饲料首先要进行发酵,方法如下:选择无霉、无虫、洁白的菌糠废料打碎,拌入0.5%食盐、1%过磷酸钙、0.5%尿素和水,充分进行搅拌,其加水量以用手抓菌糠,指缝间有水渗出而不下滴为宜;然后盖上塑料薄膜,密封后发酵;待发酵1周后,对发酵饲料翻动1次,并拌匀,再用薄膜盖好继续发酵;一般发酵20d~30d,气温高时发酵天数少些,气温低时发酵天数多些,便可用来喂鱼。

3. 猪

取出采完香菇后的菌棒置于干净的水泥地面上,将霉变腐烂的菌块除去,捣烂后摊放在地面上暴晒。菌糠摊晒的厚度以3~5cm为宜,摊晒时每天应翻2~3次,以利充分干燥,经3d左右即可晒干。将干燥后的菌料粉碎,以5%~6%的添加比例加入饲料中混合喂猪。也可取栽培平菇、金针菇或猴头菇后的棉籽壳菌糠(经晒干粉碎后)15%,加玉米粉35%,米糠28%,红薯干10%,贝壳粉3%,稻谷、鱼粉、菜饼粉各2%,豆饼粉3%,食盐0.5%。将上述原料搅拌后置入大铁锅中煮熟,喂猪。

利用菌糠饲料喂猪,其喂养量要逐步调整,由少到多,使猪有一个适应的过程。一般情况下,在开始的10~15d,菌糠饲料的用量在日粮中比例占5%~8%,以后逐渐增加。

4. 牛羊

将栽培过平菇、凤尾菇、金针菇的棉籽壳废料,经晒干粉碎后,按照5%~15%的用量加入奶牛饲料中喂养奶牛。也可将干燥粉碎后的菌糠料按15%~30%的比例加入饲料中喂羊,经济效益也十分显著。

5. 菌糠饲料注意事项

(1)注意菌糠饲料的品质 菌糠饲料品质的好坏,关系到其利用价值的高低。在使用菌糠饲料时,应选择采收过3茬、4茬菌类且菌丝生长旺盛,表面被覆一层白色菌丝体膜、无杂菌污染、子实体分化良好的菌糠。凡菌丝体生长较差、尚有少部分培养料未生菌丝、串结不良，尤其是菌丝稀少、生长不良、杂菌污染严重，出现酸臭等异味的菌糠不要使用。同时，收菌糠时要注意将发霉、发黑等污染部分的菌糠除掉，以防止霉菌引起动物中毒。

（2）注意菌糠的适宜使用量　菌糠的使用量的决定，需注意的是菌糠饲料只能用作替代日粮中的部分糠麸类饲料，不可替代蛋白质、能量饲料，否则会影响动物的生产性能；开始食用菌糠的牲畜，用量宜由少到多，让其有一定的适应过程。一般说，幼畜用量少些，成畜可多些。由于不同种类的菌糠营养价值的不同，因此对于不同的动物，其添加量也不相同。但无论用何种菌糠，在猪日粮种添加15%是可行的。家禽饲料中一般添加量控制在10%～15%。菌糠料喂牛宜和其他料配合使用，菌糠可占到日粮的50%～60%。棉籽壳菌糠饲喂绵羊育肥，当菌糠用量占到日粮干物质的30%时，不影响其采食量和增重。

（3）其他注意事项　选择产菌能力强，菌丝体生长旺盛的菌株接种；栽培食用菌的培养基中，不能含有石灰，也不可含有残毒的农药或含甲醛等化学药品；栽培食用菌的培养基最好经过高温高压灭菌，如果是生料栽培，也需经高温堆积发酵；在食用菌出菇期间，防治病虫害时，不能使用高毒、高残留的农药。

二、食用菌菌渣肥料加工

栽培过食用菌的菌渣，经过生物菌种发酵后，就是很好的有机肥料，由于秸秆等农副产品所难溶性大分子化合物被菌丝体分解变成可溶性物质，因而可以有效地提高被农作物吸收利用的养分。根据测定，养菇后的废弃培养料有机质含量高达40%以上，是秸秆直接还田的3倍，有些菌渣含氮量1.5%～1.8%，高于鲜鸡粪。利用这些废弃物，通过微生物发酵技术，加工成一种新型多功能生物有机肥，不仅具有明显的经济效应，还具有明显的生态和环保效应。菌渣肥施入土壤后，还可以进一步改善土壤的理化性质，增加土壤的有机物质含量，促进土壤腐殖质和团粒基团的形成与转化，提高土壤保水性能和土壤肥力，促进农作物抗腐能力和增产。同时可以减少化肥的过量使用引起许多负效应，如土质污染、环境污染等。

（一）生产模式

1. 种植业—秸秆—食用菌—菌渣—有机肥—种植业

该模式是在农田种植农作物，农作物收获后的秸秆用来作基料开发生产食用菌，生产出的食用菌可供实用，剩余的废弃物（菌渣）作有机肥，再回到农田，发展种植业。在这一模式中开发出的产品有两种：一种是营养丰富的食物，另一种是用生产食用菌的废弃物菌渣经过一定工艺处理制作的不同类型、不同系列的专用肥和复合有机肥。经研究表明，菌渣接种高温纤维菌，可使菌渣堆内温度迅速上升到45℃以上，并持续18~20d，经过45d堆制，接种剂的菌渣各种指标均达到有机肥标准。其有机物质含量高，各种速效性养分齐全，是代替化学肥料发展绿色农产品颇具潜力的生物肥料。

食用菌菌渣，疏松透气，营养成分高，可直接还田，覆盖果园和茶园，增加土壤有机质的积累和有益微生物繁殖，改善土壤环境，提高氮磷的有效性，促进果业、茶业持续发展。

2. 种植业—秸秆—食用菌—菌渣—二次种菇—有机肥—种植业

该模式是利用秸秆生产食用菌后剩余废弃物（菌渣）二次利用种植食用菌。根据不同种类的食用菌对基料的利用程度不同，种完食用菌后仍具有丰富的营养成分，特别是工厂化种植食用菌，由于只收一茬菇，其中的营养物质并未消耗殆尽，还有充分利用的价值，可以晒干粉碎后添加到新的基料中，用来种植其他食用菌。据报道，利用菌渣栽培的食用菌品种有鸡腿菇、平菇、草菇、秀珍菇、香菇、金福菇、茶薪菇、榆黄菇等。利用菌渣再次种植食用菌可部分替代棉籽壳、阔叶树木屑、玉米芯等，拓宽种植食用菌基料的来源，降低生产食用菌的成本，二次种菇后的菌渣，可直接沤制肥料或加工成有机肥还田，发展种植业，形成从种植业再回到种植业的资源循环产业链。

（二）制作步骤

1. 用量比例

1kg微生物菌液可以发酵200kg的蘑菇渣，废弃的蘑菇菌渣要先粉碎下在进行发酵。一般发酵时，禁止用500kg或1m³以下的物料做实验。菌液兑水稀释和物料发酵混合均匀堆放发酵即可。因这几种物料的碳氮比都比较高，为达到较好的软化效果，可适当加一些尿素。

2. 拌匀通气

发酵蘑菇菌渣物料时一定要搅拌均匀，注意翻动，通气为宜。

3. 水分控制

发酵蘑菇菌渣物料的水分应控制在50%左右，水分判断：手抓一把物料，见水印但不滴水，落地即散为宜。水少发酵慢，水多通气差，可根据物料实际情况具体掌握。

4. 温度控制

启动发酵温度在15℃以上为好，发酵一周左右即可。冬天气温低可以发酵时间长点。

5. 发酵完成

蘑菇菌渣物料达到软化效果即可停止发酵，发酵时间过长，会消耗物料里面过多的纤维素等。

任务实施

以5406抗生性菌肥制作为例。

5406抗生性菌肥，具有防病、保苗、疏松土壤和刺激作物生长等多种作用。目前，我国施用5406抗生性菌肥的土地面积已经覆盖全国。其制作步骤如下。

预处理：双孢蘑菇菌糠晒干、打碎、过筛。

加辅料：100kg加入米糠等2～3kg。

加菌种：将4～6瓶5406菌种加水拌匀。

建堆：建10～15cm厚堆，覆盖3cm细土。

培养：24～32℃培养3～7d。

成品：成品风干保藏。

思政小课堂

食用菌生产过程中会产生大量的废弃物，包括菌丝体、培养基废料和不合格的食用菌等。这些废弃物如果处理不当，会对环境造成污染，并浪费宝贵的资源。

随着全球环境问题的日益严重，人们的生态环保意识不断加强。食用菌产业作为一种生态友好的农业产业，其栽培过程中产生的废弃物可以循环利用，符合环保理念。例如，一些地区利用农作物秸秆和畜禽粪便等农业废弃物进行食用菌栽培，既解决了废弃物处理问题，又带动了食用菌产业的发展。

食用菌废弃物综合开发利用的重要性在于减少环境污染、节约资源并创造经济价值。废弃物如果不进行适当处理，可能会对环境造成负面影响。通过综合开发利用，可以将这些废弃物转化为有价值的资源。可能的应用方向包括制作有机肥料、饲料添加剂、生物质燃料，提取功能性成分以及作为新的栽培基质等。这些应用方向有助于推动循环经济的发展，促进资源的高效利用。

任务考核评价

表5-4 食用菌综合开发技术考核表

考核内容	考核指标	分值	实得分数
食用菌综合开发技术	对食用菌资源的利用是否合理、高效，包括对废弃物的利用程度、生产过程中的能耗和水耗等	20	
	生产工艺的合理性、先进性以及技术的成熟度和可靠性	30	
	综合开发利用过程中没有受到污染，符合食品安全要求	20	
	综合开发利用的经济效益和社会效益	30	
总分		100	

任务巩固与创新

1. 简述食用菌废弃物综合开发利用的重要性和可能的应用方向。

2. 在食用菌废弃物综合开发利用过程中，应如何确保产品的质量和安全性？

自我分析与总结

学生改错	学生学会的内容

学生总结

项目六　食用菌模拟创业分析

● **项目导读**

在当下追求健康、绿色生活方式的大潮中，食用菌以其独特的营养价值和生态优势，成为创业领域的热门选择。

食用菌不仅味美、营养丰富，而且具有多种药用价值，深受消费者喜爱。随着人们对健康饮食的日益关注，食用菌的市场需求持续增长。此外，食用菌的栽培具有周期短、见效快、资源可再生等优点，符合现代农业的发展方向。

在模拟创业中，我们将重点关注几个核心方面：首先是市场调研，深入了解消费者需求、行业趋势和竞争对手情况，为产品定位和市场策略提供依据；其次是技术研发，通过优化菌种选育、改进栽培技术，提高食用菌的产量和品质；再次是品牌建设，通过打造绿色、有机、健康的品牌形象，提升产品的市场竞争力；最后是销售渠道拓展，利用线上线下相结合的方式，拓宽销售渠道，提高市场占有率。

● **项目目标**

知识目标	能力/技能目标	思政目标
① 了解食用菌的种类、生长条件、营养价值等基本知识。 ② 掌握食用菌栽培技术，包括菌种选择、培养基制作、接种、培养、采收等。 ③ 熟悉食用菌市场需求、销售渠道、营销策略等相关商业知识。	① 能够根据市场需求选择合适的食用菌品种，并制订相应的栽培计划。 ② 掌握食用菌栽培过程中的关键技术，能够解决常见问题，保证产量和品质。 ③ 能够进行市场调研，了解消费者需求，制定相应的营销策略，拓展销售渠道。	① 培养创业意识和创新精神，能够在模拟创业过程中积极探索、勇于尝试。 ② 树立诚信、勤奋、创新的职业道德和品质。 ③ 增强责任感和使命感，为推动我国食用菌产业的发展贡献力量。 ④ 培养可持续发展的理念，关注环境保护和资源利用，推动绿色生产。

● **项目实施**

本项目通过对食用菌产业进行调研分析，探索食用菌产业的市场潜力与创业机会。通过对食用菌产业的深入调研分析，我们会发现该产业不仅在国内市场具有巨大的潜力，而且在国际市场上也备受瞩目。

项目六　食用菌模拟创业分析

随着人们对健康饮食的日益重视，食用菌因其独特的营养价值和美味口感，正逐渐成为餐桌上的新宠。此外，食用菌的栽培技术也在不断进步，为创业者提供了更多的机会和可能性。因此，我们相信，通过精准的市场定位、创新的产品研发和有效的营销策略，食用菌产业将成为一个充满机遇和希望的创业领域。

任务一　食用菌产业调研分析

● 任务描述

食用菌产业作为现代农业的重要组成部分，正展现出巨大的市场潜力和发展前景。随着国内外消费者对健康、绿色、有机食品的追求日益增加，食用菌因其独特的营养价值和药用功效备受关注。同时，其栽培技术的不断创新也推动了产业的发展。市场需求持续增长，为创业者提供了广阔的空间。然而，竞争激烈、成本控制等挑战也不容忽视。因此，食用菌产业创业者需结合市场趋势，制定合理的发展策略，以在竞争中脱颖而出。

此外，食用菌的栽培周期短、效益高，且能循环利用农业废弃物，具有良好的生态和经济效益。通过深入调研分析，我们发现食用菌产业在品种改良、技术创新、市场拓展等方面仍有大量机会，为有志于该领域的创业者提供了宝贵的创业机会和发展空间。

本次任务的重点是深入调研分析食用菌产业，并重点介绍该产业的市场潜力与创业机会。通过全面了解食用菌的市场需求、消费者偏好、行业发展趋势以及竞争对手情况，挖掘该产业中存在的商业机遇和创业空间。

● 任务目标

知识目标	能力/技能目标	思政目标
① 了解食用菌产业的市场规模、产业链结构、主要参与者以及产业发展趋势。 ② 了解食用菌栽培技术、生产设备、加工工艺等方面的最新进展。	① 能够通过实验或实地考察识别不同种类的食用菌及其生活环境。 ② 能够从多种食用菌的生活习性中提炼出共性和差异。 ③ 能够运用所学知识解决食用菌栽培或野生资源利用中的实际问题。	① 强化生态环保意识，认识到保护食用菌及其生态环境对于维护生物多样性和生态平衡的重要性。 ② 弘扬科学精神，鼓励学生以科学的态度和方法探索食用菌的奥秘，培养求真务实的学风。

● **任务相关知识**

一、引言

（一）产业背景介绍

食用菌是指一类可食用的大型真菌，富含蛋白质、膳食纤维、矿物质和维生素等营养成分，具有极高的营养价值。随着人们对健康饮食的日益关注，食用菌逐渐成为餐桌上的常客。本文将对食用菌产业的背景进行简要介绍。

1. 历史与发展

食用菌的栽培历史可追溯至古代中国。自1000年前开始，中国人就开始了对食用菌的观察、研究和记录。然而，直到现代，随着人们对营养和健康的重视，食用菌才真正进入大规模商业栽培阶段。特别是改革开放以来，中国食用菌产业得到了飞速发展，栽培技术不断进步，产量与品质均大幅提升。目前，中国已成为全球食用菌生产大国。

2. 全球市场概况

全球食用菌市场规模持续扩大，消费需求多样化。亚洲地区是全球最大的食用菌生产和消费区域，其中中国、日本和印度是主要生产国。欧洲和北美地区虽然生产量相对较小，但消费量稳定增长。随着健康饮食观念的普及和食品加工技术的进步，食用菌在各国的饮食文化中越来越占据重要地位。

3. 产业链分析

食用菌产业链包括菌种培育、栽培、加工和销售等环节。菌种是食用菌栽培的基础，优质的菌种是获得高产、优质产品的关键。栽培环节需要适宜的环境条件，包括温度、湿度、光照、通风等，以确保菌丝体健康生长。加工环节主要是对新鲜食用菌进行保鲜、干制、罐装等处理，延长产品保质期和丰富产品形态。销售环节则涉及市场开拓、品牌建设等方面，以确保产品顺利进入消费者市场。

4. 市场趋势与挑战

随着人们对健康饮食的追求和对食品安全的关注度提高，有机、绿色、无公害的食用菌产品越来越受到消费者的青睐。同时，功能性食用菌的开发也成为一个研究热点，如富含多糖、抗氧化物质、益生菌等具有特殊功能的食用菌品种。然而，产业的发展也面临着一些挑战，如市场竞争激烈、生产成本上升、环境压力加大等。因此，产业需不断进行技术创新和提高经营管理水平，以适应市场变化和应对挑战。

5. 前景展望

未来，随着科技的不断进步和市场需求的多样化，食用菌产业有望实现可持续发展。一方面，利用基因编辑等现代生物技术改良菌种，提高产量和品质；另一方面，推广智能农业和循环农业模式,降低生产成本和环境污染。此外,拓展国际市场和加强国际合作也将为产业带来新的发展机遇。

(二)调研目的与意义

随着人们对健康饮食的日益关注,食用菌作为一种营养丰富的食品,越来越受到消费者的青睐。为了更好地了解食用菌产业的现状和发展趋势,进行产业调研具有重要意义。本任务将重点探讨食用菌产业调研的目的与意义。

1. 目的

(1)了解产业概况　通过调研,全面了解食用菌产业的生产、消费、市场规模、主要参与者等信息,为相关企业和机构提供决策依据。

(2)分析市场动态　深入挖掘市场需求、消费者偏好、竞争态势等方面的信息,为企业在市场竞争中制定合适的策略提供参考。

(3)掌握技术发展　了解食用菌栽培、加工、保鲜等技术的最新进展,为企业技术创新和升级提供支持。

(4)探索商业模式　分析不同企业的经营模式、营销策略和盈利模式,为产业内企业提供借鉴和启示。

(5)预测未来趋势　基于调研数据和市场分析,预测食用菌产业未来的发展趋势和前景,为相关企业和投资者提供决策依据。

2. 意义

(1)推动产业发展　通过调研,可以全面了解食用菌产业的现状和问题,为政府和企业提供有针对性的政策建议和发展策略,从而推动产业的健康发展和持续创新。

(2)提高企业竞争力　通过市场分析和商业模式探索,企业可以制定更加科学和有效的经营策略,提高自身的竞争力和市场占有率。同时,技术创新和升级也将有助于企业获得更多的竞争优势。

(3)保障食品安全　调研过程中可以对食用菌生产、加工和销售等环节进行全面考察,发现存在的安全隐患和问题,为企业和政府提供改进和监管的依据,保障食用菌产品的安全和品质。

(4)促进国际贸易　通过国际市场调研,了解各国食用菌的需求和贸易政策,为我国食用菌出口提供支持,促进国际贸易的发展和合作。

(5)培养专业人才　进行食用菌产业调研需要具备专业的知识和技能,通过实际操作和实践,可以培养一批高素质的产业人才,为未来的发展提供人才保障。

(6)引导投资决策　投资者可以通过调研了解食用菌产业的投资环境和风险因素,为投资决策提供参考依据,促进资本的合理流动和有效利用。

（7）提升社会认知　通过产业调研的宣传和推广，可以提高社会对食用菌产业的关注度和认知度，增加消费者对食用菌的了解和信任，促进消费需求的增长。

二、产业概况

（一）食用菌产业的发展历程

食用菌产业的发展历程可以追溯到古代，但真正意义上的现代食用菌产业的发展是在近几十年。下面简要介绍食用菌产业的发展历程。

在古代，人类就已经开始采集野生食用菌食用。然而，由于人们对菌类的认识有限，采集的量很小，且主要集中在一些特定的地区。这一时期，人们对食用菌的利用还停留在自然采集的阶段。

随着社会的发展和人们对食物需求的增加，食用菌的采集逐渐发展成为一种副业。在某些地区，人们开始尝试栽培食用菌，但由于技术水平有限，产量和品质都不稳定。在这个阶段，人们对食用菌的栽培还处于探索和经验积累的阶段。

进入20世纪，随着科技的进步和人们对食用菌研究的深入，食用菌产业开始进入快速发展期。在这个阶段，人们开始采用科学的方法栽培食用菌，产量和品质得到了显著提升。同时，食用菌的种类也得到了极大的丰富，许多原本不为人知的食用菌被发现并开始商业化栽培。

近年来，随着人们对健康饮食的关注度不断提高，食用菌产业得到了进一步的发展。除了传统的栽培方式外，人们还开始探索工厂化、智能化栽培方式，以提高食用菌的产量和品质。同时，食用菌的加工产品也得到了广泛开发，如食用菌酱、食用菌干制品、食用菌保健品等。

（二）全球与中国食用菌的生产与消费现状

1. 生产现状

（1）全球食用菌产业的显著发展　全球食用菌产业在过去几十年中取得了显著的发展。据统计，全球已有超过2000种食用菌被发现，其中40～50种能够大面积人工栽培。全球食用菌的生产主要集中在中国、意大利、美国、荷兰和波兰等国家。

（2）中国是全球食用菌生产大国　中国在全球食用菌产业中占据着举足轻重的地位。2022年中国食用菌总产量达到了4222.54万t（鲜品），同比增长2.14%。总产值则达到了3887.22亿元，增长11.84%。到了2023年，食用菌总产量约为4325.66万t，总产值增长至4102.7亿元。这表明食用菌行业在过去几年中保持了稳定的增长态势。

（3）生产技术不断进步　随着科技的不断发展，食用菌生产技术也在不断进步。新技术、新方法在食用菌栽培中的应用，提高了食用菌的产量和品质，同时也为食用菌产业的可持续发展提供了有力支撑。

2. 消费现状

（1）食用菌消费量逐年上升　随着人们对健康饮食的重视和食品加工技术的进步，食用菌消费量呈现出逐年上升的趋势。2023年全球食用菌市场销售额将达到3996.7亿元，预计2030年将达到5275.9亿元，2023—2030年复合增长率（CAGR）为4.05%。

（2）中国食用菌消费市场潜力巨大　中国是食用菌消费大国，消费量逐年增长。中国食用菌消费市场具有巨大的潜力，特别是在一些新兴领域如保健食品、功能性食品等，对食用菌的需求呈现出快速增长的趋势。

（三）产业链分析

食用菌产业链包括菌种培育、栽培、加工和销售等环节，每个环节都对整个产业的发展起着至关重要的作用。

1. 菌种培育环节

菌种培育是食用菌产业链的起点，培育出的优质菌种是获得高产、优质产品的关键。菌种培育涉及菌种选育、保藏、复壮等技术，需要专业的科研机构和企业进行持续的研发和创新。菌种培育企业通过选育优良菌种，提供给栽培企业，为整个产业链提供源头支持。

2. 栽培环节

栽培环节是食用菌产业链中的重要环节，涉及食用菌的种植和养殖。在这个环节中，栽培企业需要选择合适的种植场地，控制环境条件如温度、湿度、光照、通风等，进行科学的管理和养护。同时，栽培企业还需要根据市场需求，选择适合的品种进行种植，以满足消费者对食用菌品质和口感的需求。

3. 加工环节

加工环节是食用菌产业链中不可或缺的一环，通过加工可以实现食用菌的保鲜、干制、罐装等处理，延长产品保质期和丰富产品形态。加工企业通过引进先进的加工技术和设备，可以提高加工效率和产品质量，开发出更多满足市场需求的产品。同时，加工企业还需要加强食品安全监管，确保产品质量安全可靠。

4. 销售环节

销售环节是食用菌产业链的终端环节，涉及产品市场开拓和品牌建设等方面。销售企业需要了解市场需求和消费者心理，制定合适的营销策略和销售渠道，提高产品知名度和市场占有率。同时，销售企业还需要加强与消费者的沟通，提供优质的服务和售后保障，树立良好的品牌形象和口碑。

在食用菌产业链中，各个环节之间相互依存、相互促进。菌种培育和栽培环节为加工和销售环节提供优质的原材料，加工环节为销售环节提供多样化的产品，而销售环节则将产品推向市场并获得收益。只有各个环节协同发展、优化整合，才能实现整个产业链的可持续发展和产业价值的最大化。

三、市场分析

（一）市场需求

随着人们生活水平的提高和健康意识的增强，食用菌作为一种营养丰富、健康美味的食品，逐渐受到广泛欢迎。近年来，消费者对食用菌的需求呈现出不断增长的趋势，随着这些因素的持续影响，预计未来消费者对食用菌的需求还将继续保持增长趋势。

1. 健康意识的提高

随着健康饮食的观念深入人心，消费者越来越注重食品的营养价值和健康属性。食用菌富含蛋白质、膳食纤维、矿物质和维生素等营养成分，具有低脂肪、低热量的特点，被认为是一种健康的食品，符合消费者对健康饮食的追求。

2. 多样化的口感和丰富的做法

食用菌口感鲜美、质地脆嫩，可满足消费者对不同口感的需求。同时，食用菌的烹饪方法多样，可以用于炒、炖、煮、煲等多种菜肴的制作，为消费者提供了丰富的选择。

3. 食品安全意识的提高

消费者对食品安全的要求越来越高，对有机、绿色、无公害等健康食品的需求增加。食用菌作为一种无农药残留、无污染的绿色食品，符合消费者对食品安全的需求。

4. 地域特色的需求

不同地区、不同民族有着不同的饮食习惯和口味偏好。食用菌作为一种地域特色鲜明的食品，逐渐被越来越多的消费者所接受和喜爱，满足了不同地域消费者的口味需求。

（二）竞争态势

1. 生产商

中国是全球食用菌生产大国，国内有众多具有一定规模和实力的食用菌生产商，这些生产商在市场上占据一定的份额，具有较强的竞争力和影响力。例如，福建某公司在食用菌种植、加工和销售方面拥有丰富的经验，其产品线覆盖了多种食用菌品种，尤其在银耳、香菇等领域占据较大的市场份额；上海某公司不仅在调味品市场有很高的知名度，还在食用菌加工产品方面也有丰富的产品线，如蘑菇罐头、蘑菇干等，其产品质量稳定，深受消费者信赖；浙江某食品厂专注于食用菌的种植与加工，尤其在香菇、金针菇等常见食用菌的种植与销售方面有较大优势。他们注重产品质量和食品安全，因此赢得了消费者的广泛认可。

2. 市场份额

从全球市场份额来看，这些大型生产商占据了相当大的比例。但值得注意的是，由于食用菌产业的技术门槛相对较低，市场上还存在大量中小型生产商。这些中小型生产商往往通过特色产品或地域性优势获得一定的市场份额。尽管大型生产商在总体市场份额上占据主导，但中小型生产商的灵活性和创新性也为整个产业带来了活力。

3. 竞争特点

（1）品牌建设与维护　品牌是消费者选择产品的重要依据。大型生产商往往注重品牌的建设和维护，通过广告、公关活动等方式提升品牌知名度和美誉度。同时，他们也注重商标注册和知识产权保护，以防止侵权行为对品牌造成损害。

（2）技术创新与研发　随着消费者对食用菌品质和口感需求的日益提高，技术创新和研发成为生产商竞争的关键。各大生产商不断投入资金研发新的种植技术、加工工艺和产品配方，以提高产品质量和附加值。

（3）食品安全与质量控制　食品安全是消费者最关心的问题之一。大型生产商通常具备严格的质量控制体系，确保从原料采购到产品出厂的每一个环节都符合食品安全标准。他们积极参与国际和国内食品安全标准的制定，以提升自身产品的竞争力。

（4）渠道拓展与市场布局　有效的销售渠道是实现产品市场占有率的重要保障。大型生产商不仅在传统零售渠道上占据优势，还积极拓展线上销售、出口贸易等多元化渠道，以扩大市场份额和提高销售额。

（5）价格策略与成本优势　价格是消费者选择产品时考虑的重要因素之一。大型生产商通常通过规模经济、优化供应链管理和提高生产效率等方式降低成本，从而在价格上获得竞争优势。同时，他们也注重开发中高端产品，以满足消费者对高品质产品的需求。

（三）市场趋势

随着消费者对健康食品的关注度不断提高，食用菌作为营养丰富、健康美味的食品，其市场需求将继续保持增长趋势。预测未来几年，食用菌市场规模将不断扩大，消费量也将逐年攀升。消费者对食品品质的要求越来越高，对有机、绿色、无公害等健康食品的需求增加。因此，生产商将更加注重产品的品质和安全性，加大投入提高产品质量和安全性。同时，随着消费者需求的多样化，生产商也将加大产品创新力度，开发出更多满足不同消费者需求的食用菌产品。

随着科技的进步和智能化技术的应用，食用菌生产将向智能化和规模化方向发展。智能化技术的应用可以提高生产效率、降低成本，而规模化生产可以进一步扩大市场份额、提高产业集中度。预计未来几年，将有更多的智能化和规模化生产商崭露头角。

随着消费者需求的多样化，食用菌产品的消费形式也将更加多元化和个性化。除了传统的鲜菇、干菇外，食用菌加工新技术产品如调味品、保健品、饮品等也将受到消费者的青睐。同时，个性化消费需求也将成为未来食用菌市场的一个重要趋势，生产商需要关注消费者的个性化需求并提供定制化产品。

四、技术发展与进步

（一）新技术、新方法在食用菌栽培中的应用与实践

近年来，随着科技的不断发展，新技术、新方法在食用菌栽培中得到了广泛应用。这些技术的应用不仅提高了食用菌的产量和品质，还为食用菌产业的可持续发展提供了有力支撑。

首先，智能化技术的应用是食用菌栽培的一大亮点。通过引入智能化的设备和管理系统，实现了对食用菌生长环境的实时监测和调控。例如，利用传感器和物联网技术，可以实时监测温度、湿度、光照、二氧化碳浓度等环境参数，并根据监测数据自动调节环境条件，为食用菌提供最佳的生长环境。这不仅提高了产量和品质，还减少了人工干预和资源浪费。

其次，生物技术在食用菌栽培中的应用也日益广泛。通过基因工程和代谢工程等手段，可以改良食用菌的遗传特性，提高其抗病、抗逆能力，并优化其营养成分。例如，通过基因编辑技术，可以培育出具有高抗病性、高产量、优质口感等优良性状的食用菌新品种。

再次，随着环保意识的提升，食用菌生产中的环保和可持续性问题越来越受到关注。现代化的设备可以实现在较低的环境污染下进行生产。例如，使用高效能的过滤设备和空气净化设备，可以减少食用菌生产过程中的废气和废水的排放。同时，利用可再生资源和节能技术，如太阳能、风能等，可以降低能耗，实现可持续发展。

此外，精准农业理念在食用菌栽培中也开始得到应用。精准农业通过精细化管理和调控，实现资源的合理利用和生态环境的保护。在食用菌栽培中，精准农业的应用包括精准施肥、精准灌溉、精准病虫害防治等。这些技术的应用有助于提高食用菌的产量和品质，同时减少对环境的负面影响。

除了智能化技术和生物技术，一些新的栽培模式和方法也在食用菌栽培中得到实践和应用。例如，液体菌种技术逐渐取代了传统的固体菌种技术，液体培养基的使用提高了菌种的生长速度和纯度。此外，一些新的出菇方法如覆土出菇、喷水出菇等也得到了广泛应用。

（二）食用菌的保鲜、加工新技术及其市场应用

食用菌的保鲜和加工新技术是提升其市场价值和满足消费者需求的重要手段。

保鲜技术对于保持食用菌的新鲜度和品质至关重要。常见的保鲜方法包括低温保鲜、气调保鲜和涂膜保鲜等。低温保鲜是将食用菌放置在低温环境下，通过降低温度来抑制其呼吸作用和微生物的生长，从而延长保鲜期。气调保鲜是通过调节储存环境中的气体比例，如降低氧气含量、增加二氧化碳含量，来延长食用菌的保鲜期。涂膜保鲜则是通过在食用菌表面涂上一层薄膜，以保持其水分和防止微生物侵染。

在食用菌的加工新技术方面，一些先进的加工技术如超高压杀菌技术则可以有效地杀死食用菌中的有害微生物，保证产品的安全性。

五、商业模式与经营策略

（一）商业模式

直接销售模式：企业通过自己的销售团队或渠道，直接将食用菌产品销售给消费者或餐饮企业。这种模式的优点是能够快速了解市场需求和反馈，但需要投入大量的人力、物力和财力进行市场开发和维护。

线上线下结合模式：企业通过线上平台（如电商平台、自建官网等）和线下实体店（如商超、专卖店等）共同销售食用菌产品。这种模式能够覆盖更广泛的目标客户群体，提高销售额和品牌知名度。

产业链一体化模式：企业通过整合食用菌产业链资源，从菌种培育、栽培、加工到销售实现全覆盖。这种模式的优点是能够降低成本、提高产品质量和附加值，但需要具备较强的资源和资金实力。

合作共赢模式：企业与其他企业或机构进行合作，共同研发新产品、开拓新市场或提高生产效率等。这种模式能够实现资源共享、优势互补，提高市场竞争力。

（二）经营策略

产品创新策略：随着消费者需求的多样化，企业需要不断推出新产品以满足市场需求。在产品研发方面，企业可以针对不同消费群体开发差异化产品，如有机食用菌、功能性食用菌等；在包装设计方面，企业可以根据目标客户群体的喜好和消费习

惯进行个性化包装设计,提高产品的附加值和竞争力。

品质保证策略:品质是产品的核心竞争力,企业需要严格把控产品质量关。建立完善的质量管理体系,从原料采购、生产加工到产品检测等环节加强质量监管;加强与供应商的合作与沟通,确保原料质量稳定可靠;定期进行质量检测和评估,及时发现并解决质量问题。

品牌建设策略:品牌是企业的无形资产,建立知名品牌有助于提高产品的知名度和美誉度。制定品牌发展战略,明确品牌定位和市场目标;加强品牌形象设计和传播,通过广告宣传、公关活动等方式提高品牌影响力;提升产品品质和服务质量,增强消费者对品牌的信任和忠诚度。

渠道拓展策略:选择合适的销售渠道对于提高销售额和市场份额至关重要。根据产品特点和目标客户群体选择合适的销售渠道,如商超、专卖店、电商平台等;加强渠道管理和维护,与渠道商建立良好的合作关系,共同开拓市场;积极开展线上营销和线下活动,提高产品知名度和曝光率。

成本控制策略:降低成本是企业提高盈利能力的关键。优化生产流程和工艺,降低生产成本;加强供应链管理和物流配送,降低采购和物流成本;合理控制销售和市场费用,提高投入产出比。

合作与联盟策略:通过合作与联盟实现资源共享和优势互补,提高市场竞争力。与农户或合作社建立稳定的合作关系,共同开展食用菌栽培和销售;与其他企业或机构进行技术交流和合作,共同研发新产品和技术;参与产业协会和组织,加强与其他企业的交流与合作。

人才培养与引进策略:人才是企业发展的核心动力。加强内部培训和人才梯队建设,提高员工的专业素质和工作能力;积极引进外部优秀人才,为企业注入新鲜血液和创新思维;建立良好的激励机制和晋升通道,激发员工的积极性和创造力。

社会责任与可持续发展策略:企业在追求经济效益的同时,也需要关注社会责任和可持续发展。遵守法律法规和道德规范,确保企业合法合规经营;积极参与公益事业和社会责任项目,回馈社会;关注环保和资源利用,推动企业可持续发展;建立企业公民形象和社会声誉。

● 任务实施

一、市场调研

学生通过问卷调查、访谈和资料收集等方式,对食用菌产业进行全面分析,深入了解食用菌产业的现状、发展趋势以及面临的挑战,制定科学合理的发展策略,加强技术创新，提高产品质量和市场竞争力，推动食用菌产业持续健康发展，为相关企业提供决策依据。

二、撰写食用菌产业调研分析报告

任务要求：全面分析市场现状、发展趋势、竞争格局以及潜在机遇与挑战，为产业发展提供决策支持。

思政小课堂

随着生活水平的提高，人们对健康饮食的追求日益增加。食用菌因其富含营养、低脂肪、低热量等特点，逐渐受到消费者的青睐。例如，近年来，以食用菌为主要食材的素食餐厅逐渐兴起，成为健康饮食的新选择。

面对人口增长和耕地减少的矛盾，农业可持续发展成为当今世界的重要议题。食用菌产业具有周期短、效益高、资源可再生等优点，是实现农业可持续发展的重要途径之一。例如，一些地区通过推广食用菌与农作物间作套种的模式，提高了土地利用率和农业生产效益，促进了农业的可持续发展。

通过深入剖析食用菌产业链各环节，调研有助于发现效率瓶颈和资源浪费问题，推动产业向绿色、高效、可持续发展转型。

● 任务考核评价

表6-1　食用菌产业调研分析考核表

考核内容	考核指标	分值	实得分数
食用菌产业调研分析	能否准确分析食用菌产业内主要企业、产品的市场占有率、竞争优劣势等	40	
	能否准确识别食用菌产业面临的机遇与挑战，如市场需求变化、原材料供应波动等	40	
	调研报告能否简洁明了地阐述调研结论和建议	20	
总分		100	

● **任务巩固与创新**

1. 分析食用菌产业未来几年的发展趋势，以及这些趋势可能对整个产业和消费者产生的影响。

2. 简述当前食用菌产业的市场现状，包括主要消费群体、市场规模和竞争格局。

任务二 撰写食用菌创业计划书

● **任务描述**

食用菌创业项目是集食用菌的栽培、研发、加工与销售为一体，具有显著的市场潜力和发展前景。目的是为消费者提供健康营养的食用菌产品。

食用菌创业项目不仅关注经济效益，更致力于推动产业的可持续发展。通过循环利用资源、降低环境污染等措施，实现经济效益与环境保护的双赢。创业者可从栽培技术创新、产品加工和品牌建设等方面入手，提升产品附加值和市场竞争力。同时，食用菌产业还具备生态环保优势，其栽培过程中产生的废弃物可循环利用，符合绿色可持续发展理念。然而，创业过程中也面临市场竞争激烈、成本控制难等挑战。因此，创业者需精准定位市场需求，制定合理的发展策略，并注重团队建设和人才培养，以确保在激烈的市场竞争中脱颖而出。总体而言，食用菌创业前景广阔，但需谨慎分析市场、技术和竞争等因素，制定切实可行的创业计划。

本次任务的重点就是学习如何撰写一份高质量的食用菌创业计划书，帮助创业者系统地梳理创业思路，还能够为潜在投资者和合作伙伴提供清晰、全面的了解。

任务目标

知识目标	能力/技能目标	思政目标
① 掌握食用菌产业的基本知识。 ② 掌握如何进行市场调研、分析目标客户、制定商业模式和经营策略等技能。 ③ 了解相关的政策法规、市场营销策略、财务管理等方面的知识。	① 能够将食用菌产业与市场需求相结合，提出切实可行的商业方案。 ② 能够确定目标市场和消费者群体，制定合适的市场营销策略。 ③ 能够面对创业过程中可能出现的各种挑战。	① 激发学生创业热情，培养其创业思维和创业精神。 ② 培养创业者的社会责任感和环保意识。 ③ 能够树立正确的价值观和职业道德观，以诚信经营、优质服务赢得市场和消费者的认可。

任务相关知识

一、项目名称

食用菌种植、预备项目

二、项目实施地点

×××省×市×县（镇）×乡（村）

三、项目背景

食用菌种植项目是在充分的市场调研分析后确定实施的新项目。伴随着人们生活水平的提高，对食物需求和要求有了新标准，营养健康已经成为每位消费者所关注的问题。而食用菌营养丰富，口感鲜美，风味独特，已被联合国推荐为理想的健康食品。它含有人体必需的8种氨基酸和多种维生素、矿物质，是理想膳食纤维的营养保健食品。因而社会需求量不断增加。

近几年来，集团公司在转型发展过程中，没有涉及种植产业，食用菌的栽培作为一项投资小、周期短、见效快的好项目，可以作为转型企业的一种小型项目尝试和探索。

四、国内外技术现状

食用菌的生产起源于园艺栽培，经历了标准化固定设施（菇房）栽培、工厂化栽培、机械化栽培、智能自动控制栽培、专业化栽培等几个阶段。这种生产方式的转变，是社会进步和经济发展的必然结果。发达国家经历了近百年的生产实践和发展，已经完成了农业向工业的转型，实现了专业化分工的工厂化生产，成为了名副其实的食用菌工业。食用菌是十分适合于工厂化生产的一类农作物，工厂化栽培是最具现代农业特征的产业化生产方式。食用菌工厂化生产采用工业化的技术手段，在环境可控的设施条件下，采取高效率的机械化、自动化作业，实现规模化、集约化、标准化、周年化生产。国际上最早实现工厂化周年生产的是双孢蘑菇，已有80多年的发展历史。

食用菌产业是一项集经济效益、生态效益和社会效益于一体的短平快经济发展项目，食用菌又是一类有机、营养、保健的有效途径。近几十年来，人们逐渐认识了食用菌的生长规律，改进了古老的依靠孢子、菌丝自然传播的生产方式。人工培养的菌丝，加快了食用菌的繁殖速度和获得高产的可能性。有些国家还建成了年产鲜菇千吨以上的菇厂。中国广泛栽培的食用菌有草菇、香菇、木耳、银耳、平菇、滑菇等，在掌握选育优良品种、改进制种和栽培技术的基础上，食用菌的发展速度正在迅速提高。我国食用菌的栽培种类有70～80种，形成商品的有50种，具一定规模生产的有20种以上，年产20万t以上的有13种，产量居前9位的种类依次是：平菇、香菇、双孢蘑菇、毛木耳、黑木耳、金针菇、鸡腿菇、草菇、滑菇。随着我国食用菌产业的发展，栽培种类不断增多，如白灵菇、杏鲍菇、茶树菇、真姬菇、鸡腿菇、灰树花、灵芝等都受到了市场的青睐，成为我国食用菌产业新的增长点，为我国食用菌产业持续、稳定、健康发展注入了新的活力。

五、项目主要内容、指标、实施方案

（一）项目主要内容

项目前期主要是购买平菇、香菇、灵芝等菌种开展食用菌种植，经过人工种植管理，向社会提供优良无污染的绿色食品产品。

项目后期在保证产品质量上，开发多种规格的产品；在核心产品的基础上，延伸产品的功能，开展食用菌新技术加工及绿色包装业务，同时不断开发相关新产品，拓宽产品的线性广度和深度。

（二）指标

（1）年产平菇18万kg，香菇6万kg，灵芝1万kg。

（2）提供就业岗位30个，实现年纯利润30万元左右。

（三）实施方案

第一阶段：厂房建设，利用公司现有闲置资产，对原有职工宿舍在不改变总体使用功能的前提下，进行适应性改造，作为食用菌种植厂房。

第二阶段：食用菌的培育技术的不断更新，熟练。所生产的食用菌新鲜，菌种纯正，提高本公司在老百姓心中的地位，树立初期品牌形象，吸引稳定的客户端并开拓新的客户群。

第三阶段：树立品牌形象，增加无形的资产。

食用菌产品加工新技术包装，走出市、（县）区，进入全省，增加更多客户群，提高全省食用菌市场的占有率。

六、市场需求与推广应用前景

（一）市场需求

食用菌是伴随我国改革开放快速形成的一项新兴产业，随着我国国民经济的快速发展，居民的收入水平越来越高，对食品的需求日益提高。人们对绿色食品如低糖、低脂肪、高蛋白的食品消费需求日益旺盛，此类食品的营业额一直保持较强的增长势头。食用菌是营养丰富、味道鲜美、强身健体的理想食品，也是我们人类的三大食物之一，同时它还具有很高的药用价值，是人民公认的高营养保健食品。食用菌生产既可变废为宝，又可综合开发利用，具有十分显著的经济效益和社会效益。随着人民生活水平的不断提高和商品经济的进一步发展，食用菌产品不仅行销于国内各大市场，而且还畅销于国际。食用菌已经到了发展的黄金时期。在市场方面，我国的城市化步伐加快，大量的农村人口逐步城市化，原有城市人口的消费能力逐步增强，由于人口众多和中国经济的持续高速发展，在"民以食为天""绿色健康饮食"的文化背景下，中国已经成为世界上最大的食用菌生产消费市场。

（二）前景预测

随着我国经济的腾飞，广大消费者越来越认识到食用菌有利于身体健康、提高免疫力的作用，国内市场对食用菌的消费需求正以几何数量递增，我国正从食用菌生产大国转变为食用菌消费大国，未来3～5年，我国食用菌消费市场将以国内市场为主，国外市场为辅；国内食用菌消费市场将主导我国食用菌市场价格。随着我国劳动力和原料成本不断提高，广大消费者越来越重视食用菌产品"食品安全"，我国食用菌生产模式正从千家万户的手工作坊栽培方式走向自动化、机械化工厂化栽培方式；随着资本的不断介入，食用菌产品工厂化栽培规模迅速扩大，已出现日产250t的大型食用菌企业，因此，项目目标客户定位在省、市内中低等、中等、中高等、高等收入工薪阶层以及喜爱菌类的消费者，在经营中注意与顾客及供应商建立良好伙伴关系促成双赢，赢得顾客的喜爱，逐渐创立形成自己的品牌。

对产品采用差异化战略，主打绿色健康，既要种植中低端市场的平菇、香菇，还要种植高端市场的灵芝，先期就近超市或市场批发销售，逐步到实体店铺销售商，逐步随着品牌效应的不断提升，再实现网上销售，销售渠道多种多样，慢慢将打造成一品牌，依托实体店铺的品牌效应，将会在全国销售上有很大空间。

我国食用菌消费主要集中在家庭消费和餐馆酒楼等市场，家庭消费的稳定增长已成为拉动食用菌产业持续发展的重要动力，随着中国城乡居民收入及消费水平的不断提高，食用菌需求量将进一步提升，具有广阔的发展空间。

七、经济效益与社会效益

（一）经济效益

（1）平菇　每年按两季，年投入10万个菌棒，每根菌棒产菇1.8kg，年产180000kg/年，平均售价4元/kg，销售收入72万元。

（2）香菇　年投入4万个菌棒，每根菌棒产菇1.5kg，年产60000kg/年，平均售价8元/kg，销售收入48万元。

（3）灵芝　年投入2万个菌棒，每根菌棒产灵芝0.5kg，按年产10000kg/年，平均售价40元/kg，销售收入40万元。

（4）年收入总计160万元。

（二）社会效益

项目提供直接岗位18个，年消耗菌棒16万个，可以为上游企业创造就业岗位10余个，社会效益明显。

八、资金概算

（1）初期利用闲置原职工宿舍楼进行适应性改造，改造投资金8万元。

（2）初期水电改造投资5万元。

（3）日常水、电、材料支出：年3.6万元。

（4）菌棒投入：16万个，均价3.5元/个，需投入56万元。

（5）人工定员：18人，按人均年工资3.6万元计算，人工合计64.8万元。

第一年初期投资约137.4万元。第二年投资约124.4万元。

● **任务实施**

一、明确目标与定位

在开始撰写食用菌创业计划书之前，首先需要明确创业目标与定位。确定自己要进入的食用菌领域，是专注于某一特定品种，还是提供多样化的食用菌产品。同时，要明确目标客户群体，以及自己在市场中的定位和竞争优势。

二、收集市场与行业信息

进行市场调研，了解食用菌行业的发展趋势、市场需求、竞争格局等信息。通过收集数据、分析行业报告和访谈行业内人士，确保对市场和行业有深入的了解。

三、梳理商业模式与策略

根据市场调研结果，梳理出自己的商业模式和竞争策略。这包括产品定位、销售渠道、推广策略、成本控制等方面的规划。同时，要考虑食用菌生长周期、季节性变化等因素对生产和销售的影响。

四、撰写创业计划书

按照创业计划书的结构，开始撰写草案。可以先从摘要、公司描述、市场分析等部分入手，逐渐展开到组织结构、产品与服务、营销与销售等各个方面。在撰写过程中，要注重逻辑性和条理性，确保内容清晰易懂。

思政小课堂

在国家乡村振兴战略的推动下，农村地区的发展日新月异，特色农业产业如雨后春笋般涌现。食用菌，凭借其高营养价值和显著的经济效益，成为众多农村地区的优选发展项目。

在国家政策的扶持下，许多农村地区开始大力发展食用菌产业。通过引进优良菌种、推广先进栽培技术、建设标准化生产基地等措施，不断提高食用菌的产量和品质。同时，还加强产销对接，拓宽销售渠道，将食用菌产品销往全国各地，甚至出口到海外市场。

食用菌产业的发展不仅带动了农村经济的增长，还促进了农民的就业和增收。许多农民通过种植食用菌实现了脱贫致富，生活水平得到了显著提高。同时，食用菌产业也推动了农村地区的产业结构调整和转型升级，为乡村振兴注入了新的活力。

展望未来，食用菌产业在农村地区的发展前景广阔。随着科技的进步和市场的拓展，食用菌产业将不断向规模化、集约化、高效化方向发展，为农村地区的经济繁荣和社会进步贡献更大的力量。

任务考核评价

表6-2 撰写食用菌创业计划书考核表

考核内容	考核指标	分值	实得分数
撰写食用菌创业计划书	对食用菌市场的了解程度,包括市场规模、增长趋势、消费者需求、竞争对手分析等	20	
	提出的商业模式是否具有创新性,并且在实际操作中是否可行	20	
	在食用菌种植、加工和销售等方面采用的技术是否先进,并且在实际操作中是否实用	20	
	财务预测是否合理和可信,包括预期收入、成本、利润等方面的预测	20	
	计划书的整体结构是否清晰,逻辑是否严密,语言表达是否准确、简洁	20	
总分		100	

任务巩固与创新

1. 在撰写食用菌创业计划书时,为何进行市场与行业的信息收集如此重要?这些信息应如何被应用在计划书中?

2. 在食用菌创业计划书中,商业模式与策略部分扮演什么角色?请简要说明其重要性及应包含的核心内容。

自我分析与总结

学生改错	学生学会的内容
学生总结	

附 录

书中彩图汇总

参考文献

[1] 马瑞霞，王景顺. 食用菌栽培学[M]. 北京：中国轻工业出版社，2017.

[2] 郝涤非. 食用菌栽培与加工技术[M]. 北京：中国轻工业出版社，2019.

[3] 边银丙. 食用菌栽培学[M]. 北京：高等教育出版社，2017.

[4] 冯淑华，谢红. 食用菌生产技术[M]. 北京：中国农业大学出版社，2024.

[5] 牛贞福，张凤芸. 食用菌生产技术[M]. 北京：机械工业出版社，2024.

[6] 李荣春. 食用菌栽培学[M]. 北京：中国农业大学出版社，2020.

[7] 杨桂梅，崔兰舫. 食用菌生产与加工[M]. 北京：中国农业大学出版社，2020.

[8] 吕作舟. 食用菌栽培学[M]. 北京：高等教育出版社，2006.

[9] 弓建国. 食用菌栽培技术[M]. 北京：化学工业出版社，2019.

[10] 李玉，张劲松. 中国食用菌加工[M]. 郑州：中原农民出版社，2019.

[11] 张瑞华，张金枝. 食用菌生产技术[M]. 重庆：重庆大学出版社，2014.

[12] 朱建明，喻春桂，罗玖林. 食用菌栽培与病虫害防治技术[M]. 北京：中国农业科学技术出版社，2021.

[13] 张红萍. 北方食用菌栽培技术[M]. 北京：中国林业出版社，2018.

[14] 常明昌. 食用菌栽培学[M]. 北京：中国农业出版社，2003.

[15] 叶颜春. 食用菌生产技术[M]. 北京：中国农业出版社，2012.

[16] 暴增海，杨辉德，王莉. 食用菌栽培学[M]. 北京：中国农业科学技术出版社，2010.

[17] 阮淑明. 食用菌栽培技术[M]. 厦门：厦门大学出版社，2011.

[18] 王德芝. 食用药用菌生产技术[M]. 重庆：重庆大学出版社，2015.

[19] 陈俏彪. 食用菌生产技术[M]. 北京：中国农业出版社，2019.

[20] 邱奉同，郝继伟. 食用菌栽培技术[M]. 济南：山东人民出版社，2014.

[21] 崔颂英. 食用菌生产与加工[M]. 北京：中国农业大学出版社，2007.

[22] 杨桂梅，苏允平. 食用菌生产[M]. 北京：中国轻工业出版社，2011.

[23] 王贺祥. 食用菌学[M]. 北京：中国农业大学出版社，2004.

[24] 朱兰宝. 食用菌制种工培训教材[M]. 北京：金盾出版社，2008.

[25] 童应，王学佩，班立桐. 食用菌栽培学[M]. 北京：中国林业出版社，2010.

[26] 李贺. 食用菌栽培与生产管理实训教程[M]. 北京：中国纺织出版社，2020.

[27] 李明. 食用菌高效栽培教材[M]. 北京：金盾出版社，2009.

[28] 崔颂英，马兰，骆玉岐. 食用菌生产[M]. 北京：中国农业大学出版社，2011.

[29] 张志增. 食用菌生产技术[M]. 石家庄：河北科学技术出版社，2011.

[30] 崔颂英. 药用大型真菌生产技术[M]. 北京：中国农业大学出版社，2009.